資料科學的良器

R語言

在開放資料、管理數學與作業管理的應用

廖如龍、葉世聰

重點探討巨量資料
開放資料與R語言

- ☑ 內容詳解完整的R語言強化解決管理領域的問題
- ☑ 配合豐富的R語言實例說明輕鬆理解並有效的解決問題
- ☑ 快速掌握R語言在管理數學、作業管理的應用

作　　者：廖如龍、葉世聰
責任編輯：賴彥穎

董 事 長：陳來勝
總 編 輯：陳錦輝

出　　版：博碩文化股份有限公司
地　　址：221 新北市汐止區新台五路一段 112 號 10 樓 A 棟
電話 (02) 2696-2869 傳真 (02) 2696-2867

發　　行：博碩文化股份有限公司
郵撥帳號：17484299　戶名：博碩文化股份有限公司
博碩網站：http://www.drmaster.com.tw
讀者服務信箱：dr26962869@gmail.com
訂購服務專線：(02) 2696-2869 分機 238、519
（週一至週五 09:30 ～ 12:00；13:30 ～ 17:00）

版　　次：2020 年 8 月初版

建議零售價：新台幣 550 元
I S B N：978-986-434-517-5
律師顧問：鳴權法律事務所 陳曉鳴律師

本書如有破損或裝訂錯誤，請寄回本公司更換

國家圖書館出版品預行編目資料

資料科學的良器：R 語言在開放資料、管理數學與作業管理的應用 / 廖如龍，葉世聰著．-- 初版．-- 新北市：博碩文化，2020.08

面；　公分

ISBN 978-986-434-517-5 (平裝)

1.資料探勘 2.電腦程式語言 3.電腦程式設計

312.74　　109012513

Printed in Taiwan

作者序

" If I have seen farther than others,

it is because I have stood on the shoulders of giants."

- Sir Isaac Newton

出版本書是一種意外，從幾年前開始教管理數學時，發現在教學上，花太多時間在計算上，勾起以前學習數學、統計以及多變數分析時的挫折。同樣的經驗也出現在教作業管理，有關流程分析或解學習曲線、品質管理的管制圖上；心想若能輔以 R 語言的語法或操作，在瞭解原理後，將複雜的計算交給 R 語言，也會提升學習的效果； 利用 R 語言可以省掉這些相對是細微末節的計算，專注在理解問題的本質、有效的定義問題以及解決問題的方式，這應該也是「博雅教育」(Liberal arts)的本質吧 ！ 於是開始醞釀及構思本書的寫作。

有鑑於數位時代更需要有創造力的人才，很多中東與亞太地區的銀行業，紛紛開始調整徵才標準，所謂的受過「博雅教育」和「寫程式」(coding)能力，似乎已是業界普遍認可需具備的特質。(1)R 語言也可以扮演「寫程式」的能力的第一哩路，甚至在資料分析、圖形呈現的最後一哩路。

本書意在直指學習的核心，如月之恆，如日之升。荀子在《勸學》中說道：「學不可以已。青，取之於藍，而青於藍；冰，水爲之，而寒於水。」。意思是，學習不可以停止，一定要持之以恆。就如月之恆，如日之升；R 語言因為具有簡單、互動、有趣特色，讓使用者在學習的過程可以達到這個效果。

本書關於 R scripts 的程式碼及使用之資料檔案，均可於下列超連結取得：https://github.com/hmst2020/HS-I-/tree/master/R

第一篇介紹 R 語言概論，但是跟同類的書籍處理上不一樣，因為我們試圖重點放在解決管理領域的問題，因此，不特別著墨或淡化撰寫 R 程式設計的技巧，但又不能不交待本書使用到的 R 語言語法、功能、函數、套件等。所以把第一章擺在附錄，這是跟坊間的書籍不一樣的。

第二篇探討巨量資料、開放資料與R 語言；細說巨量資料(Big data)自2013年已成為流行語，它經常出現在商業界和流行媒體中；而開放資料從 2010 年開始的隨後幾年在政府公開資料的出版品中顯著增加。兩者除企業及政府機構內部供行銷、商業分析、國安之用的非公開資料外高度重疊。開放資料可以是巨量資料，但其強調的是公開的以及有目的的(public and purposeful)資料開放，而不像巨量資料強調資料的本質。

面對巨量資料產生“3V”一詞來代表數量、速度和多樣，迅速成為巨量資料的構成維度，巨量資料須處理的資料是廣泛的，基本上可依資料是否容易清楚歸類分項及表格化分為結構化資料及非結構化資料，結構化資料目前許多程式語言語可以處理，但對於非結構化資料，例如地理位置資訊、臉書訊息、視訊資料等是無法處理、而 R 語言正可以解決這方面的問題。另外，第 2 章就開放資料帶來的三大機會我們分別用三個實例以 R 語言來呈現。

當然 R 語言也不是無所不能，其強項在統計分析及視覺化的工具呈現。但由於缺乏 Web 安全性或運算效率考量，幾乎不可能將 R 作為後端伺服器來執行計算，但是 RStudio 公司打造的一款基於 Web 的開源編輯器 RStudio Server，以及微軟在 2015 年推出 Microsoft R Server(2017 年除了 R 以外增加了 Python 的支援改稱 Microsoft Machine Learning Server)支援 Hadoop、Linux 和 Teradata 平臺都是一種補強。另一方面。R 語言可以整合高效能的程式語言，例如 Python，C ++或 Java 予以補強。

在這裡捨「大數據」詞彙，而就「巨量資料」，考量到兩個用詞在語義上相通，採用「巨量資料」與「開放資料」並存，具對偶及押韻之美，讀起來順口。

第三篇探討 R 語言在管理數學的應用。第 3 章探討線性函數(linear function)與線性方程組(system of equations)。在商業、經濟領域的許多問題，本質上就是線性的或在特定範圍內呈現線性的關係，因此適合以線性函數表示。(2) 從文獻中發現： 原來中國古文明「以物易物脈絡」(barter context)，可作為線性方程組教學啟蒙，提供從自然的和悠久歷史的切入點。(3)

市場均衡下求均衡數量與價格，以 R 語言解線性方程組，省去手算求反矩陣，先寫出擴增矩陣，再利用高斯-喬登消去法(Gauss-Jordan elimination method)，得到一系列的等價擴增矩陣的冗長計算；同樣的，健康照護費用以最小平方法，預期未來幾年其健康照護花費，手算時要先列出 x、y 軸各點的值，求算 x、y、x^2、xy 各欄總和，再代入正規方程組，求解截距與斜率。以 R 語言解最小平方法 x、y 軸各點的值代入「lm」套件即可，繁瑣的計算交給 R，解析報表的工作仍然還給人們。

第 4 章以矩陣代表資料： 如不同工廠生產不同型號的藍芽喇叭，不同加油站供應不同等級的無鉛汽油，以矩陣表示及彙總生產或消費資料的初階應用，到以反矩陣來加密及解密的古典加密技術；應用反矩陣於經濟學的 Leontief 模式，一窺 Leontief 用線性方程式表達多種產業，如何將其產出分散到或影響其他產業的縮影。也可將矩陣應用於最小平方法，預測第 3 章健康照護費用。在解題的過程，尤其配合 R 的逐條指令，按下「run」會有原來如此的驚呼，這就是學習 R 的樂趣！

第 5 章探討線性規劃的應用。在數學中，線性規劃(Linear Programming, LP) 指的是目標函數和約束條件皆為線性的最優化問題，求得利潤極大化或成本極小化。解題時，幾何方法僅適合 2 至 3 個變數，一旦變數增多時，利用代數方法會比較適當。單形法(simplex method)便是其中一例。單形法是 1940 年代由 George Dantzig 所創建，依高斯-喬登消去法反覆計算的過程，是廣泛使用至今的一個代數方法。如今，單形法已能交由電腦處理，方便解決大量變數和限制的線性規劃問題。R 語言可大幅縮短冗長計算的步驟與時間。輸入目標函數和約束條件各係數及參數後，即可看到最佳解，這也是學習 R 的樂趣！

第 6 章探討財務數學的應用。除了複利、年金、分期償還、償債基金的基本計算外； 更進一步探討單利、複利的進階應用：分別以 2%，4%，...18% 的單利年利率，以及 5%，10%，15% 複利年利率，求出 20 年期本利和曲線，最後以神奇的一美分幣(The Magic Penny)展現「壓倒駱駝的最後一根稻草」是第 31 天翻倍的複利，所拉出的壓倒性的勝出。

第 7 章探討馬可夫鏈(Markov chain)是俄國馬可夫(A. A. Markov)於 1907 年提出的理論。是一種隨機過程預測方法，藉由過去一段期間系統所呈現的狀態，推測未來系統各期的狀態以及發生的可能性。探討都市與郊區間的人口流動、人口變化、計程車的移動區域以及女性的教育狀況等，長期趨勢的變化以及穩態分布。

第四篇探討 R 語言在作業管理的應用。第 8 章探討流程分析、資料分析工具，如七個基本品質工具：直方圖與長條圖、柏拉圖(Pareto chart)、散布圖、特性要因圖等，尤其展現柏拉圖分析，比起紙筆式或 Excel 的展現，會明顯感受到其速度與美觀兼顧，可作為互動式的作業績效監視看板。

第 9 章探討學習曲線。長期以來，人們一直認為大多數產品或服務的生產會隨著經驗的增長而提高，即所謂「熟能生巧」(practice makes perfect)的假說。適用於新產品(如鼎泰豐因應非洲豬瘟，新研發出的羊肉蒸餃) 及新服務導入(如外科手術)。從 1930 年代，飛機產業的原始研究發現，當產量增加一倍時，平均而言，每單位勞動力的需求減少了約 20%。本章引進類似的實例。並進一步模擬在學習率為 70%、80%、90%的學習曲線走勢。並進一步將學習曲線應用到心臟移植死亡率(heart transplant mortality) 的古典醫學文獻，發現實際與理論配適度良好，有很強的預測能力。

第 10 章探討敘述統計學(descriptive statistics)以及機率分配。主要是作為下一章品質管理在求各種管制圖的前置準備，以 1994 年美國人口普查局：教育程度每人平均年度所得表格，介紹 R 語言在單維敘述統計的幾種摘要測度如平均數、變異數及中位數、全距、四分位數等以及常態分配、68–95–99.7 原則、二項分配及卜瓦松分配(Poisson distribution) 等在課堂上常碰到的範例，分別以紙筆解法與 R 語言解法並陳方式，讓讀者感受到 R 的方便，少了冗長費時的計算。

第 11 章探討品質管理。在全球化經濟下，品質已經成眾所皆知的議題，且是競爭優勢的必要而非充分條件。而管制圖 (control charts) 是為了確定所觀察的品質變異是否異常，加以衡量並依時序將樣本的績效測量值繪製成圖表，是長期以來實務上不可或缺的工具。本章以平均數($\bar{x} - chart$) 和全距管制圖(R-chart)、不良率管制圖(p-chart)和缺點管制圖(c-chart)監控程序。並進一步計算評估加護病房實驗室的製程能力，連接器 (connector)製程能力樣本檢測資料以作為買方推定賣方製程能力的依據。

科技和人文是分不開的。2019 年 8 月，聯合國在加拿大的 Montreal 開了一個會，檢討高中的課程，他們建議以後大學生不論人文或社會科系都要修數學才能跟得上 AI 時代對大數據、模擬以及數位科技的需求。原來要美，必須要真、要優雅、要清晰、要有深度 (profundity)。(3)科技和人文美感是相通的。學習 R 語言與此目標不謀而合。

本書撰寫期間獲得很多朋友的幫助，就以英文的書名為例，請教了一些好朋友，有香港 Fred(陳敬雄)、旅居加拿大的 Lisa (傅麗莎)，還有好朋友 Jason(單建成)、Sean(劉幸)，給了不少靈感與建議。封面設計方面，感謝學生 余欣莼以美工設計軟體，反覆模擬設計，兼顧學生們的意見，也加入林民程、林民頤兩位有美學素養專家的寶貴意見，直到能兼顧各方的觀點。感謝老同事 何華銓，他不只是工廠管理專家，也是品質管制權威，不厭其詳介紹近代工廠品管實務，頓感豁然開朗，思慮暢順。好友 FC(孫福春)在排版、校對及圖片美工上，無怨的付出，還有，本工作室的 logo，出自成霖老同事 Eunice(蔡秀英)的巧思。均致上最大的謝意。

R 語言在與高效能程式，如 C++,Python 或 Java，甚至 Power BI Desktop 並濟以解決問題方面，陳勇男、Rice(葉明欽)、Ezra(陳建安)、Simon(盧廷昌)、Jonathon(蔡忠舜)等專家給了不少寶貴意見，在此一併致謝。

也要感謝凌羣電腦劉瑞隆總經理在百忙之中賜序，提到「關注產業競爭優勢，從基礎教育紮根」，期許一個全新的產業結構，以資料為基礎、智慧為手段、人類社會系統為標的的未來；臺中科技大學趙正敏教授在教學公務繁忙之餘，以「另闢 R 應用的嘗試，擴大知識傳達蹊徑」，肯定R語言對教學、實務與研究的助益，為文勉勵，都讓有志者銘記在心。

最後當然要感謝好友葉世聰，也是本書共同作者，我與葉先生之間有二三十年的友誼，大家學習背景類似，溝通上有相當的默契，讓本書的脈絡更加清楚，在撰寫上面也能夠無縫接軌。本書的大部分 R 語言程式，大多假手於他，我們共同將幾十年在軟體與管理領域的訓練冶於一爐，寫成本書，希望對後起之秀，能有醍醐灌頂的清爽舒暢感!

當然，也要感謝博碩出版社的慧眼獨具，並協助付梓，尤其在出版事業，如此艱辛的時刻。

筆者才疏學淺，一股傻勁，率爾操觚，舛誤之處作者自當負全責，盼讀者諸君，多所賜教以匡不逮。

歡迎讀者諸君，對本書所探討的各項議題，來函互相切磋，以文會友，來函請寄：hmst109@gmail.com。

廖如龍 於 2020.1.24 己亥年 除夕

參考文獻

1. Elliot Smith, 'Liberal arts' and coding as a 'second language': How hiring is changing for banks in Asia , NOV 18 2019, CNBC, 或見林奇賢(2019 11月 20日)。亞洲銀行業徵才新指標...博雅教育和寫程式能力。經濟日報。
2. Tan, S.T. (2014). Finite mathematics for the managerial, life, andsocial sciences. Cengage Learning. 或見張純明譯(2016)。管理數學。滄海書局。
3. 洪蘭(2019 11月 11日)。當數學遇見美學 科技離不開人文。聯合報。

推薦序

關注產業競爭優勢，從基礎教育紮根

凌羣電腦股份有限公司 總經理 劉瑞隆

很高興看到廖如龍博士結合在 IBM、Oracle 及國內大廠的產業經驗及在文化大學、致理科技大學等學校擔任教職的寶貴經驗，綜整了產學研專業知識和產業知能，投入現今熱門的資料科學(Data Science)領域，紮根基礎教育，編撰教科書，個人至感欽佩。

回想當年，科技教父李國鼎先生在 1980 年於美國芝加哥召開第二次外籍科技顧問會議，楬櫫了「能源、材料、資訊和自動化」為我國未來主要發展方向，吹響了台灣在全世界資通訊領域的號角，也奠定台灣電子工業的穩固基礎，今日才能作收如此傲人成就；甚至海峽兩岸至今共蒙其利，是典型的雙贏典範。值得一提的是，在當時(1980 年)，台灣無論是銀行、醫院、工廠、商店……等各行各業，各項作業都還是手寫作業，沒有在使用電腦。就連大部分的國立大學，其教職員的薪水單也都是手寫，還不是電腦打印的。

我們今天看到人工智慧時代來臨，大家關注的「數位轉型」議題，最重要的，就是從資料模型、方法論和程式語言…等全方位的創新，轉型和升級，台灣才能在全球競爭中脫穎而出。R 語言無庸置疑，扮演非常重要的角色。正如人類統計學的發展歷史，雖然可追朔至公元前五世紀，但其數學基礎是一直到 17 世紀才開始建立。R 語言的發明，可說是承先啟後，預料將對全球軟體程式語言帶入新血與改變。廖博士將此介紹到台灣，對台灣軟體產業人才培植影響深遠，堪可名列台灣軟體大師級名人堂了。

正如我一開始提到的，我們在 1980 年面臨的是從人工到全面電腦化的挑戰，台灣做到了，也成為世界的佼佼者，更建立了舉世稱羨的產業，造就了台灣奇蹟。現在，我們站在 2020 年的出發點，面向未來，這也將是另外一個奇蹟的起點 - 一個全新的產業結構，以資料為基礎、智慧為手段、人類社會系統為標的的未來。過去我們所熟知的一切，都可能會翻轉；在我們大談智慧城市題材的同時，Amazon、Google、Facebook …等也正積極地導引我們邁向不一樣的未來！廖如龍博士的大著，正是我們目前迫切需要的知識，引領我們在下一波競爭中能脫穎而出，再一次的成就新一代的台灣奇蹟。謹此感謝廖如龍博士的貢獻，並祝福大家！

另闢 R 應用的嘗試，擴大知識傳達蹊徑

臺中科技大學　企管系 副教授 趙正敏

從知識產生過程的觀點，將內隱知識外顯的方式中，除演講外，寫書則是將明確的觀念進行傳達，讓讀者得以瞭解作者所要描述的精隨。很高興能夠看到廖如龍博士能將實務與理論結合，將過去數十年國內外知名企業工作經驗（包括：IBM、Oracle、鴻海精密工業、成霖企業等）與教學經驗（包括：文化大學、致理科技大學）的融合，並經彙整、歸納，並編撰具有獨一無二特色的教科書，以紮根高等教育，讓身處高等教育界服務的個人而言，深感敬佩。

近年來，大數據(Big Data)、數據科學(Data Science)等皆為各領域相當熱門之議題，並為企業帶來競爭優勢。而在應用的領域中，包括：行銷、製造、品管等相關領域。以品質管理而言，在製造過程中，每台機器每天會產生相當多筆資料，而製程系統將產品製程數據等資料進行蒐集，經過分析處理轉換成管制圖的規格界線（如：第四篇第 4 章之內容所示），用以作為監控製程品質的重要依據，並進一步預測機台，何時會產生不良品，做到提早預防，製程零缺點的目標，確保產品的穩定性與競爭力。對於上述所提，該如何將製程品質數據轉換為管制圖，且該應用何種工具來解決？「R 語言」則是非常熱門且實用的重要工具，其在數據科學與數據分析中扮演著重要的角色。R 語言除了進行資料分析之外，亦包括強大繪圖功能、複雜的資料視覺化等強大功能，且對於文字檔或各式資料庫與其他統計軟體的格式皆容易轉換與導入。因此，R 語言對於現在的大數據分析，可說是相當重要的數據分析工具。

最後，為切合不同領域讀者的需求，本書以簡明易懂的描述方式，透過精心的設計，將 R 語言在不同領域應用的內容作範例（包括：開放資料、管理數學、作業管理與品質管理等），讓讀者能夠深入瞭解 R 語言在該領域應用的範疇。由於坊間目前並未有深入剖析 R 語言在不同領域的應用的書籍；因此，就個人近年在學術研究與教學的經驗來看，此本書是對 R 語言的教學、實務與研究皆具備的最佳學習教材，非常值得推薦給大家來閱讀。最後，感謝廖如龍博士對於高等教育的貢獻，願意將其畢生所學出書並分享，以幫助讀者在R語言上的學習。

作者簡介

廖如龍分別於成功大學工業管理系、台灣大學商研所、臺灣科技大學管研所取得學士、商學碩士、管理學博士；目前擔任文化大學兼任助理教授；曾任 IBM CIM/ERP 專業顧問；IMA 第 4-5 屆理事長；聲寶工業工程師、普騰資訊中心課長；鴻海董事長特助，負責中央資訊；Oracle 大中華區應用軟體事業協理；成霖資訊副總等職務；歷經跨國企業的跨文化、跨領域的訓練與浸潤，修習博士學位期間鑽研歐美新興的資訊科技治理(IT governance)、質化研究等領域。著有「企業資治通鑑」(IT 治理)。多年教學對電子商務安全(e-commerce security)、生產與作業管理、供應鏈管理、管理數學及 R 語言等尤具心得。

葉世聰自中原理工學院工業工程系畢業後，投身製造業起歷經 MRP、MRPII 及至 ERP 產業解決方案的設計與系統整合，專注於應用領域與程式軟體的開發，曾任日商「東光株式會社」台灣分公司華成電子採購管理員、台達電子生產管理兼 MRP 設計與 MRPII 套裝軟體評估與導入、精業電腦 PM、耀元電子及金馬電腦資訊主管、友通資訊資訊主管，對於 ERP 資訊管理領域與設計的傳承始終不懈，也一直是廖博士忠實的讀者，日前應邀於廖博士新作(本書)R 軟體部分的潤飾，自 2019 年 9 月起從初次好奇的接觸，直至領會來自 Java、Python、JavaScript 的經驗移轉，對 R 語言在資料科學(Data Science)發揮的助力，深感得心應手。

目　錄

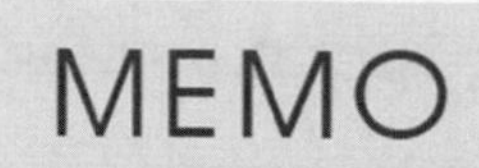
MEMO

第一篇

R 語言概論

第一篇　R 語言概論

R 是一個基於資料處理、分析、計算以及圖表產出的整合套裝軟體語言，包含下列特點：

1. 精簡的語法處理資料取得及儲存。
2. 擁有一般及特殊的運算子(Operator)計算於向量(Vector)、陣列(Array)、矩陣(Matrix)、資料框(Data Frame)、列表(List)等資料物件及其他變數。
3. 提供大量且一致的資料分析函式。
4. 具備繪圖機制相關函式顯示於畫面或輸出於圖型檔案。
5. 具備一般程序語言的流程控制，包括條件控制、迴圈等。
6. 程式(scripts)不須編譯即可執行，相對其它軟體提供快速學習與高效開發的整合環境。

也許一開始有人會想問，R 語言是否是完全物件導向程式語言 (Object Oriented Programming, OOP)？答案或許會讓人略感失望，不過在理解其以 S3、S4 的功能(functional)導向物件在本書的應用實例後，可能就不這麼堅持一定需要刻板印象中的 OOP 了，另外，R 語言的物件封裝也正積極的展開，姑且拭目以待。

S3、S4 都是 S 統計程式語言(statistical programming language)的版本規格，S4 為其最新標準，R 語言則是 S 語言的實現，基於 S 語言是功能型語言(S is a functional language)，其物件方法(method)的提供為函式為本(function-base)，有別於其它 OOP 的語言以物件為本(object-base)，故呼叫(call)其方法(method 或 function)不在物件存在下呼叫，而是直接呼叫，這是與其它 OO 語言最大的不同。[1]

也或許有人想問，本書是否是一本完整的 R 語言專書，答案也可能不盡令

[1] 參考 R 網站 http：//developer.r-project.org/methodDefinition.html

人滿意，因為本書致力於管理領域的 R 應用，藉由實例的解題需求，從 R 語言的內建套件出發，必要時輔以外掛套件，畢竟內建的部分乃是 R 核心小組確保跟上版本更新的支援，外掛套件則不然，目前也已超過 15,000 個[2]，其豐富的應用領域，隨需應變或許是對付 R 語言的最佳策略。

外掛套件(package)在第一次使用前需先行安裝，本書實例之 R 程式碼在您的 R 工作環境執行時，若遇有 library()指令載入套件失敗(console 出現 not found 之類錯誤訊息)時，便是尚未安裝該套件，於 R Studio Console 或 R Gui 執行下列指令，待正常安裝完成即可再執行其 library()指令載入：

install.packages("套件名稱")，也可指定 lib 參數給予安裝套建位置，建議指向 R 版本之 home 目錄。

對於已安裝 IDE RStudio 的讀者，亦可於 tools→install packages 下選取安裝套件及欲安裝 R 版本之 library 目錄。

本書為顧及部分 R 初學者以及具備其它語言經驗者之初次踏入，除了於各實例所用 R 指令旁加以備註外，未盡詳細時亦可參閱本書末之附錄 A、B 或於下列方法取得線上求助：

1. 使用 R 官方網站手冊 https：//cran.r-project.org/manuals.html

2. 內建、外掛套件([package_name]為實際的名稱，例如：內建的 base、stats、外掛的 ggplot2 等等)

   https：//www.rdocumentation.org/packages/[套件名稱]

   例如：https：//www.rdocumentation.org/packages/ggplot2
   網頁下可找到最新版本的套裝函式及介紹短文(vignettes)
   等說明

3. 依據套件名稱：

   https：//cran.r-project.org/web/packages/[套件名稱]

   網頁下提供更為豐富的資訊，也包含其源始碼及文件等的存放位置。

---

2 參考 CRAN 線上文件 https：//cran.r-project.org/web/packages/available_packages_by_name.html

4. 對已內建的套件在 R Console 或 RStudio Console 下求助(help)函式(function)之說明文件，可輸入：
?'[function_name]'得到 help，引號或可省略，例如：?sum (base package 下的 sum 函式)，若為運算子則需加引號，例如：?'%*%'

5. 若為外掛套件則有下列方法：

   a. 先載入該套件，指令為 library([package_name])，
   例如：library(ggplot2)，?ggplot

   b. 直接鍵盤輸入 ?[package_name]：：[function_name]，
   例如：? ggplot2：：ggplot

第二篇

R 語言在開放資料的應用

第二篇　R 語言在開放資料的應用

一般說來，**資料科學**(Data Science)是應用定量和定性方法來解決相關問題和預測結果的方法。(1) 它是一個複雜的領域，周旋於巨量資料和小量資料相關的決策，並非容易的事。(2) 如今，隨著資料大量的不斷成長，顯著的啟示之一是**領域知識(domain knowledge)和分析**無法分開。

資料科學不僅僅涉及資料挖掘(Data mining)演算法。成功的資料科學家必須能夠**從資料角度**來觀察企業問題。資料科學家需要深厚的領域知識和廣泛的分析技能。培養廣泛的分析技能需要持續的時間投入。發展深厚的領域知識需要付出類似的努力。

領域知識對於資料科學而言是必需的，君不見有名的赫芬頓郵報(Huffington post)所發布的內容，已經是定期由資料來篩選，而不是依靠人類編輯來決定。隨著傳統主題或領域專家直覺的失色，領域知識的回報正在減少。所幸，這種關係會因分析技能的廣度內涵而得到好轉。**圖二-1** 說明了資料科學家的成效、領域知識和分析技能範圍之間的概念關係。資料科學家的成效可以他們發現的可採取行動機會的規模來衡量。(1)

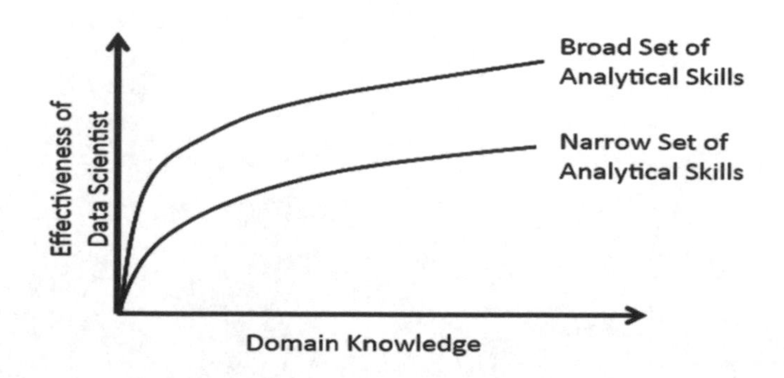

圖二-1

第1章 巨量資料、開放資料與 R 語言

直到沒幾年前「小量資料」的名詞，還很少被人使用到，直到與其相對的所謂大數據/巨量資料(big data)的出現； 事實上，以前所有的資料都是「小量資料」，因此，他們不需要特別來給貼上標籤(3)。

傳統上，因為產生、處理、分析、儲存資料的成本所費不貲與執行上的困難度的考量，所以，就使用抽樣技術，嚴格控制的方法來限制他們的範圍、時間以及大小。當一些資料可能數量上非常龐大，比如國家的普查(census)資料，他們在執行編輯這些可管理的資料，只好幾年才執行一次或者在有限的範圍內(普查的案例通常每隔十年一次，問 30 到 40 個問題) 更有進者，小量三級資料的分辨率通常很粗糙(到州、省、縣市層級而非個人的以及家戶的)，從方法上比較僵化(一旦設定並實施了人口普查，就幾乎不可能調整問題或新增新問題或刪除其他問題，因為這將嚴重損害處理和分析。)。相對的，巨量資料的特色是能夠不斷的產生, 而且尋求在範圍上詳盡無遺、更彈性、更有擴展性。(3)

「小量資料」在很大程度上是資料沙漠中的資料綠洲，而巨量資料卻產生了名副其實的數據洪流。這引起了一些疑問，如巨量資料是否可能導致小量資料的湮滅，或者基於小量資料研究的地位是否會因其規模、範圍和時間的限制而降低。(3)

一. 巨量資料(Big data)

溯自到 1990 年代中期「巨量資料」一詞的詞源(etymology)，最初由 Silicon Graphics 退休的首席科學家 John Mashey 使用，指的是處理和分析龐大資料集。最初，這個詞沒有什麼吸引力。2008 年，在學術界或產業中，還很少有人使用「巨量資料」一詞。五年後的 2013 年，它已成為流行語，經常使用在商業界和流行媒體中(3)。

「軟體正在吞噬整個世界」(Software is eating the world)，第一個被廣泛使用的瀏覽器 Mosaic，著名的共同開發者 Marc Andreessen 如是說。**資料既是軟體的燃料，也是軟體的副產品，甚至是日常生活中留下的「資料廢氣」**(data exhaust)，如家中智慧電錶記錄能源使用情況、行車時 GPS 回報我們所在位置、刷卡時記錄的購物籃內容等等。(5)。資料的價值是被肯定的。在私營部門，大小公司利用巨量資料發了財：Google 用於搜索和廣告。Facebook，Twitter 和

LinkedIn 用於社交媒體；Amazon 用於零售。資料已成為一項競爭優勢，也是一項受到嚴格保護的資產，巨量資料之所以興起，其原因在於近幾年科技的進步與法令的鬆綁，使得(4)：

1. 資料蒐集的方式更加多元與容易，例如穿戴式裝置與手機 GPS 的普及，或開發簡易的裝置進行空氣細懸浮微粒(PM2.5)偵測，網路瀏覽足跡、留言等非結構化資料的紀錄。
2. 資料儲存裝置變得越來越便宜。
3. 網路活動盛行，大量的網路服務與 APP 個人化，使每個人在網路上都留下大量的紀錄與足跡。
4. 公開的政府與民間資料，近年來全球各地吹起 Open Data 的號角，將過去由政府機關或特定私人企業把持而無法或是需要經過繁雜手續才能取得的資料，變得人人都可以存取使用。

於是資料/數據的累積量及速度相較於過往數十年、百年有著倍數以上的成長。(2)

巨量資料涵蓋了一系列資料類型，例如文本、數字、圖片、影像或其組合，並且它們可以跨越多個資料平台，例如社交媒體網絡、部落格/博客文件、感測器、智慧手機中的位置資料、數位化文件以及相片、影像檔案。

時至今日，湧現的巨量資料伴隨大量異質的、快速變化的資料來自分散的源頭，大數據具有資料數量的龐大(volume)、速度不斷地加快(velocity)和形式多元化 (variety) 的三個特徵 (通常稱為巨量資料的三個 V)使得資料品質的保證越來越具有挑戰性(例如，由於各種資料源頭的整合或在考慮資料連接)。因此，錯誤決策的後果變得更加昂貴。這導致增加了第四個 V(veracity)，即真實性，反映了巨量資料背景下資料品質的重要性。

除非可以有效利用巨量資料，否則巨量資料沒有價值，巨量資料適當的利用取決於對資料品質(Data quality, DQ)特性的識別和說明，這有助於減少推理錯誤並提高產生見解的準確性。資料品質特性包括資料**本質的**(intrinsic)、**脈絡的**(contextual)、**表達的**(representational)以及**可存取性的**(accessible)。(6)資料源頭品質的不確定性，這些可能會破壞巨量資料完整性與正確性，進而影響決策與產生見解的價值。

由於巨量資料的完整性與正確性堪慮，影響創造價值，準確性已成為從品質特性的標準三個“V”維度（volume, variety, and velocity）外，成為創造價值的第四個維度 - 真實性。如下圖 1-1 所示 ： 巨量資料的三個標準內在維度，加上真實性(veracity)第四個維度。(7)

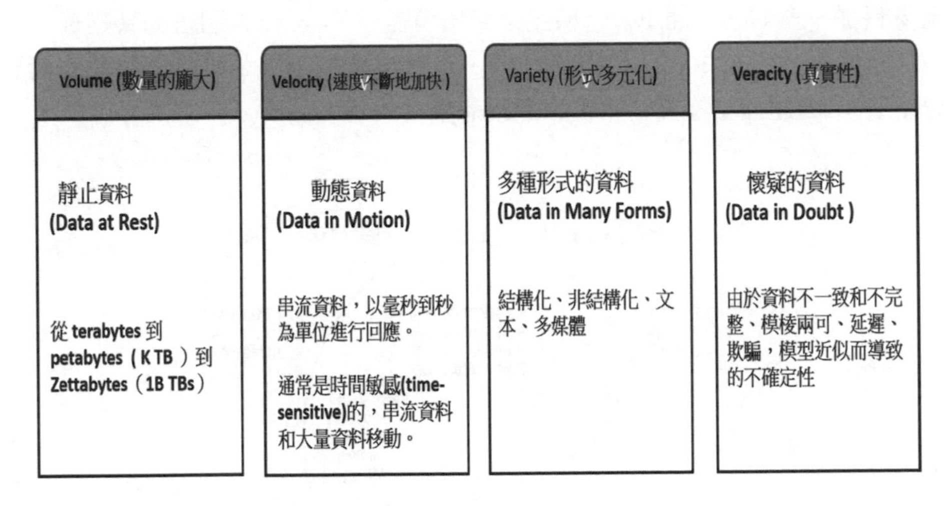

圖 1-1：巨量資料的三個標準內在維度，加上真實性(veracity)第四個維度

長期以來，在政府、工業界和學術界中，一直存在著很大的資料集，可以從中提取資訊以提供洞見和知識。

巨量資料的優勢，會使分析資料的方式產生三大改變(shifts)，進而改變吾人如何(how)理解及組織社會的方式。其一，能夠取得、分析的資料量大為增加。其二，如果吾人面對極大量的資料，就不會堅持都要做到精確(exactitude)。其三，前二大改變會導致第三大改變，即放下長久以來對因果關係(causality)的堅持。而是要從資料中找出事物的模式(patterns)，以及彼此的相關性(correlations)，再從中取得創新而寶貴的見解。(8)

譬如，看過幾百萬份的數位病歷，發現某種阿斯匹靈(aspirin)和柳橙汁搭配可以讓癌症患者病情緩解，這時候真正重要的是，病人能活下去，至於究竟為何如此，就不需要太過計較。巨量資料的重點就是「正是如此」**(what)**，而不是「為何如此」**(why)**。(8)

尚未被大量開發的巨大資源的巨量資料，與所謂的開放資料有相當大幅度的重疊，巨量資料、開放政府、開放資料這三者密切相關，但不相同，可以用維恩圖(Venn diagram)來呈現彼此的關聯性，如下圖 1-2 所示(5)： 政府各單位掌握許多重要的資料，且與人民生活息息相關，若能善用巨量資料將會產生相當大的價值，如智慧城市，佈建了很多的感測器（sensor），運用感測器收集巨量資料從一盞燈、一輛車、一棟建築到環境監控 ；又如美國紐約警察局一站式犯罪追蹤監控系統，利用監控攝影機、車牌辨識攝影機、輻射偵測器比對恐怖分子資料庫/逮捕紀錄資料庫，來追蹤恐怖份子等。

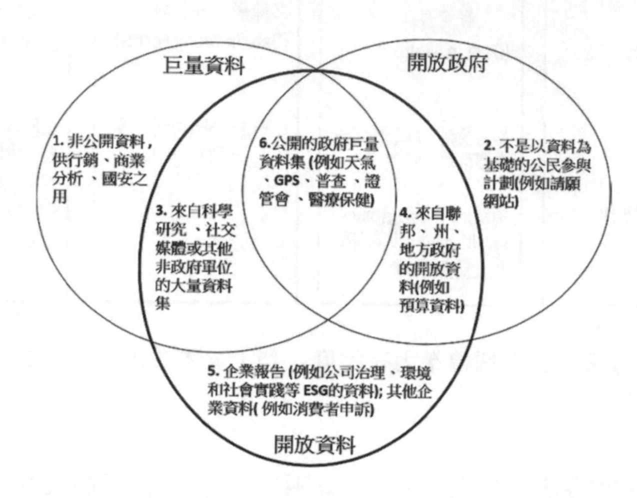

圖 1-2：**定義資料類別：巨量資料、開放政府以及開放資料**

二. 開放資料(Open data)

開放資料乃是世界最大的自由資源； 開放資料是指以「**機器可讀**」(machine-readable)格式發布的公共或私有資料，並且可以不受限制地使用。此定義結合了對「開放性(openness) 」的技術和法律理解。從技術角度來看，以機器可讀格式發布資料可確保電腦應用程序可以結構化方式檢索資料。從法律角度看，「開放性」資料的允許商業和非商業使用而不受限制。

考慮到產生資料集所需的費用和資源及其在揭示有關世界的資訊方面的價值，通常以某種方式限制對它們的存取，例如，限制對獲得批准的用戶的存取，或者需要付費，或者透過許可或政策限制資料的使用方式。因此，傳統上，資料以及從中獲取的資訊和知識，在很大程度上，自然地封鎖在機構或檔案館內。的確，獲得可以幫助回答特定問題的資料集的方式，數百年來已經讓研究人員、分析人員、新聞工作者和民間社會組織感到沮喪。

因此，傳統上，資料以及從中獲取的資訊和知識 在很大程度自然地封鎖在機構或檔案館內。確實，獲得可以幫助回答特定問題的資料集的方式，數百年來已經讓研究人員、分析人員、新聞工作者和民間社會組織感到沮喪。

開放資料運動試圖徹底改變這種狀況，既要更廣泛地重複使用資料，又要提供易於使用資料的研究工具，從而消除了對專業分析技能的需求。該運動建立在三個原則上：開放、參與和協作；通過透明、共享和協同工作，可以實現資料對社會的價值。其目的是使產生資訊和知識的能力民主化，而不是將資料的力量限制在其生產者和有能力支付存取費用的生產者中。特別是，注意力集中在開放由國家機構或公共資助的研究產生的數據上，因為這些數據是由公共錢包為公眾的利益而資助的，而對開放由私營企業產生的數據的關注則更為有限。這可能對其創造者俱有更多的專有價值。

譬如美國政府在 70 年代，釋放出氣候資料，80 年代又釋放了 GPS 資料。今天，天氣資料每年創造超 300 億美元的商業價值。其中包括天氣預測更準確的價值，以及這些資料被用於氣候相關保險所創造的價值，甚至幫農民適應氣候變遷，提高收成的綠色革命 2.0。GPS 資料每年創造約 900 億美元的商業價值，如 Garmin 使用原始政府資料來創立公司； Google Maps 和 Google Earth 是 Google 結合本身擁有的資料，和政府開放資料打造出來的應用程式。

下一波資料的開放熱潮，可能出現在**健康和保健領域**，這些資料有一些是私人企業的資料，如醫院和病患的記錄，但大部分是健保局費用、藥品成效與副作用，以及其他層面的保健(healthcare)和公共衛生開放資料。(5)

儘管開放資料運動的論點以通俗易懂的方式提出，並使用諸如透明度、問責制、參與性、創新和經濟成長等比喻，但政府和科學數據的迅速開放並未受到普遍歡迎。開放資料對社會、政治和經濟造成的許多後果目前正在受到批評和辯論。(3)

此外，在過去的半個世紀中，知識產權的範圍和持續時間有所增加，這有點自相矛盾，這意味著開放資料運動的增長與專有權利的增加並駕齊驅。(3)

儘管政府資料的開放仍然是部分的，但毫無疑問，在如何查看和共享資料方面發生了重大變化，譬如，2005 年臺灣通過政府資訊公開法，規定各政府機關應主動公開部份資訊，然而當時只能夠下載閱覽，尚未也無法作加值應用。2012 年 11 月 8 日行政院會決議，推動政府資料開放（Open Data），植基於「資訊公開」概念之下，進一步向前推動邁入「資料開放」及納入公眾參與公共政策議題理念，由**滿足人民「知道」**政府資訊的權利邁向**滿足人民「可用」**政府資料及參與政府政策決定的權利，期集合公共智慧與創意，促進政府運作透明，監督政府、改善公共服務品質及推動政府透明治理。

如圖 **1-3** 從文獻上看來，在 2010 年之前幾乎沒有研究，但是，隨後幾年顯著增加。這表明了對該主題的科學興趣，隨著世界上開放資料倡議的數量而增長。(9)

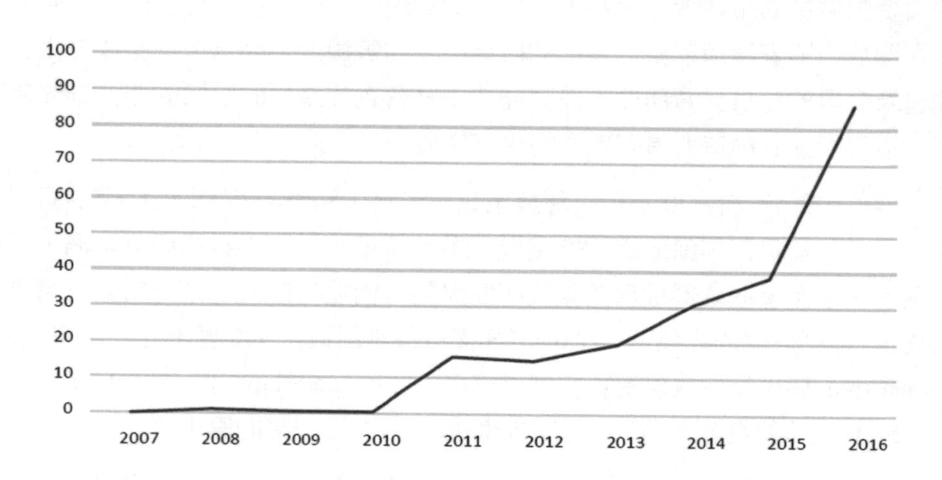

Figure 1: Number of publications on open government data indexed in the Web of Science 2007–2016 (n=216)
Source: Van Schalkwyk & Verhulst (2017).[5] See also Klein et al. (2017)[6] who find a similar publication pattern.

圖 1-3 ：2007-2017 年被 Web of Science 收錄的有關政府公開資料的出版品數量（n = 216）

資料分析流程 (data analytics processes)可掌握企業價值鏈(value chain)的價值活動所在，以大型製藥業為例，大型製藥業正在考慮可以使用部分資源與能力嘗試發展「巨量資料分析」(big data analysis) **作為核心能力**(core competence)，對製藥業來說，監督藥品安全則不是核心能力。所謂核心能力就是可讓一家企業勝過競爭對手而作為其競爭優勢來源的能力。

也因此，這些製藥業則將藥品安全流程與製程外包給許多位於印度或在該地有辦公室的企業。監督藥品安全是外包(outsourcing)的最新領域之一，隨著監管單位要求更嚴密的追蹤罕見副作用與藥品間相互影響的效果，預期有 20 億美元的商機。(10)

三. 使用 R 進行巨量資料及開放資料分析

美國 Bell 實驗室開發了一個稱為 S 的統計分析套件。1994 年晚些時候，Ross Ihaka 和 Robert Gentleman 在 Auckland 大學編寫了 S 的第一個版本，並將其命名為 R。R 是 S 的開源實現，並且在命令行(command-line)上與 S 有所不同。對於統計分析，R 具有一系列專門構建的功能。結果，R 被認為是一種非常強大的統計程式語言。

R 的開源性質指出，隨著統計新技術的發展，R 的新套件在不久後免費提供。它由自己的內建的統計演算法組成 R 和第三方套件中可供用戶使用的龐大的機器學習演算法和數學模型數量驚人，並且還在不斷增長。R 還可以在許多其他此類套件中，進行困難或幾乎不可能完成的重要分析，包括廣義加性模型、線性混合模型和非線性模型。

R 由多種圖形繪製工具組成，可以輕鬆產生資料的標準圖形。在傳統分析中，開發統計模型比透過電腦執行計算需要更多時間。在巨量資料的情況下，這一比例正好倒轉過來。當用在 CPU 的計算時間上比設計一個模型所需的時間更為耗費時，大數據(悄然)進入影響了圖形表現(領域)。包含多達數百萬個記錄的資料集可以使用標準 R 輕鬆處理。包含近一百萬至十億個記錄的資料集也可以在 R 中進行處理，但需要付出額外的使把勁。

在全球有數百萬個統計學家和資料科學家都使用 R 來解決他們在該領域最具挑戰性的問題，從量化的行銷到計算生物學。R 已經成為資料科學中最流行的語言，並且是那些資料分析驅動的公司（例如 Google，Facebook，LinkedIn 和 Finance）的最基本工具。

1 巨量資料分析

商業價值不是由存儲的資料產生的，對於傳統的資料庫，資料倉儲以及對於像 Hadoop 這樣的用於存儲巨量資料的新技術而言，這都是正確的。
一旦適當地存儲了資料，就可以對其進行分析，從而創造出巨大的價值。
放在記憶體(in-memory)中分析，放在資料庫(in-database)中分析以及各種主要適用於巨量資料的分析，技術和產品已經到來。

1.1 分析(Analytics)的歷史

了解分析的起源是探索其根源。在 1970 年代，為了支援決策，決策支援系統(DSS)是分析(Analytics)史上的第一個系統。DSS 被用作一門學科和對應用系統的描述。隨著時間的推移，諸如主管資訊系統 (EIS)、儀表板、記分卡以及 OLAP (線上分析處理)之類的其他決策支援應用程序變得越來越流行。

然後在 1990 年代，Gartner 的分析師 Howard Dresner 提出了商業智慧(business intelligence, BI)一詞。BI 是一種由技術驅動的流程，是分析史上的第二個系統，用於資料分析和提供可行動的資訊，以幫助公司主管、企業經理和其他最終使用者構建更明智的商業決策。

為了分析銷售資料，在大型的消費品製造商(如寶潔)和零售商(如沃爾瑪)實施了第一批有成效的商業智慧系統。BI 應用 ETL (extract,transform, and load)的技術，將資料從來源端經過萃取(extract)、轉置(transform)、載入(load)至目的端的過程，這些傳統的 BI 解決方案的重點是分析歷史資料，以回答諸如「我們在某個地區的銷售額是多少？」和「我們在上一季度賺了多少利潤？」之類的問題。(11)第三種解釋是，分析是使用機器學習演算法來分析資料，是分析史上的第三個系統。區分這三種分析非常有用，因為差異可以指示用於巨量資料分析的架構和技術。(12)

在 1990 年代末期，「巨量資料」一詞開始出現在科學文獻中，指的是資料集太大而無法放入主記憶體，甚至本地磁碟機中。關於巨量資料的第一批出版物起源於科學計算領域，但在 2001 年，Meta Group 的分析師 Doug Laney 將這一概念轉移到了企業領域，並創造了“3V”，“3V”一詞來代表數量、速度和多樣，迅速成為巨量資料的構成維度。

在 2000 年代中期之後，在 Davenport 的開創性文章「競爭在分析見高下」(Competing on Analytics)的推動下，企業對巨量資料越來越感興趣，關注點從圍繞巨量資料存儲的技術問題，轉向到巨量資料的分析。Google、Amazon 和 Facebook 等基於互聯網的企業是最早透過應用複雜的資料挖掘和機器學習技術來利用巨量資料的企業。今天的巨量資料分析應用系統與傳統商業智慧應用系統的區別不僅在於所處理資料的廣度和深度，還在於它們所回答的問題的類型。傳統上，BI 專注於使用一套一致的指標來衡量過去的業務績效，而巨量資料應用系統則強調探索、發現和預測。學者 Dhar 認為：「巨量資料使機器可以提出並驗證人類可能不會考慮的有趣問題。」(11)

2　R 的成長

IEEE 在 2015 年的前 10 種語言中將 R 列為第六位。此外，隨著密集型資料工作量的增加，對諸如 R 的用於資料挖掘，處理和視覺化的工具的需求也將增加。

2.1　企業中的 R

R 起源於 90 年代，是 S 程式語言的開放源代碼版本。從那時起，它就獲得了許多公司的支持，其中大多數是 R Studio 和 Revolution Analytics，它們用於建立各種套件以及與該語言相關的服務。R 得到了大型公司的支持，這些公司如甲骨文已經將 R 整合到其產品中，支持著世界上最大的關連式資料庫。如微軟的 Power BI Desktop 內建用 R 已產生視覺效果。

2.2　R 在高等教育

也起源於學術界。由紐西蘭的 Auckland 大學 Ross Ihaka 和 Robert Gentleman 所創建的，並且在該校研究生密集統計學的課程中被廣泛採用。諸如全球最大 MOOCs 國際學習平臺 Coursera 資料科學計劃之類的大規模開放式線上課程也使用 R。

2.3　R 有一個多樣的社群

R 社群是多樣的，還有許多來自獨特專業背景的人。列表包括統計學家，商業分析，學者，科學家和專業程式人員。R 套件完整典藏網路（Comprehensive R Archive Network, CRAN）維護由反映此背景的社群成員建立的套件。套件的存在是為了用於建立地圖、執行股票市場分析、進行高產出量的基因組分析和執行自然語言處理　。

R 很有趣！R 能夠以很少的代碼行產生圖表和繪圖。一些其他語言的需要使用多行代碼的任務，在 R 中只需幾行代碼就可以完成。當您將其與多種流行語言進行比較時，它被認為很奇怪，但是它具有強大的功能，尤其是在進行資料分析時。

3 使用 R 的好處

3.1 套件生態系統

R 的最強品質之一就是廣闊的套件生態系統。其中內建了許多功能，是為統計人員構建的。

3.2 R 是可擴展的

R 為開發人員提供了豐富的功能，以建立他們自己的工具和方法來分析資料。 引起了許多從生物科學甚至人文科學等領域人們的注意。人們可以擴展它，而無需徵得許可。

3.3 自由免費軟體

在 R 首次問世時，它的最大優點是它是自由軟體。每件事和有關它的來源代碼都可以查看。

對於資料處理和繪圖，dplyr 和 ggplot2 受到相當程式開發者的使用，甚至是其他跨語言的技術整合對象，例如：Python。

3.4 R 與學術界的緊密聯繫

該領域的任何新研究，可能都需要相關的 R 套件。所以 R 保持進步。caret 套件還透過相對統一的 API，提供了一種非常聰明的 R 機器學習方法。R 中實現了許多流行的機器學習演算法。

4 R 的挑戰

儘管具有所有優點，但是 R 具有以下缺點：面臨大型資料集(dataset)時在效能方面的表現並非是最快速的語言工具。

這些可能是 R 面臨的最大挑戰。同樣，從其他語言來到 R 的人也可能會認為 R 出人意料的。當使用非常大的資料集時，語言的設計有時會導致問題。資料必須存儲在實體的記憶體中。但這可能會成為一個小問題，因為當今電腦有足夠的記憶體。

R 語言未內建諸如安全性之類的功能。同樣，R 無法嵌入到 Web 瀏覽器中。您不能將其用於類似 Web 或類似 Internet 的 apps 上。由於缺乏 Web 安全性，幾乎不可能將 R 用作後端伺服器來執行計算。長期以來，該語言多為單獨(standalone)使用為主，比較缺乏多人同時使用的互動性。仍然需要藉助於諸如 Python 的 Django Web Server 或 JavaScript 的 Nodejs Server 的整合。儘管可以使用 R 進行分析，但結果的提供可能以 JavaScript 之類的不同語言完成。

5　R 的巨量資料策略

R 可以使用以下五種不同策略來處理巨量資料

5.1　抽樣(Sampling)

如果資料太大而無法完全分析，則可以透過抽樣減小其大小。最終，問題浮現出來，即抽樣是否會降低模型的性能。當然，多資料總比少資料好。如果需要避免抽樣，建議使用另一種巨量資料策略。但是，如果出於某種原因需要進行抽樣，那麼它仍然可以得出各種令人滿意的模型，尤其是在樣本數很大，與整個資料集的比例不小，並且也沒有偏差的情況下。

5.2　更大的硬體

R 將所有 objects 保留在放在記憶體中，但是如果資料太龐大的話，這可能會成為問題。處理 R 中 大數據的最簡單方法之一 就是單純地增加機器的記憶體。今天，如果 R 在 64-bit 電腦上執行，則可以定址到 8 TB 的 RAM。在許多情況下，與 32bit 電腦大約 2 GB 的可以定址到 2 GB 的 RAM 相比，這是一個足夠的改進。

5.3　將實體物件存儲在硬碟上並逐塊分析

作為替代方案，可以使用各種套件來避免將資料存儲到記憶體中。而是將實體物件存儲在硬碟上，然後逐塊分析，例如：通過 MapReduce 在 Hadoop 的 HDFS 上預先處理來源資料。副作用是，如果演算法允許對區塊進行平行分析，則分塊自然也會導致平行化。這種策略的不利方面是，只有那些明確設計用於處理特定於硬碟的資料類型的演算法和 R 函數才能執行，這部分的分散處理應用，並非 R 的強項，不過可藉由與異質系統的技術整合達到，可參考 R 的外掛套件 rmr2 在 Hadoop 上的偕同運作。

5.4 整合高效能的程式語言，例如 Python、C ++或 Java

另一種選擇是整合高效能程式語言。主要目的是要平衡 R 的一種更精緻的方式來處理資料，另一方面平衡其他語言的更高的效能，可有兩個方向的技術整合：

方向一，於其它語言中載入 R 自建套件，使用 R 套件分析的便捷與效能，各自發揮語言的強項，例如：Python 的 Anaconda 平台等。

方向二，需在備有其它語言的編譯器的環境設定前提下，執行 R 語言及透過中間包裝函式，以使用其它語言之函式與資料返回，對於開發人員而言，其他程式語言必須具備熟練度，但可能不是這些 R 函數的使用者。R 和 Java 的連接包（即 r Java）就是這種示例。rJava 是讓 R 呼叫 Java 撰寫的物件(Class)、實例(Instance)和方法(Method)的套件。這個套件降低 R 呼叫 Java 既有的資源，例如 Google APIs、Hadoop 等的難度。先下載套件：install.packages('rJava')；要用的時候再載入套件到 R session：library(rJava)。

此外，Rcpp 是一個可以讓 R 透過 C++語言提升執行效能的套件，降低程式開發的技術門檻，對於耗時的運算相當有幫助，是一個很實用的套件。

其他尚有更多高效能的整合，將 Power BI Desktop 與 R 整合，建立視覺效果。

6 使用 R 進行巨量資料分析的範圍

對於統計資料分析，R 是一個開源軟體平台。很大程度上是由於 R 的開源特性，R 被可擴展性作為學術研究平台而吸引了世界各地大學的統計學科系。

免費當然也發揮了作用。不久之後，資料科學、統計學和機器學習領域的研究人員就開始在學術期刊上發表論文，並應用他們的新方法編寫 R 代碼。R 非常容易地構建此流程，任何人都可以向 CRAN 產生 R 套件，CRAN 代表 R 套件完整典藏網路(Comprehensive R Archive Network)，並提供給所有人。R Studio 為 R 語言創建了一個出色的開源交互式開發環境，從而進一步提高了 R 用戶的生產力。Google、Ford、Twitter、美國國家氣象局、洛克菲勒政府學院、人權資料分析小組均使用 R。

7　整合 R 和 Hadoop 進行巨量資料分析

巨量資料範圍從數百 terabytes 到數 petabytes，大小在單一資料集(single data set)中。 使用傳統的關聯式資料庫(RDB)、統計和視覺化軟體套件，很難管理和處理如此大量的資料 - 它需要強大的計算能力和大型存儲設備。

可以將這些大量資料存儲在低成本平台，譬如 Hadoop 上，將巨量資料、R 與 Hadoop 結合使用。以處理包括資料結構、存儲、收集和分析上巨量資料。R 的一個主要缺點是它的擴張性(scalable)不高。R 核心引擎處理非常有限的資料量。由於 Hadoop 在巨量資料處理中非常流行，相應的 Hadoop 平台可以實現擴張性是下一個順理成章的邏輯步驟。

該平台的擴展取決於要分析的資料集的大小。可以在 R 中編寫 Map/ Reduce 模塊，並使用 Hadoop 的平行處理 Map/Reduce 機制，以識別資料集的樣式(patterns)。(11,12)

Hadoop 是一個免費軟體架構，旨在使用商品化的硬體叢集(clusters)對大型資料集進行分散式處理，並實施簡單的程式模型。它是一個中介(middleware)平台，用於管理用 Java 開發的電腦叢集，儘管 Java 是 Hadoop 的主要程式語言，但其他語言：R、Python 或 Ruby 也可以使用。(13)

8　結論

要建立功能強大且可靠的統計模型，資料轉換、多個模型選項的評估以及結果的視覺化至關重要。這就是 R 語言如此受歡迎的原因：它的互動式語言提升了探索，確認和表達的能力。Revolution R Enterprise 提供了巨量資料支援和速度，使資料科學家可以快速重複此過程。

參考文獻

1. Waller, M. A., & Fawcett, S. E. (2013). Data science, predictive analytics, and big data： a revolution that will transform supply chain design and management. Journal of Business Logistics, 34(2), 77-84.

2. Grolemund, G., & Wickham, H. (2018). R for data science.

3. Kitchin, R. (2014). The data revolution： Big data, open data, data infrastructures and their consequences. Sage.
4. 大數據 – 什麼是大數據。上網日期 2020 年 1 月 18 日。檢自 ： http：//foundation.datasci.tw/what-big-data/
5. Gurin , J. (2014).Open Data Now： The Secret to Hot Startups, Smart Investing, Savvy Marketing, and Fast Innovation, New York, NY. McGraw Hill
6. Lee, Y. W., Strong, D. M., Kahn, B. K., & Wang, R. Y. (2002). AIMQ： a methodology for information quality assessment. Information & management, 40(2), 133-146.
7. Rubin, V., & Lukoianova, T. (2013). Veracity roadmap： Is big data objective, truthful and credible?. Advances in Classification Research Online, 24(1), 4.
8. Mayer-Schönberger, V., & Cukier, K. (2013). Big data： A revolution that will transform how we live, work, and think. John Murray. 或見林俊宏 (2014)。大數據。台北市：天下文化。
9. Klein, R. H., Klein, D. B., & Luciano, E. M. (2018). OPEN GOVERNMENT DATA： CONCEPTS, APPROACHES AND DIMENSIONS OVER TIME. Revista Economia & Gestão, 18(49), 4-24.
10. Hanson, D., Hitt, M. A., Ireland, R. D., & Hoskisson, R. E. (2016). Strategic management： Competitiveness and globalisation. Cengage AU.
11. Debortoli, S., Müller, O., & vom Brocke, J. (2014). Comparing business intelligence and big data skills. Business & Information Systems Engineering, 6(5), 289-300.
12. Patil, S. (2016). Big data analytics using R. International Research Journal of Engineering and Technology, 7.
13. Nayak, M. M. BIGDATA WITH R AND HADOOP.
14. Oancea, B., & Dragoescu, R. M. (2014). Integrating R and hadoop for big data analysis. arXiv preprint arXiv：1407.4908..

第2章 開放資料-世界最大的自由資源及帶來的機會

開放資料乃是世界最大的自由資源；開放資料是指以「機器可讀」(machine-readable)格式發布的公共或私有資料，並且可以不受限制地使用。此定義結合了對「開放性(openness)」的技術和法律理解。從**技術角度**來看，以機器可讀格式發布資料可確保電腦應用 程序可以結構化方式檢索資料。從**法律角度**看，「開放性」資料的允許商業和非商業使用而不受限制。

而推動開放資料的成效，繫乎政府的態度與決心，政府被視為是照顧人民從搖籃到墳墓的保姆，其治理目標不外乎是「公共利益」與「效率」。這裏的公共利益所指的是「做對的事情」，而效率所求的是「如何把事情做好」。

支持開放資料倡議者認為，更開放的共享政府公共資料資源，可帶來三個機會$_{(1)}$：

1. 第三方開發的公民服務(Third-party developed citizen services)
2. 知識創造擴大政策網路(Expanded policy networks for knowledge creation)
3. 透明度和問責制(Transparency and accountability)

第1節 第三方開發的公民服務

私人部門創業家能以提供自公部門的歸檔存藏之資料，透過再利用**公共資料與自有資料「混搭」**(mashup)，以創新之手法，主要是將原始資料(raw data)加值以開發公民服務(citizen-service)的行動裝置(mobile)及網頁應用。

例如，Google Maps 和 Google Earth，是結合 Google 本身擁有的資料和政府開放資料打造出來的應用程式。它們本身也變成開放資料源頭，據瞭解，至少有超過一百萬個網站和應用程式使用取自的開放資料。資料「混搭」是指將來自多個來源的數據和功能組合在一起以提供新服務的網頁或支持網際網路/互聯網(Internet)的軟體應用系統。[3]

[3] 但 Google Map 自 2018 年以來依使用收費，所以本章有關地圖實例皆採用免費的開放資料。

存在潛在的市場和強大的社會力量，激發起軟體開發人員投入時間來建立這些應用系統。例如「不動產實價登錄」資料是「政府資料開放平臺」最熱門的下載第 1 名，在民間已被運用開發超過 30 種產品，其中「三秒算房價」及「HoYa 好屋 no.1」2 項商品，是 2014 年獲經濟部工業局「Open data」產業輔導成功的案例。

2016 年 9 月經濟部資訊中心就依照房屋稅籍＋台電登記的用電量等資料，交叉比對後，做出一款「台北市空屋地圖」，其中可以發現大稻埕地區空屋率最高。顛覆了一般以為是炒房嚴重的信義區、大安區的刻板印象。

從「台北市空屋地圖」 可見，台北市空屋最多的地方，大多是在大同區和中正區，而這也是台北市老舊房屋較密集處。至於認定空屋的原則，則是把房屋稅籍結合用電量，使用量低於 60 度以下的用戶才會被記為空屋。因此除了不堪居住的房子之外，帶都更開發的房屋或海沙、輻射屋，甚至是凶宅，都會因用電量少而被認定為空屋。

政府開放資料有多重要？你可曾想過，台電的用戶用電資料，可以被拿來當作計算台灣空屋率、檢討公共住宅政策的參考來源？無獨有偶的土壤液化潛勢圖，也可作為金融銀行機構貸款成數與利率的參考來源。

[實例一]臺北市土壤液化潛勢圖與貸款成數與利率的混搭

資料存取網址 ：

https：//soil.taipei/Taipei/Main/pages/TPLiquid_84.GeoJSON

詮釋資料參考網址 ：

https：//soil.taipei/Taipei/Main/pages/metadata.txt

R 軟體的應用：

本例分二解法繪製台北市界地圖，然後再將土壤液化分布標示其上，方法一使用私人於 GitHub 官網提供的開放資料(GeoJSON 格式圖資，如下程式碼中之資料下載網址)。

而方法二則使用政府開放公共資料，即中華民國政府官網的台灣地圖資料 SHP 格式圖資，如下**圖 2-1** 圓圈處：

https：//data.gov.tw/dataset/7442

下載 SHP 壓縮檔後將之解壓於 RStudio 的工作目錄。若不知工作目錄，可以 R 指令 getwd() 於 RStudio Console 列出當前工作目錄。

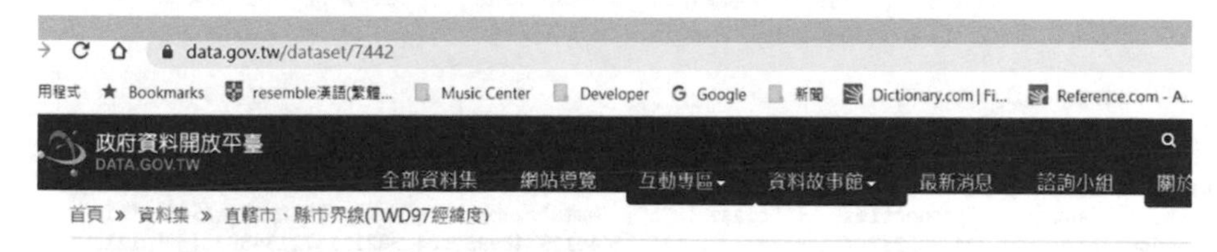

直轄市、縣市界線(TWD97經緯度)

圖 2-1：政府開放平台

土壤液化分布圖資則需先取得 GeoJSON 格式的地圖資訊，
請至台北市政府官方網站 **https：//soil.taipei**
點選**圖 2-2**、**圖 2-3** 圓圈處讀取液化潛勢區圖資，並複製其 GeoJSON 資料網址，用於下列「土地液化分布繪圖」程式中。

圖 2-2：臺北市土壤資訊網站

soil.taipei/Taipei/Main/pages/TPLiquid_84.GeoJSON

應用程式 Bookmarks resemble漢語(繁體... Music Center Developer Google


```
{
"type": "FeatureCollection",
"name": "TPLiquid_84",
"crs": { "type": "name", "properties": { "name": "urn:ogc:def:crs:OGC:1.3:CRS84" } },
"features": [
{ "type": "Feature", "properties": { "class": "1", "Name": "High", "Web": "http:\/\/Soil.Taipe
121.566462331395556, 24.982337371160408 ], [ 121.56646129740993, 24.982111672134597 ], [ 121.5
], [ 121.566955510300886, 24.981884087437756 ], [ 121.567203133714116, 24.981883143987805 ], |
24.981431745959743 ], [ 121.567200027802571, 24.981206046935384 ], [ 121.567198992523799, 24.9
121.567196922003845, 24.980528949821011 ], [ 121.566949301302074, 24.980529893212946 ], [ 121.
], [ 121.567194851533998, 24.980077551710348 ], [ 121.567193816317868, 24.979851852644682 ], |
24.979627096925402 ], [ 121.566944127480909, 24.979401397836305 ], [ 121.566696509026059, 24.9
```


圖 2-3：台北市土壤液化潛勢區資料

方法一：**R 環境需已安裝外掛套件** geojsonio、broom、ggplot2

GeoJSON 為 JSON(JavaScript Object Notation)資料格式的延伸，藉以描述 Geometry、Feature 或者 FeatureCollection 的資料對象，格式標準規範可參閱 RFC 7946，其中 Geometry 的部份則描述包括有點(point)、線(line)、多邊形(polygon)等，可用以表示地理元素，本例則旨在使用其多邊形資料的部分，藉以標示分析對象(台北市)之邊界範圍，及其範圍內不同土壤液化等級，同時輔以顏色區分其分布之範圍(多邊形)。

R 語言中的 sp 套件(伴隨於 geojsonio 安裝)提供讀取 GeoJSON 的資料，構成 SpatialPolygonsDataFrame 或 SpatialPolygons 之物件，藉以透過 ggplot2 套件所提供的多邊形繪圖函式 geom_polygon，同時繪出多組的多邊形(MultiPolygon)

或 geom_path 繪出路徑構成單一封閉的多邊形。

R 語言中的 broom 套件提供的 tidy 函式，可將 SpatialPolygonsDataFrame、SpatialPolygons 等幾何物件轉換格式為 tbl 物件(data frame 的擴充類別)，藉以提供 ggplot 函式的處理。

R Script

```
####### 繪製台北市界地圖解法一###################
library(geojsonio)  # 載入處理 GeoJSON 資料套件
geojson.sp <- geojson_read( # 將下載之縣市 GeoJSON 圖資讀入變數
  x= 'https：//raw.githubusercontent.com/g0v/twgeojson/master/json/twCounty2010.geo.json',
  what = "sp" # 指定回傳 Spatial class 之物件
)
print(geojson.sp@data[c('COUNTYSN','COUNTYNAME')]) # 列印縣市代碼對照
sp.taipei <- geojson.sp[  # 過濾 geojson.sp(SpatialPolygonsDataFrame 物件) 的臺北市資料
  geojson.sp@data$COUNTYNAME  %in% c('台北市'),
]
library(broom) # 載入轉換 tibble(data.frame 的擴充物件)資料套件
twn.map <- tidy( # 將 sp 物件轉換為 data.frame 物件
  sp.taipei,  # 資料對象
  region = "COUNTYSN" # 群(group)欄位的依據
)
library(ggplot2) # 載入繪圖套件
g <- ggplot(  # 使用繪圖函式產生繪圖物件
  data=twn.map,  # 符合 data.frame 格式的繪圖資料
  mapping=aes(   # 指定 data 的欄位
    x = long,  # x 軸為經度
    y = lat    # y 軸為緯度
  )) +
  labs(title='台北市縣界地圖(解方一)')+
  geom_path(show.legend=FALSE)  # 繪出座標路徑線
print(g) # 印出台北縣市界地圖
```

RStudio Console

```
> print(geojson.sp@data[c('COUNTYSN','COUNTYNAME')]) # 列印縣市代碼對照
   COUNTYSN COUNTYNAME
1  10014001      台東縣
2  10002001      宜蘭縣
3  63000001      台北市
4  10009001      雲林縣
5  10003001      桃園縣
6  10013001      屏東縣
7  10006001      台中市
8  10011001      台南市
9  10017001      基隆市
10 09007001      連江縣
11 10008001      南投縣
12 10016001      澎湖縣
13 10005001      苗栗縣
14 10020001      嘉義市
15 10004001      新竹縣
16 10001001      新北市
17 10015001      花蓮縣
18 10012001      高雄市
19 10007001      彰化縣
20 10010001      嘉義縣
21 09020001      金門縣
22 10018001      新竹市
```

RStudio Plots

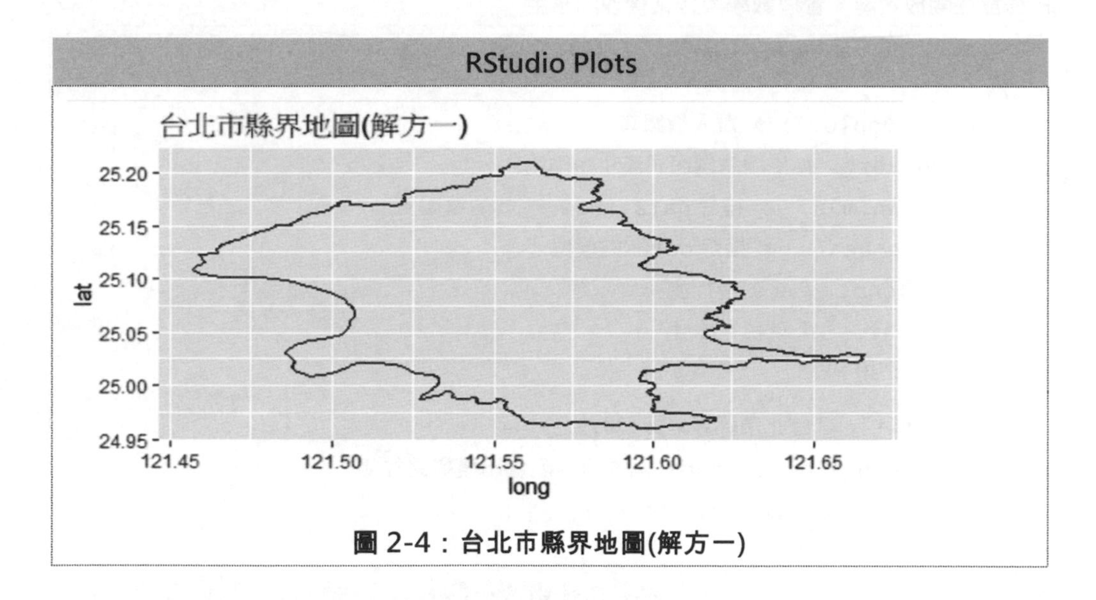

圖 2-4：台北市縣界地圖(解方一)

方法二：**R** 環境同解方一以外，需已安裝外掛套件 **rgdal** 等

SHP 的圖資為將圖形屬性、幾何元素以及元素位置索引，分別存放於不同檔案所集合而成的目錄，以下程式使用 rgdal 套件之 readOGR 函式讀取 SHP 目錄下之各檔案資料，建構其相對的 SpatialPolygonsDataFrame 物件，後續之處理同方法一。

R Script

```
####### 繪製台北市界地圖解法二###################
library(rgdal) # 載入 rgdal 套件讀取 shp 地圖資料
twn.shp <- rgdal : : readOGR( # 回傳 Spatial class 之物件
  dsn='data/mapdata201911261001', # 目前工作目錄下(或路徑)圖資目錄
  use_iconv = TRUE, # 依據 encoding 參數給予內碼轉碼
  encoding='UTF-8'  # 轉為 UTF-8 內碼
)
twn.shp.taipei <- twn.shp[  # 過濾出 twn.shp(sp 物件) 的臺北市資料
  twn.shp@data$COUNTYNAME  %in% c('臺北市'),  #  %in% 運算子在附錄下
可以找到說明
  ]
library(broom) # 載入轉換 tibble(data.frame 的擴充物件)資料套件
twn.map <- tidy( # 將 sp 物件轉換為 data.frame 物件
  x=twn.shp.taipei, # 資料對象
```

```
  region = "COUNTYCODE" # 群(group)欄位的依據
)
library(ggplot2) # 載入繪圖套件
g <- ggplot(  # 使用繪圖函式產生繪圖物件
  data=twn.map,  # 符合 data.frame 格式的繪圖資料
  mapping=aes(   # 指定 data 的欄位
    x = long,  # x 軸為經度
    y = lat,   # y 軸為緯度
    group=group
  )) +
  labs(title='台北市縣界地圖(解方二)')+
  geom_path(show.legend=FALSE)  # 繪出座標路徑線
print(g) # 印出台北縣市界地圖
```

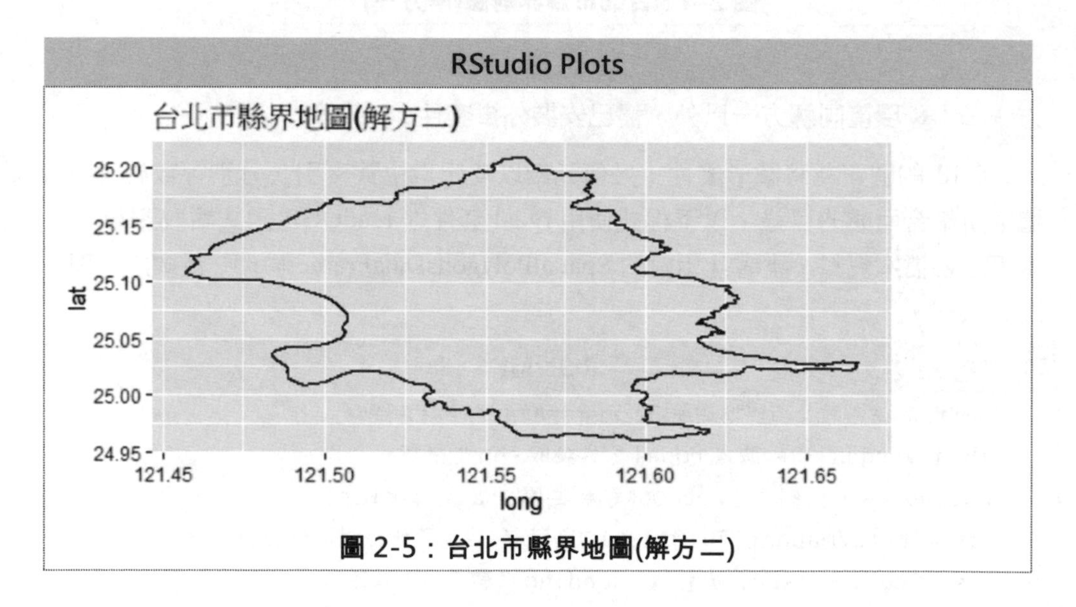

圖 2-5：台北市縣界地圖(解方二)

R 環境需已安裝外掛套件 jsonlite

若遇開放資料來源，其所提供之 GeoJSON 格式內容不足以形成上述 SpatialPolygonsDataFrame 所需之必要資料，藉以區分多組多邊形的群組依據，例如上述程式中 tidy 函式的 region 必要給予的參數值，以及 geom_polygon 函式的所需 group 給予的參數值，則需類如下程式碼的加工過程以替代 tidy 函式的簡單方便。

R Script

```
############土壤液化分布標示於地圖上########################
library(jsonlite) # 載入讀取一般 json 處理套件
taipei.soil <- read_json(
  path='https:
//soil.taipei/Taipei/Main/pages/TPLiquid_84.GeoJSON', # 開放資料源
  simplifyVector = TRUE # 將多層 list 資料簡化為 vector(主要為經緯度等資料)
)
class.name <-
taipei.soil[["features"]][["properties"]][["Name"]] # 圖例顏色對應(嚴重度)
class.id <-
taipei.soil[["features"]][["properties"]][["class"]]  # 嚴重類別id

map.title <- "台北市土壤液化潛勢分布" # 圖表標題
lgnd.title <- '嚴重程度' # 圖例標題
colors= c('red','#FFFF00','green') # 填色顏色對應
rshp.f <- function(result,cls,i,soil,color){ # 宣告處裡繪圖data.frame 圖資之自訂函式
  long<-c() # 初始經度 vector
  lat<-c()  # 初始緯度 vector
  if (is.list(soil)){ # 處理傳入 soil 之資料為 list 格式
    for (j in 1:length(soil)){ # 迴圈 list 內容
      result <-
rshp.f(result,paste0(cls,'.',i),j,soil[[j]],color) # 遞迴疊加至result
    }
    return (result) # 回傳 result
  }else if(is.matrix(soil)){ # 處理 matrix 格式
    long<-soil[,1]  # 經度資料
    lat<-soil[,2]   # 緯度資料
  }else if(is.array(soil)){ # 處理 array 格式
    long<-soil[,,1]  # 經度資料
    lat<-soil[,,2]   # 緯度資料
  }
```

```
  new.df <- data.frame( # 產生新的 data.frame 物件
    long=long, # 指定經度欄位 vector 資料
    lat=lat,   # 指定緯度欄位 vector 資料
    group=paste0(cls,'.',i), # 指定封閉區塊(polygon)的歸群(group)資
料
    severity=color # 指定填(fill)色之顏色代表嚴重程度
  )
  result <- rbind(result,new.df) # 回傳併入 new.df 之後的 result
}
soil.df<-data.frame() # 初始 soil.df 為 data.frame 物件
for (i in as.numeric(class.id)){ # 迴圈嚴重類別
  length.coord <-length( # 經緯座標群(group)數

taipei.soil[["features"]][["geometry"]][["coordinates"]][[i]]
  )
  for(j in 1:length.coord){ # 迴圈每一經緯座標群(group)

soil<-taipei.soil[["features"]][["geometry"]][["coordinates"]]
[[i]][[j]]
    soil.df <- rshp.f(soil.df,i,j,soil,colors[i]) # 將 soil.df 經
由自訂函式疊加
  }
}
head(soil.df)
g<-g+ # 將上述的 g 物件累加多邊形的土壤潛勢資料
  geom_polygon( # 繪出多邊形資料
    data = soil.df, # 繪圖資料
    mapping=aes( # 指定 data 的欄位
      x = long,  # x 軸的經度欄位
      y = lat,   # y 軸的緯度欄位
      group = group, # 封閉區塊(polygon)同群欄位
      fill = severity # 填色依據欄位
    ),
    show.legend = TRUE # 指定需將圖例繪出
  )+
  scale_fill_manual( # 圖例指定內容
    name=lgnd.title, # 圖例標題名
    values =colors,  # 圖例顏色依據 colors 這 vector
    labels=class.name # 圖例值依據 class.name 這 vector
```

```
  )+
  labs(title=map.title,  # 設定圖表名稱及 xy 各軸標籤
       x ="經度", y = "緯度")+
  theme_bw() # 繪圖主題使用黑白
print(g) # 印出圖
```

RStudio Plots

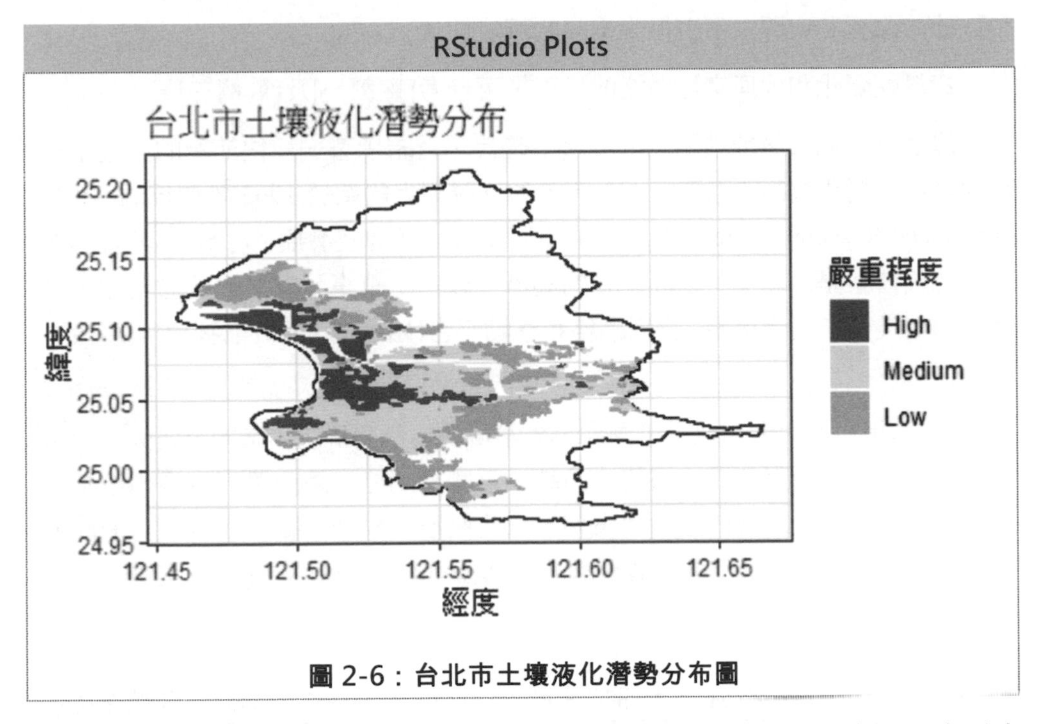

圖 2-6：台北市土壤液化潛勢分布圖

由於 2016 年 2 月 6 日小年夜台南強震不僅多棟建築物傾斜、倒塌，也震出民眾對於「土壤液化區」的擔憂，不動產買賣時，土壤液化潛勢區資訊，是否要在定型化契約揭露？土壤液化資訊，對行庫授信主管來說，由土地液化潛勢圖得知，潛勢越高，液化可能產生的影響越大，因此，除了考量區域外，房屋結構、是否有改善措施等也會一併檢視，並斟酌彈性調整貸款成數與利率。

第2節 知識創造擴大政策網路

透過廣泛可使用的開放資料原始證據基礎，將釋放更多能力給藉由開放資料驅動的民間有志之士的參與，從而提高政府有限的政策分析能力。允許非政府分析人員(譬如有組織的，以政策為導向的智庫研究人員、民間社會組織、學

者、新聞工作者，還是獨立運作或透過協作工具相互聯繫的公民) 都可以存取原始政府開放資料，並可以使用功能強大的數據分析軟體(如 R、Python 等)、交叉表和評估以前未曾考慮的方式，可望從集體政策能力中獲得以前未公開的見解。一個相關的流派是關注於**資料視覺化(data visualization)和地理定位**(geolocation)功能的提升，透過這些提升，對大量資料集(datasets)的存取擴展了從數據的視覺和空間表示中得出推論的可能性。

資料視覺化和地理定位功能的呈現，可參考[實例一]及[實例三]。

儘管記者們大膽地談論「互聯網」時代，這暗示著一種快節奏的，近乎即時的全球性變化機制，但實際上，今天的互聯網大約始於 1963 年前後的 ARPA (Advanced Research Projects Agency) 電腦系統的研究及發展，約 56 年前就開始了，時代背景是由於美、蘇間緊張的經濟、政治、軍事及意識形態的對立，其發展的前幾十年演變緩慢，**直到網絡和移動平台**(如手機、平板電腦)的出現後才加快。

上述提供使用者類似電子郵件、檔案傳輸、新聞群組、購物、研究、即時訊息、音樂、影像與新聞等服務，乃基於互聯網功能，讓公眾可取得如電話系統般方便的資料及語音的互動性服務。這些服務也推升互聯網成長，其他地方亦然。互聯網成長衡量乃根據擁有網域名稱(domain names)的主機數量來評估。

[實例二] 由監管網域名稱註冊及 IP 位址發放的 ICANN 追踪的網域名稱數量成長趨勢。

ICANN (Internet Corporation for Assigned Names and Numbers) 本部在美國 LA，亞洲這邊則在北京、首爾都有辦公室。ICANN 1998 年 9 月成立，主管網域和 IP 分配，而台灣這邊的域名和 IP 分配由 TWNIC 負責，統籌網域名稱註冊及 IP 位址發放之超然中立之非營利性組織。

為說明此一事實，吾人可以從 TWNIC 財團法人台灣網路資訊中心官網 https：//www.twnic.net.tw/webstatistic.php，如**圖 2-7** 所示。點選域名申請數量統計 https：//www.twnic.net.tw/item02.php 下載域名數量統計，如**圖 2-8** 所示。域名申請提供 Json(JavaScript Object Notation)唯一下載格式，點選 Json 下載。Json 類似 XML 的資料交換格式，本身就是一種半結構化的檔案了，可以自我描述和容易理解的資料交換格式，使用大括號定義成對的鍵和值(Key-value pairs) 不需特別再去定義架構。

圖 2-7：台灣域名數量統計查詢

首頁 | 網路統計 | 域名數量統計

.tw/.台灣 域名數量統計查詢

查詢項目： 域名數量

查詢種類： .com.tw

查詢時間： 1998 年 01 月開始至 2019 年 12 月為止

時間單位： 月

選擇資料呈現模式： 文字

確認查詢 json下載

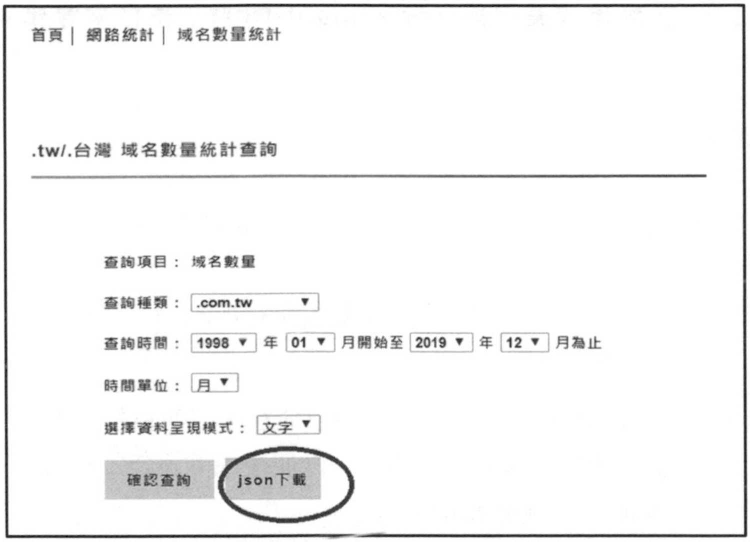

圖 2-8：台灣域名數量統計查詢，點選 Json 下載

Json 是一個很普遍的資料格式，尤其是用在 API 與文件資料庫中。Json 將資料儲存成純文字檔(plain text)的資料格式，讀取 Json 資料最主要的 R 套件為 jsonlite 與 rjson。

如上一章所說的，Open data 是一個非常重要的大數據來源。下載後取得的

open data 為多階層之連續資料，不易人工閱讀，可透過網站 https：//codebeautify.org/jsonviewer 將下載的資料複製貼到左側文字方塊，按下「Tree Viewer」或「Beautify」按鈕，方便人工閱讀其結構內容，如**圖 2-9**。

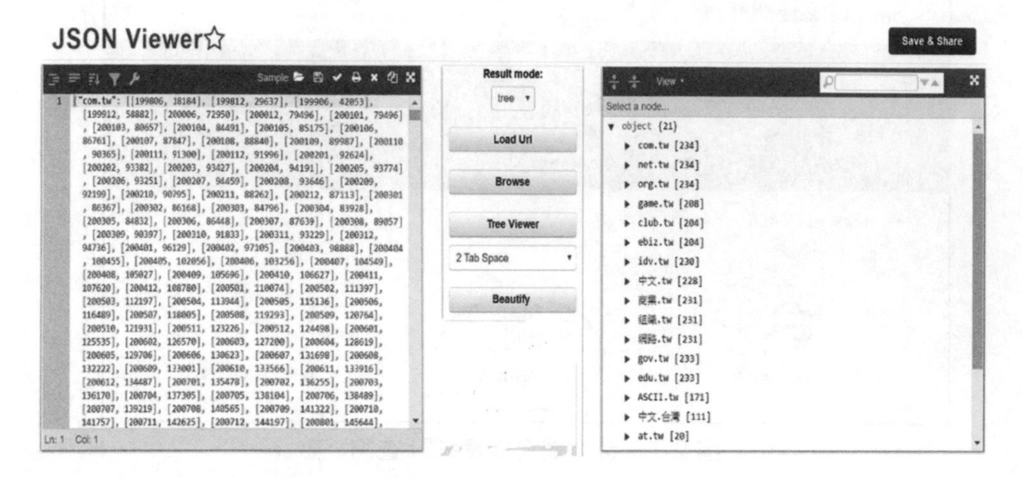

圖 2-9：連線代碼美化器(code beautifier)，美化來源代碼

R 軟體的應用

程式開始前先至 TWNIC 官網之「網路統計」網頁，https：//www.twnic.net.tw/webstatistic.php

如上**圖 2-7**、**圖 2-8** 步驟，圓圈處點選取得**資料路徑(url)**如下列程式碼之 https：//www.twnic.net.tw/dnjson.txt：

使用 jsonlite 套件 read_json 函式讀入開放資料，回傳資料為 List 物件，在將其中欲分析之資料轉為 data frame 格式，以便後續的逐年加總月份資料，如下程式 R 的內建 stats 套件 aggregate 函式。

R Script

```
library(jsonlite) # 載入一般 json 處理套件
dns.list <- read_json(
  path='https：//www.twnic.net.tw/dnjson.txt',
  simplifyVector = TRUE # 將多層 list 資料簡化為 vector 及 data frame
```

```
)
dns.df <-as.data.frame(# 將 dns.list 轉成 data frame 資料物件
  x=dns.list$com.tw # 本例針對 com.tw 分析
)
names(dns.df) <- c('ym','count') # 重新命名 dns.df
head(dns.df) # 列出前幾筆
tail(dns.df) # 列出最後幾筆
y.df <- aggregate( # 使用聚集函式
  formula=count~ substr(ym,1,4), # 依年度的數量處理
  data=dns.df[dns.df$ym<202001,], # 截至本書出版年之前資料
  FUN=sum # 依年度加總
)
names(y.df) <- c('year','count')
library(ggplot2)
p<-ggplot( # 產生繪圖物件
  data=y.df, # 繪圖資料
  mapping=aes(
    x=year, y=count, # 指定 x、y 軸對應 data(y.df)資料
    group = 1 # geom_path 之 group 為必要欄位
  ))+
  ggtitle('域名(com.tw)申請趨勢')+ # 圖標題
  xlab('西元年')+ylab('申請數量')+  # 給予 xy 軸標籤
  geom_point()+ # 畫出各點點狀圖
  geom_path()+  # 疊加畫出各點連線
  scale_x_discrete(limits=y.df$year)+  # 指定 x 軸各值標示
  scale_y_continuous(  # y 軸為計量值之尺規標示
    breaks=seq(min(y.df$count), # 指定尺規標示值
               max(y.df$count),by=500000))+
  theme( # 調整 x 軸標示文字旋轉及橫向位移
    axis.text.x=element_text(angle=60,hjust=1))
print(p)  #將軌跡圖印出
```

RStudio Console

```
> head(dns.df) # 列出前幾筆
      ym count
1 199806 18184
2 199812 29637
3 199906 42053
4 199912 58882
5 200006 72950
6 200012 79496
> tail(dns.df) # 列出最後幾筆
        ym  count
228 201907 219780
229 201908 219805
230 201909 219883
231 201910 219809
232 201911 219621
233 201912 219695
```

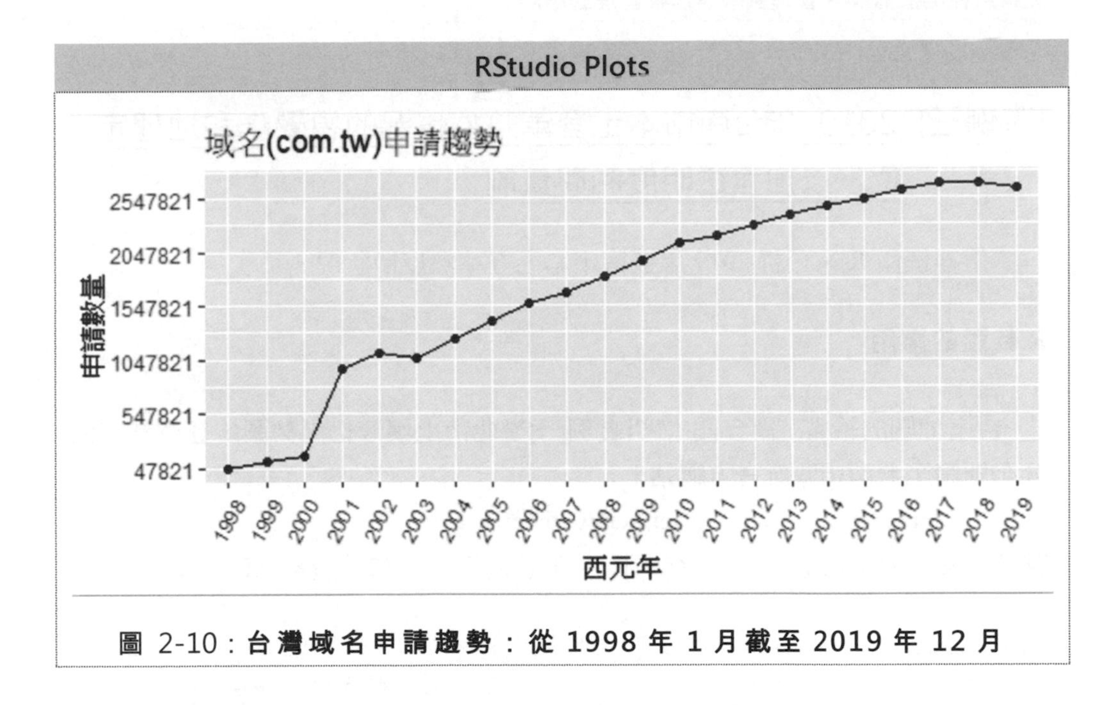

圖 2-10：**台灣域名申請趨勢：從 1998 年 1 月截至 2019 年 12 月**

同樣的若欲利用 TWNIC 分析 IP 每年核發趨勢統計，亦可至上述官網取得資料下載之網址，其餘類同不再贅述。

第3節 透明度和問責制

隨著越來越多的人意識到政府如何使用納稅人的錢來解決社會問題，貪腐案件將會暴露出來，公共資源將得到更多的矚目，結果將得到改善，人們對政府的信任以及公共領域的合法性將得到加強。這是英國開放資料的主要目標，這可能部分是由於國會議員的支出醜聞以及成功利用「眾包」(crowdsourcing)發掘以前隱藏不當挪用資金的例子。這種動機在其他國家政策立場文件中也很明顯。此一論點乃基於公民參與的充分根據前提，即民主制度的基石是充分知情的民眾，開放資料可以促進民主。

職是，開放資料是全球政府的先進指標，不僅代表政府施政透明度，也代表一個國家的資通訊(ICT)建設與產業成熟度，甚至可以催化新一代網路與資訊服務產業，例如金融資訊的開放，就能創造創新應用的新商機。

[實例三] 2019 年台南市本土登革熱疫情況的視覺化和地理定位，以加強透明度和問責制

這裡使用 R 來分析 2019 年臺南市本土登革熱疫情狀況。

R 軟體的應用

台南地圖的繪製，請參閱本章[實例一]臺北市土壤液化潛勢圖，登革熱病例分布則請至台南市政府官方網站
https：//data.tainan.gov.tw/dataset/denguefevercases
點選下**圖 2-11** 圓圈處至「更多資訊」，再點選下**圖 2-12**「資料 API」按鈕

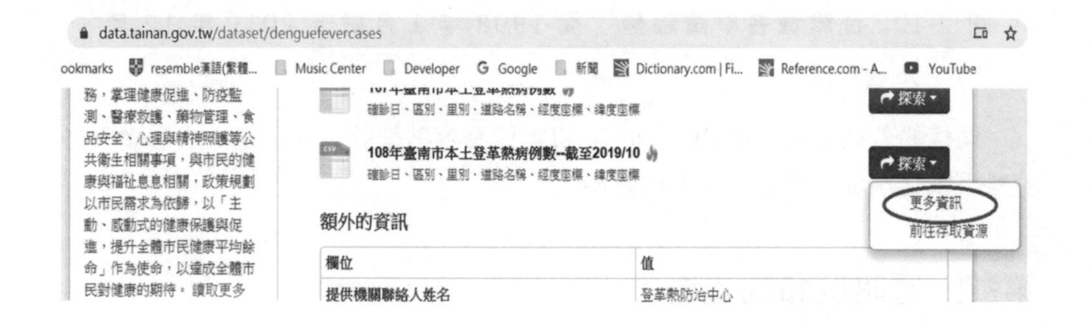

圖 2-11：台南市政府開放資料官網

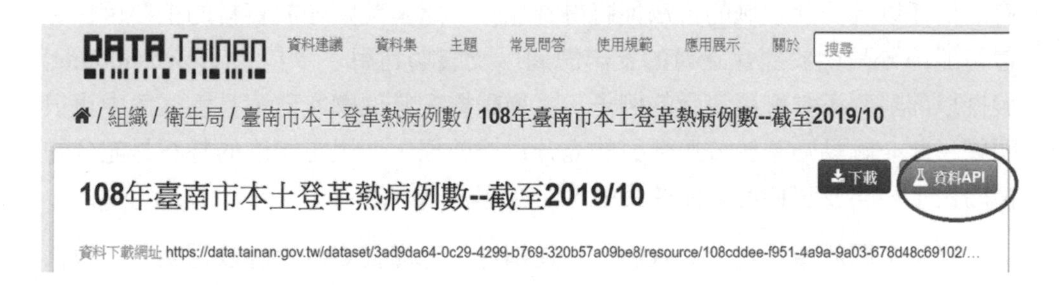

圖 2-12：台南市政府官網下載本土登革熱病例分布資料

複製下**圖 2-13** 所列網址並將網址中 limit 參數加大超過預下載之登革熱筆數，用於下列程式碼中。

例如：https：

//data.tainan.gov.tw/api/3/action/datastore_search?resource_id=108cddee-f951-4a9a-9a03-678d48c69102&limit=50000

CKAN資料API

插入	
查詢	https://data.tainan.gov.tw/api/3/action/datastore_search
查詢 (透過SQL)	https://data.tainan.gov.tw/api/3/action/datastore_search_sql

查詢 »

查詢之範例 (前5個結果)

https://data.tainan.gov.tw/api/3/action/datastore_search?resource_id=108cddee-f951-4a9a-9a03-678d48c69102&limit=5

查詢之範例 (包含字串 'jones' 的結果)

https://data.tainan.gov.tw/api/3/action/datastore_search?resource_id=108cddee-f951-4a9a-9a03-678d48c69102&q=jones

查詢之範例 (透過SQL指令敘述)

https://data.tainan.gov.tw/api/3/action/datastore_search_sql?sql=SELECT

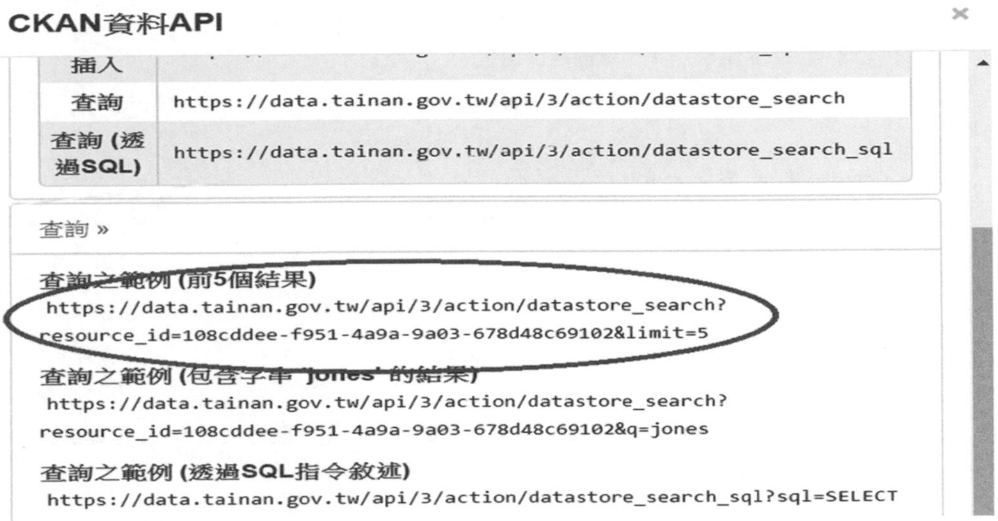

圖 2-13：台南市政府官網下載本土登革熱病例分布資料網址

R Script

```
# 台南地圖繪製 請參考本章實例一將台北改換成台南其餘相同

############登革熱病例分布標示於地圖上#######################
library(jsonlite) # 載入讀取一般 json 處理套件
tainan.dengue  <- read_json(
  #path='https：//data.tainan.gov.tw/api/3/action/datastore_search?resource_id
=7617bfcd-20e2-4f8d-a83b-6f6b479367f9&limit=50000',
  path='https：//data.tainan.gov.tw/api/3/action/datastore_search?resource_id=1
08cddee-f951-4a9a-9a03-678d48c69102&limit=50000',
  simplifyVector  =  TRUE  #  將多層 list 資料簡化為 vector(主要為經緯度等資料)
)
```

```
map.title <- '108 年臺南市本土登革熱分布--截至 2019/10' # 圖表標題
head(tainan.dengue[["result"]][["records"]]) # 顯示 6 筆例示資料內容
point.df <-tainan.dengue[["result"]][["records"]] # 分布經緯資料
g<-g+ # 將上述的 g 物件累加多邊形的土壤潛勢資料
  geom_point( # 繪出點狀資料
    data = point.df, # 繪圖資料
    mapping=aes( # 指定 data 的欄位
      x = 經度座標,  # x 軸的經度欄位
      y = 緯度座標,   # y 軸的緯度欄位
    ),
    size= 1, # 點狀大小
    show.legend = FALSE, # 不顯示圖例
    color='red' # 點狀顏色
  )+
  xlim(120,120.7)+
  ylim(22.8,23.5)+
  labs(title=map.title, x ="經度", y = "緯度")+ # 設定圖表名稱及 xy 各軸標籤
  theme_bw() # 繪圖主題使用黑白
print(g) # 印出分布圖
```

RStudio Console

```
> head(tainan.dengue[["result"]][["records"]]) # 顯示 6 筆例示資料內容
  _id                 確診日   區別   里別   道路名稱 經度座標 緯度座標
1   1 0108-06-29T00：00：00 永康區 甲頂里   中正南路  120.217   23.022
2   2 0108-07-02T00：00：00 中西區 開山里 大同路一段  120.211   22.986
3   3 0108-07-02T00：00：00 中西區 開山里     開山路  120.209   22.987
4   4 0108-07-03T00：00：00   東區 大同里 大同路一段  120.211   22.985
5   5 0108-07-06T00：00：00 中西區 開山里     開山路  120.209   22.987
6   6 0108-07-08T00：00：00   東區 崇德里   崇德七街  120.228   22.975
```

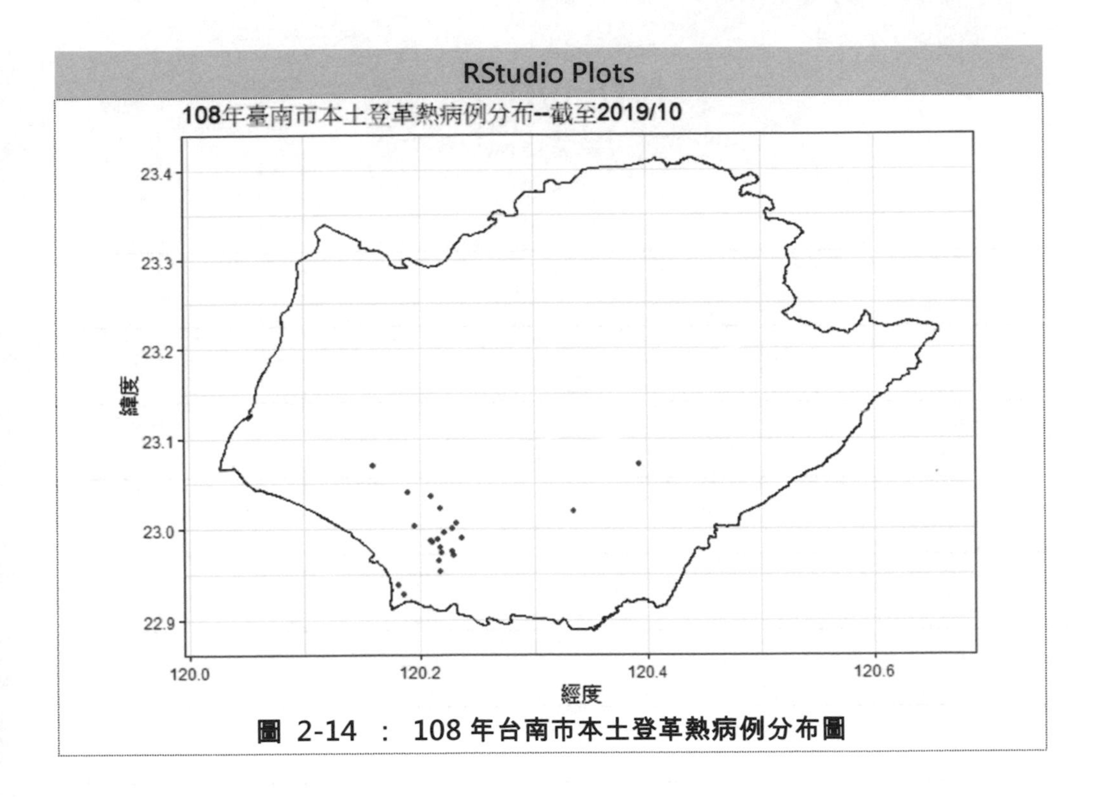

圖 2-14 ： 108 年台南市本土登革熱病例分布圖

參考文獻

1. Longo, J. (2011). # OpenData： Digital-era governance thoroughbred or new public management Trojan horse?. *Public Policy & Governance Review*, *2*(2), 38.

2. 使用 R 分析 2015 年臺南市本土登革熱疫情狀況。上網日期 2019 年 11 月 12 日。檢自：
https：//blog.gtwang.org/r/analyze-2015-dengue-epidemic-in-tainan-using-r/

第三篇

R 語言在管理數學的應用

第三篇 R 語言在管理數學的應用

數學是我們今日漸複雜生活的一部分。本篇範例大都取材於管理數學(Finite Mathematics)，從管理、生命及社會科學的領域切入，試圖從數學的應用角度來說明這一點。實例取材配合理論闡述，由簡入繁，逐漸加入新的條件與複雜性，讓讀者能了解相關理論的應用。

本篇所談論的數學，不只是能滿足好奇心卻缺乏實用價值的單元，根據美國教育部實際調查的結果顯示，能夠順利完成高中數學課程的學生升大學後不論選讀那一科系，都能展現出比較優秀的學習能力。(1)

數學的實用性讓我們可以建造太空船，探索所處的宇宙的幾何結構，當然也可以應用到日趨複雜、跨學門的管理領域。本篇由線性函數、線性方程組及矩陣入門，開啟更進階的應用。

第3章 線性函數與線性方程組：直線與線性函數

> 今有賣牛二、羊五，以買一十三豕，有餘錢一千；賣牛三、豕三，以買九羊，錢適足；賣六羊、八豕，以買五牛，錢不足六百。問牛、羊、豕價各幾何？
>
> **東漢 銘文(179)及魏晉劉徽(225-295)《九章算術》(2)注(1)**

東漢銘文(179)中首度出現：「依黃鍾律曆、《九章算術》，以均長短、輕重、大小，用齊七政，令海內都同」。當時《九章算術》已被奉為官方用典(注 1)。及至魏晉劉徽(225-295)為《九章算術》作注釋，為九章算術中的問題解提出簡要證明，使得原書更為有條理，書中談到：「今有賣牛二、羊五，以買一十三豕，...」作為本章開場白。

數學教育可以利用古代數學文本，作為認知的媒介，不同於古希臘《幾何原本》採由少數公設、公理出發，進行**演繹式的論述**；相對的《九章算術》是在舉三、五個例之後，再提出一般性的解法或公式。**採用歸納**的方式，如此說來，中國古代數學儼然是一種「實用」的風貌。(2)

字、詞或故事問題似乎是構成早期代數學習情節的合適基礎。這種類型的問題為數學化活動提供了大量機會。巴比倫、埃及、中國和西方早期代數主要關注解決日常生活中的問題，儘管人們對數學之謎語和娛樂性問題也表現出興趣。

注 1：《九章算術》內容分為方田、粟米、衰分、少廣、商功、均輸、盈不足、方程、勾股等九章，包括二白四十六個應用問題和問題解法，廣泛地涉及到土地測算、穀物交換、測量、水利、土方工程、徭役賦稅等社會生產和經濟生活的許多領域。從側面生動地反應了中國從春秋末年到西漢中期的社會生活。(3)

荷蘭學者 Barbara Van Amerom 與 Leen Streefland 利用了中國漢代《九章算術》『方程章』中的第八題，來說明『以物易物脈絡』如何**可以協助學生「發展出（前）代數((pre-)algebra)的記號與工具**，比如對於基本運算與其逆運算的一個良好理解、對於字母與符號在不同情境中的意義之開放態度，乃至於推論已知或未知數量的能力。」(4) Van Amerom 在文中對「今有賣牛二、羊五，以買一十三豕，有餘錢一千,...」原文如下：

"By selling 2 buffaloes and 5 wethers and buying 13 pigs, 1000 qian remains. One can buy 9 wethers by selling 3 buffaloes and 3 pigs. By selling 6 wethers and 8 pigs one can buy 5 buffaloes and is short of 600 qian. How much do a buffalo, a wether and a pig cost?"

Van Amerom 受到 Vredenduin（1991）的中國《九章算術》的啟發，以「以物易物脈絡」(barter context)為背景，為線性方程式教學，提供從自然的和悠久歷史的切入，作為起點。

Van Amerom 將上述解法翻譯成現代形式。如設 b、w、p 分別代表牛、羊、豕之價錢，則利用『方程術』，我們可以將它轉換成為寫出如下聯立一次方程組：

$$\begin{cases} 2b + 5w - 13p = 1000 \\ 3b - 9w + 3P = 0 \\ -5b + 6w + 8p = -600 \end{cases}$$

聯立方程組(simultaneous equations)又稱方程組(system of equations)是兩個或兩個以上含有多個未知數的方程式聯立得到的集合。(5)

方程組通常以單個方程相同的方式分類，有線性方程組、非線性方程組、雙線性方程組以及多項式方程組等等。

其中線性函數在商業、經濟問題的數量分析上扮演著重要的角色，原因有二：其一，這些領域的許多問題，本質上就是線性的或在特定範圍內呈現線性的關係，因此適合以線性函數(linear function)表示。其二，線性函數容易求解。通常線性關係在問題公式化的時候就已經做成假設，而許多案例，譬如水電、瓦斯費的計算，顯示這些**線性的假設**在現實生活中是可以接受的。(6)

通常我們稱函數 f(x) = mx + b 為線性函數，其中 m 和 b 為任意的常數。

第1節 直線的交點(Intersection of Straight Line)

在實務上直線交點的應用，如損益兩平點(break-even point)分析，求供給曲線與需求曲線相交點的市場均衡點。

[實例一] 市場均衡下求均衡數量與價格

Thermo-Master 公司專門生產適用於室內外溫度計(thermometer)，其產品的需求方程式為 $5x + 3p - 30 = 0$，供給方程式為 $52x - 30p + 45 = 0$。

其中，x 為需求數量(單位：1000 個)，p 為溫度計之單價，請找出均衡數量與價格。

求解一：

本題需解聯立方程式

$5x + 3p - 30 = 0$

$52x - 30p + 45 = 0$

吾人可以用代換法求解，即任意選取一個方程式，將其中的一個變數表示成另一變數的形式，再代入另一方程式中，可得 x=2.50，p=5.83。

求解二：

可以寫成矩陣代表式：AX = B。

$$A = \begin{bmatrix} 5 & 3 \\ 52 & -30 \end{bmatrix} \quad X = \begin{bmatrix} x \\ y \end{bmatrix} \quad B = \begin{bmatrix} 30 \\ -45 \end{bmatrix}\text{arts}$$

找出 A 的反矩陣。$A^{-1} = \begin{bmatrix} 0.09803922 & 0.009803922 \\ 0.16993464 & -0.016339869 \end{bmatrix}$

可求出 AX=B 的解如下：

$$X = \frac{B}{A} = A^{-1}B = \begin{bmatrix} 0.09803922 & 0.009803922 \\ 0.16993464 & -0.016339869 \end{bmatrix} \begin{bmatrix} 30 \\ -45 \end{bmatrix} = \begin{bmatrix} 2.500 \\ 5.833 \end{bmatrix}$$

求解三：

R 軟體的應用

1. 將常數移至等號右邊，使用 matrix 函式分別建構等號左邊係數與右邊常數之矩陣物件 A、B。
2. 使用 solve 與矩陣運算子%*%，求 A 反矩陣與 B 相乘得出本例答案。

R Script

```
A <- matrix(  # 產生矩陣物件函式
  c(5,3,      # 需求方程式各係數
    52,-30    # 供給方程式各係數
  ),
  nrow = 2,   # 依序排兩列之矩陣
  byrow=TRUE  # 依列排滿換列之順序
)
B <- matrix(  # 同上
  c(30,-45),  # 矩陣代表式 AX=B 之 rhs(right hand side)
  ncol=1      # 依序排一行之矩陣
)
inverse.A <-solve(A) # 用 solve 函式解 A 反矩陣
result <- inverse.A %*% B # A 反矩陣 X B 矩陣
print(inverse.A)  # 印出 A 反矩陣
print(result)   # 印出本例結果
```

RStudio Console

```
> print(inverse.A)
           [,1]          [,2]
[1,] 0.09803922   0.009803922
[2,] 0.16993464  -0.016339869
> print(result)
         [,1]
[1,] 2.500000
[2,] 5.833333
```

在自由市場經濟下，消費者對於特定商品的需求將視商品的價格而定。吾人可以利用需求方程式來呈現這種銷售價格與需求量之間的關係，其圖形稱為需求曲線(demand curve)。同樣的，單位價格與供應量之間的方程式稱為供應方程式(supply equation)，其圖形稱為供應曲線(supply curve)。

當商品的價格太高時，消費者較不願意購買。反之，商品的價格太低時，會降低製造商供貨的意願。而在單純的競爭環境裡，商品的價格最後會於供應量與需求量相等的地方穩定下來，我們稱之達到市場均衡(market equilibrium)，這時候的生產量稱為均衡數量(equilibrium quantity)，對應的價格稱為均衡價格(equilibrium price)。

從幾何觀點來看，市場均衡發生於需求曲線與供給曲線相交的位置。

上例同時解兩個方程式以找出損益兩平點及均衡點(包括均衡數量及價格)，這些即是線性方程組(systems of linear equation)的應用例子。

[實例二]生產排程(production scheduling)(6)

Novelty 公司想要生產甲、乙和丙三款紀念品。製造一個甲紀念品，需用到機器一 2 分鐘，機器二 1 分鐘，機器三 2 分鐘；製造一個乙紀念品，需用到機器一 1 分鐘，機器二 3 分鐘，機器三 1 分鐘；製造一個丙紀念品，需用到機器一 1 分鐘，機器二及三各 2 分鐘。已知機器一可用的總時數是 3 小時，機器二為 5 小時，機器三為 4 小時。試問(1)Novelty 公司每款紀念品應生產多少個才能用完全部機器所提供的使用時間？(2)解此線性方程組。

首先整理三種紀念品的資訊：

表 3-1：三種紀念品的資訊

	甲紀念品 (分鐘/個)	乙紀念品 (分鐘/個)	丙紀念品 (分鐘/個)	可使用時間 (分鐘)
機器一	2	1	1	180
機器二	1	3	2	300
機器三	2	1	2	240
利潤/個	6 元	5 元	4 元	

求解：

令 x、y 和 z 分別為甲、乙和丙三款紀念品的生產量。在此產量分配下，共需要機器一 $2x + y + z$ 分鐘，且用掉的時間剛好是機器一可使用的總時間，即 180 分鐘，由此列出下列方程式。

$2x + y + z = 180$　機器一所花費的時間

同樣地，可以針對機器二、三的使用時間方程式：

$x + 3y + 2z = 300$　機器二所花費的時間

$2x + y + 2z = 240$　機器三所花費的時間

由於這些式子必須同時被滿足，因此，欲求得紀念品的生產量，即需解以下的線性方程組：

$$
\begin{aligned}
2x + y + z &= 180 \\
x + 3y + 2z &= 300 \\
2x + y + 2z &= 240
\end{aligned}
$$

可用以下等價擴增矩陣(equivalent augmented matrices)表示，它的前三行為系統的係數矩陣(coefficient matrix)，最後一行是方程式的常數項，中間用垂直線隔開：

$$
\left[\left(\begin{array}{ccc|c} 2 & 1 & 1 & 180 \\ 1 & 3 & 2 & 300 \\ 2 & 1 & 2 & 240 \end{array}\right)\right]
$$

其中，x、y 和 z 分別為紀念品甲、乙和丙的生產量。運用高斯 - 喬登消去法(Gauss-Jordan elimination) 的一系列步驟可得到下面最後的等價擴增矩陣：

$$
\left[\left(\begin{array}{ccc|c} 1 & 0 & 0 & 36 \\ 0 & 1 & 0 & 48 \\ 0 & 0 & 1 & 60 \end{array}\right)\right]
$$

同樣地，它的前三行為系統的係數矩陣，最後一行是方程式的常數項，中間用垂直線隔開。

吾人可以從最後的列簡約式讀出的解為 $x = 36$、$y = 48$、$z = 60$。因此，應生產的甲乙丙紀念品分別為 36 、48 、60 個。

最後的列簡約式也稱為**最簡列梯形形式**(reduced rowechelon form)，這個形式的好處是一眼即可看出系統的解，無需使用反向代換，即將 x 值帶入方程式再求得 y，依序再求得 z。

R 軟體的應用

1. 使用 matrix 函式分別建構等號左邊係數與右邊常數之矩陣物件 A、B。
2. 使用 solve 解 a %% x = b 的 x 即得出本例答案。

R Script

```
A <- matrix(  # 矩陣函式
  c(2,1,1,       # 機器一方程式各係數
    1,3,2,       # 機器二方程式各係數
    2,1,2        # 機器三方程式各係數
  ),
  nrow = 3,    # 依序排兩列之矩陣
  byrow=TRUE   # 依列排滿換列之順序
)
B <- matrix(  # 矩陣函式
  c(180,300,240),  # 矩陣代表式 AX=B 之 rhs
  ncol=1       # 依序排一行之矩陣
)
result <-solve(A,B) # 用 solve 函式解本例結果(注意多了第二參數)
print(result)        # 印出本例結果
```

RStudio Console

```
> print(result)
     [,1]
[1,]   36
[2,]   48
[3,]   60
```

[實例三]求以下的線性方程組的解：

2x + y + z =1

3x +2y+ z=1

2x+ y+ 2z=-1

可以寫成矩陣代表式： AX = B。

$$A = \begin{bmatrix} 2 & 1 & 1 \\ 3 & 2 & 1 \\ 2 & 1 & 2 \end{bmatrix} \quad X = \begin{bmatrix} x \\ y \\ z \end{bmatrix} \quad B = \begin{bmatrix} 1 \\ 2 \\ -1 \end{bmatrix}$$

找出 A 的反矩陣。 $A^{-1} = \begin{bmatrix} 3 & -1 & -1 \\ -4 & 2 & 1 \\ -1 & 0 & 1 \end{bmatrix}$

可求出 AX=B 的解如下：

$$X = A^{-1}B = \begin{bmatrix} 3 & -1 & -1 \\ -4 & 2 & 1 \\ -1 & 0 & 1 \end{bmatrix} \begin{bmatrix} 1 \\ 2 \\ -1 \end{bmatrix} = \begin{bmatrix} 2 \\ -1 \\ -2 \end{bmatrix}$$

R 軟體的應用

1. 使用 matrix 函式分別建構等號左邊係數與右邊常數之矩陣物件 A、B
2. 使用 R 內建 solve 解 a %% x = b 的 x 即得出本例答案

R Script

```
A <- matrix(  # 矩陣函式
  c(2,1,1,         # 第一方程式各係數
    3,2,1,         # 第二方程式各係數
    2,1,2          # 第三方程式各係數
  ),
  nrow = 3,     # 依序排兩列之矩陣
  byrow=TRUE   # 依列排滿換列之順序
)
B <- matrix(  # 矩陣函式
```

```
        c(1,2,-1),   # 矩陣代表式 AX=B 之 rhs
        ncol=1          # 依序排一行之矩陣
    )
    result  <-solve(A,B)  # 用 solve 函式解本例結果
    print(result)          # 印出本例結果
```

RStudio Console

```
> print(result)          # 印出本例結果
     [,1]
[1,]    2
[2,]   -1
[3,]   -2
```

第2節 最小平方法(The Method of Least Squares)

線性模型中常用的最小平方法，即迴歸模型，此模型是由 Francis Galton (1822-1911)發明，原先用來研究父母和孩子之間的關係，他將這個關係解釋為**迴歸到平均值**(regression to the mean)。

當資料點約略散佈成一直線時，最小平方法一般是用來決定與資料點最契合的直線，假設有 5 個資料點，其變數 x 與 y 之觀察值配對表示如下：

$P_1(x_1,y_1)$,$P_2(x_2,y_2)$, $P_3(x_3,y_3)$, $P_4(x_4,y_4)$, $P_5(x_5,y_5)$

將資料點標示於座標圖上，即為散佈圖(scatter diagram) (見圖 3-1a)。各觀察值 y 與線之間的垂直落差 d_1 , d_2, d_3 ,d_4 與 d_5 則為各點的觀察誤差(見圖 1b)，

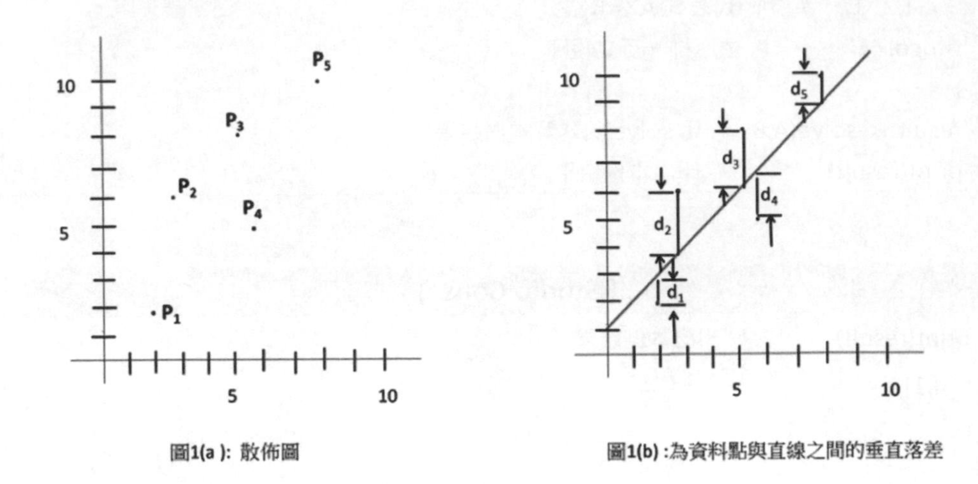

圖 3-1：(a)資料點標示於座標圖上的散佈圖，(b) 各點的觀察誤差

此時理想中與資料點契合的直線 **L**，其誤差平方和

$$d_1^2 + d_2^2 + d_3^2 + d_4^2 + d_5^2$$

應該達到最小，此即最小平方線的原理，該直線 L 稱為最小平方線(least squares line) 或迴歸線(regression line)。

求最小平方線的截距**(intercept)**或斜率**(slope)** ：

假設有以下 n 個資料點 $P_1(x_1,y_1)$, $P_2(x_2,y_2)$, $P_3(x_3,y_3)$,…….,$P_n(x_n, y_n)$

其最小平方線(或迴歸線)方程式為：

$$\mathbf{y = f(x) = mx + b}$$

其中，**m** 與 **b** 由正規方程組**(normal equations) (1)**與**(2)** 求解而得

$$nb + (x_1 + x_2 + x_3 + \dots + x_n) = y_1 + y_2 + \dots + y_n \qquad (1)$$

$$(x_1 + x_2 + \dots + x_n)b + (\boldsymbol{x_1^2} + \boldsymbol{x_1^2} + \dots + \boldsymbol{x_1^2})\boldsymbol{m} \qquad (2)$$

$$= x_1y_1 + x_2y_2 + \dots + x_ny_n$$

[實例四]健康照護費用。

以美國為例，其高齡人口快速成長，預期未來幾十年其健康照護花費將明顯增加，下表 **3-2**，列出美國估計至年的健康照護費用(單位：兆元)。t 代表年份，起始年(t=0)為年。試(1)用最小平方法找出的函數。(2)假設這個趨勢繼續維持下去，2020 年(即 t=8)時，美國健康照護花費估計為若干？

表 3-2 ： 列出美國估計至年的健康照護費用

年	2013	2014	2015	2016	2017	2018
年，t	0	1	2	3	4	5
花費，y	2.91	3.23	3.42	3.63	3.85	4.08

解法一：

將表 3-2 整理成 t,y,t^2,ty 四個欄位，並計算各欄位總和，代入方程式(1)與(2)即得正規方程組，

$$6b + 15\,m = 21.12 \qquad (3)$$

$$15b + 55m = 56.76 \qquad (4)$$

解得**斜率(slope)** m = 0.2263，**截距(intercept)** b= 2.954。

故所求得健康照護花費函數為 S(t) = 0.226 t + 2.954

解法二：

R 軟體的應用

方法一： **使用 R 內建套件**

1. 使用 R 內建函式 c 將上表的年與費用分別建構 vector 物件 year、cxpense
2. 使用 R 內建函式 lm 建構線性迴歸模型：

   formula 引數表達 expense 與 year 的因變數與自變數之關係
3. 利用 year、expense 繪製點狀圖
4. 利用迴歸模型產生的截距與斜率繪製線圖並預測未來年度費用

R Script

```
####### 解法一 使用 R 內建套件 ############
year <- c(0,1,2,3,4,5) # 自 2013 年起為第一年，依此類推
expense <- c(2.91,3.23,3.42,3.63,3.85,4.08) # 各年費用
least.sqr <-lm( # 叫用 lm 內建函式建構線性回歸模型
  formula=expense ~ year # 公式依據每年費用
)
intercept <- least.sqr$coefficients[1] # 線之截距
slope <- least.sqr$coefficients[2]       # 線之斜率
print(summary(least.sqr)) # 列印完整的回歸分析, 其分析表上，也可以看到線之截距
與斜率
plot( # 使用內建函式 plot 繪製本例之散佈圖與最小平方線
  x=year,    # x 軸為年度順序
  y=expense, # y 軸為年度費用
  type='p', # 指定繪點狀圖
  xlab="年度", # x 軸標籤
  ylab="健康照護花費(兆元) ", # y 軸標籤
  main="年度與健康照護費用支付的散佈圖" # 圖標題
)
abline( # 將 plot 繪出的圖疊加直線圖,即最小平方線
  coef=c(intercept,slope) # 直線係數的截距及斜率
)
text( # 將 plot 繪出的圖疊加文字
  x=3, # 文字對應 x 軸位置
  y=3.5, # 文字對應 y 軸位置
  paste0('Y =',      # paste 將參數轉換為字符串，並將其連接
         round(intercept,digits=5),
         '+',round(slope,digits=7),
         't') # 文字內容
)
print(paste0('forecast Y2020 : ', # 印出依線性模型推估 2020 年的可能費用
             intercept+slope*7)
)
```

RStudio Console

```
> print(summary(least.sqr)) # 列印完整的回歸分析

Call:
lm(formula = expense ~ year)

Residuals:
        1         2         3         4         5         6
-0.044286  0.049429  0.013143 -0.003143 -0.009429 -0.005714

Coefficients:
            Estimate Std. Error t value Pr(>|t|)
(Intercept) 2.954286   0.024831  118.97 2.99e-08 ***
year        0.226286   0.008202   27.59 1.03e-05 ***
---
Signif. codes:  0 '***' 0.001 '**' 0.01 '*' 0.05 '.' 0.1 ' ' 1

Residual standard error: 0.03431 on 4 degrees of freedom
Multiple R-squared:  0.9948,  Adjusted R-squared:  0.9935
F-statistic: 761.2 on 1 and 4 DF,  p-value: 1.026e-05

> print(paste0('forecast  Y2020  :  ', # 印出依線性模型推估 2020 年的可能費用
+              intercept+slope*7)
+ )
[1] "forecast Y2020  :  4.53828571428571"
```

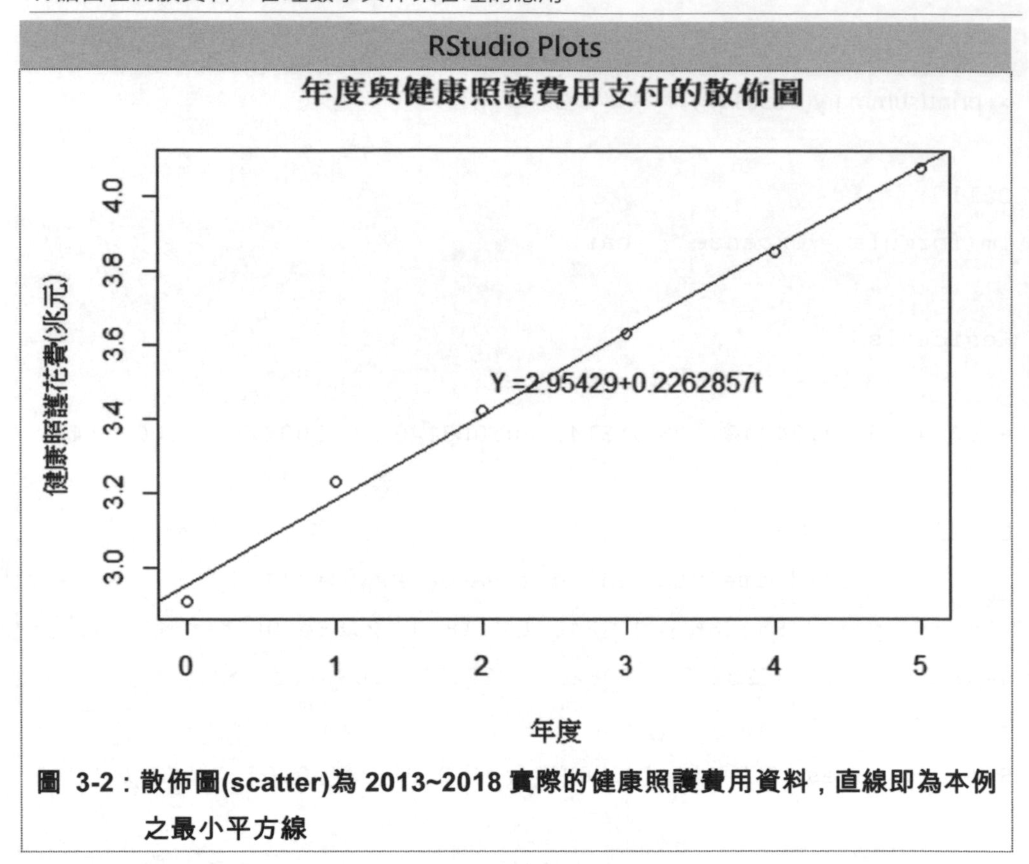

圖 3-2：散佈圖(scatter)為 2013~2018 實際的健康照護費用資料，直線即為本例之最小平方線

從產出結果的係數部分：可看出其截距為 2.954286，斜率為 0.226286。至於產出結果的其他參數，將在本系列統計應用專書介紹。

方法二： 使用 forecast(預測)套件

1. 有別於方法一使用代號對應年度，改使用時間序列(Time Series)物件描述實際年度與費用資料如程式中 ts 函式
2. 使用 forecast 函式對時間序列物件，指定信心指數產生預測物件
3. 利用產生的預測物件繪製線圖與預測的未來年度費用
4. 使用 R 外掛套件 forecast 函式 tslm 建構時間序列線性回歸模型：

   formula 引數表達時間序列物件與隨時間方向(漸增)的趨勢的因變數與自變數之關係
5. 比較 forecast 函式與 tslm 時間序列線性回歸模型的預測結果

R Script

```
####### 解法二 使用 forecast(預測)外掛套件##########
df <- data.frame( # 建立 data frame 物件
  ym=c(2013,2014,2015,2016,2017,2018), # 實際年度資料
  expense=c(2.91,3.23,3.42,3.63,3.85,4.08)) # 各年費用
ts.year <- ts(    # 叫用內建函式 ts 建構時間序列物件
  data=df$expense,   # 資料引用 df 的 expense(費用)欄
  start=c(2013),      # 時間序列啟始年
  end=c(2018),         # 時間序列截止年
  frequency=1          # 每年幾筆資料(費用)
)
library(forecast)   # 載入函式庫 forecast
fcst <- forecast( # 叫用 forecast 函式建構預測物件
  object=ts.year,  # 預測之實際資料依據
  level = c(80,95), # 給予不同的信心水準範圍
  h=2           # 往後預估 2 年
)
print(fcst) # 印出預測物件
plot( # 使用內建函式 plot 繪圖
  x=fcst,  # 序列預測資料
  type='o',  # 指定繪點狀圖及線圖
  xlab="Year", # x 軸標籤
  ylab='Expense', # y 軸標籤
  main="年度與健康照護費用支付的散佈圖" # 圖標題
)
least.sqr <-tslm(    # 叫用 forcast : : tslm 時間序列線性回歸模型
  formula=ts.year ~ trend    # 公式依據每年費用及簡單之時間趨勢(time trend)影
響
)
intercept <- least.sqr$coefficients[1] # 線之截距
slope <- least.sqr$coefficients[2] # 線之斜率
print(summary(least.sqr))    # 列印完整的回歸分析
print(paste0('forecast Y2020 : ', # 印出依線性模式推估 2020 年的可能費用
             intercept+slope*8)
)
```

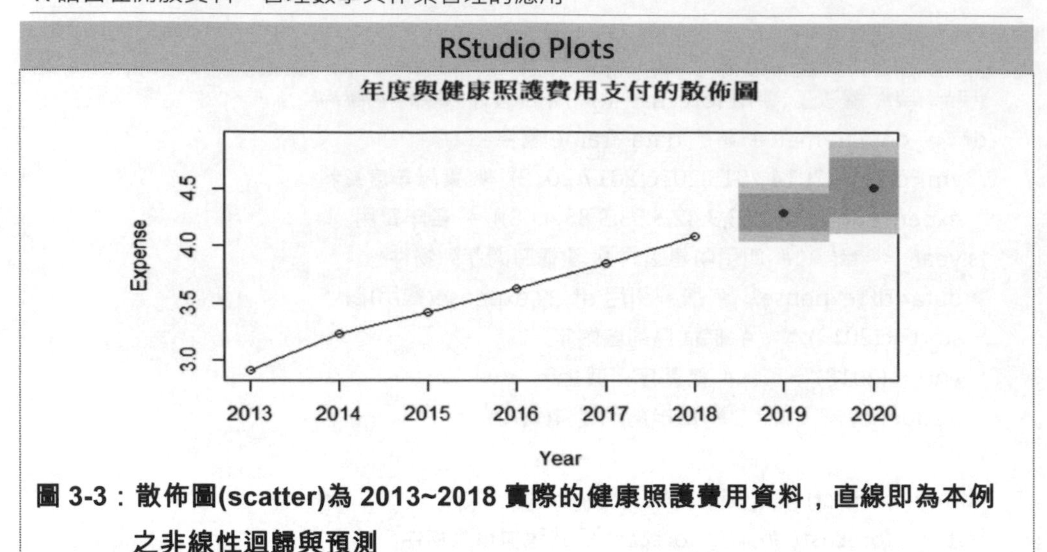

圖 3-3：散佈圖(scatter)為 2013~2018 實際的健康照護費用資料，直線即為本例之非線性迴歸與預測

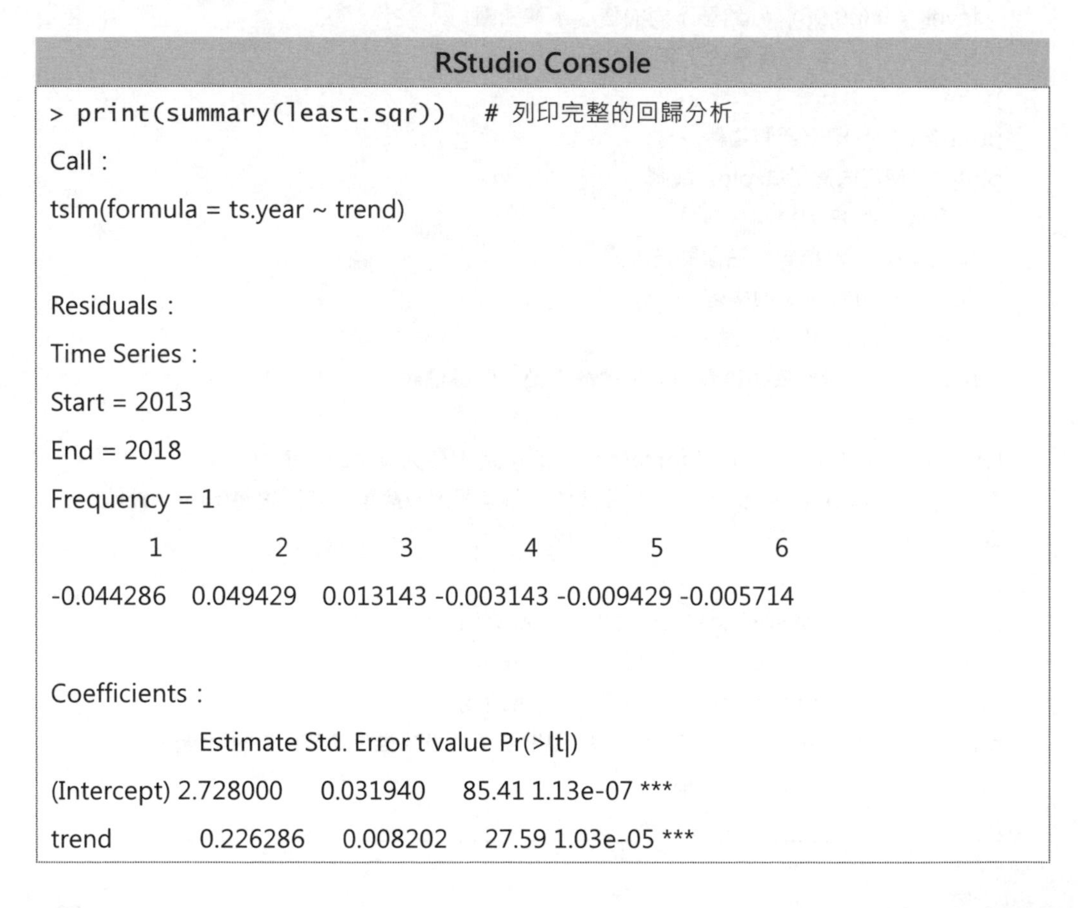

RStudio Console

```
> print(summary(least.sqr))     # 列印完整的回歸分析
Call：
tslm(formula = ts.year ~ trend)

Residuals：
Time Series：
Start = 2013
End = 2018
Frequency = 1
        1         2         3         4         5         6
-0.044286  0.049429  0.013143 -0.003143 -0.009429 -0.005714

Coefficients：
             Estimate Std. Error t value Pr(>|t|)
(Intercept) 2.728000   0.031940   85.41 1.13e-07 ***
trend       0.226286   0.008202   27.59 1.03e-05 ***
```

```
---
Signif. codes :  0 '***' 0.001 '**' 0.01 '*' 0.05 '.' 0.1 ' ' 1

Residual standard error : 0.03431 on 4 degrees of freedom
Multiple R-squared :  0.9948,  Adjusted R-squared :  0.9935
F-statistic : 761.2 on 1 and 4 DF,  p-value : 1.026e-05

> print(fcst) # 印出預測物件
     Point Forecast   Lo 80    Hi 80    Lo 95    Hi 95
2019       4.290769 4.122311 4.459226 4.033135 4.548402
2020       4.509528 4.246630 4.772426 4.107460 4.911596
> print(paste0('forecast Y2020 : ', # 印出依線性模式推估 2020 年的可能費
用
+             intercept+slope*8)
+ )
[1] "forecast Y2020 : 4.53828571428571"
```

由上顯示與方法一之線性迴歸分析相同，唯對於 2019、2020 年的預測顯示在信心 95%、80%下各為一可能範圍。

參考文獻

1. Pickover, C. A. (2009). The math book： from Pythagoras to the 57th dimension, 250 milestones in the history of mathematics. Sterling Publishing Company, Inc.. 或見陳以禮(2014)。數學之書。台北市： 時報出版。
2. 洪萬生 (1992)。重訪九章算術及其劉徽注。數學傳播。第 16 卷第 2 期。中央研究院數學研究所； 洪萬生。如何利用古代數學文本作為認知的媒介？ https：//math.ntnu.edu.tw/~horng/letter/vol5no5a.htm
3. 李繼閔 (1992)。《九章算術》及其劉徽注研究。台北市：九章出版社。
4. van Amerom, B. A. (2002). Reinvention of early algebra： Developmental research on the transition from arithmetic to algebra (Doctoral dissertation).
5. System of equations,上網日期：2020 年 1 月 10 日，檢自：https：//en.wikipedia.org/wiki/System_of_equations
6. Tan, S. T. (2014). Finite mathematics for the managerial, life, and social sciences. Cengage Learning.
7. Mizrahi, A., & Sullivan, M. K. (2000). Finite mathematics： an applied approach. Wiley.

第4章 矩陣(Matrices)

上一章，吾人使用矩陣(matrix)以及反矩陣來解聯立方程組問題，事實上，矩陣本身就是一門學問。

矩陣理論是自小即喜歡解決複雜的數學問題自娛，畢業於劍橋大學三一學院的英國數學家 Arthur Cayley(1821- 1895)在 1857 年首創，經過多年的改進後，才成為吾人使用熟悉的形式。

第1節 以矩陣代表資料(Using matrix to represent data)

許多實務性的問題，需要透過相關資料的計算來求解，此時若能將資料整理成數字區集(blocks of number)的形式，再加以運算，不但可提高解題效率，而且還可利用電腦來處理。

比方說，某衛浴陶瓷廠，本身美林廠產能 280 萬套，加上外購產能 20 萬套，新近購併墨西哥廠，其年產能 100 萬套，未來陶瓷產品年產能，可由原 400 萬套，再逐步增至 600 萬套目標，可望增添公司 2021 年營運動能。若每一個月份用行(row)表示地區別或廠別，列(column)表示產品類別的矩陣形式來表示，則資料表達更清晰； 對考慮降低生產時程與運輸成本，發展完善全球供應鏈，則大有幫助。以下舉一實例說明：

[實例一] Acrosonic 公司五月時的藍芽喇叭生產資料之表示及彙總

Acrosonic 公司五月的藍芽喇叭生產資料(見表 4-1) ：

表 4-1 ： Acrosonic 公司五月的藍芽喇叭生產資料

	A 型	B 型	C 型	D 型
廠一	320	280	460	280
廠二	480	360	580	0
廠三	540	420	200	880

Acrosonic 公司六月時的藍芽喇叭生產資料(見表 4-2)：

表 4-2 ： Acrosonic 公司六月時的藍芽喇叭生產資料

	A 型	B 型	C 型	D 型
廠一	210	180	330	180
廠二	400	300	450	40
廠三	420	280	180	740

試 ： (1) 請分別表示其矩陣。(2)求五、六兩個月份的總生產量。

(1) 令五、六月的生產矩陣分別為矩陣 A 與 B 則

$$A = \begin{bmatrix} 320 & 280 & 460 & 280 \\ 480 & 360 & 580 & 0 \\ 540 & 420 & 200 & 880 \end{bmatrix}$$

$$B = \begin{bmatrix} 210 & 180 & 330 & 180 \\ 400 & 300 & 450 & 40 \\ 420 & 280 & 180 & 740 \end{bmatrix}$$

(2) 將 A、B 矩陣相加可得到五、六月的總生產量如下：

$$A + B = \begin{bmatrix} 320 & 280 & 460 & 280 \\ 480 & 360 & 580 & 0 \\ 540 & 420 & 200 & 880 \end{bmatrix} + \begin{bmatrix} 210 & 180 & 330 & 180 \\ 400 & 300 & 450 & 40 \\ 420 & 280 & 180 & 740 \end{bmatrix}$$

$$= \begin{bmatrix} 530 & 460 & 790 & 460 \\ 880 & 660 & 1030 & 0 \\ 960 & 700 & 380 & 1620 \end{bmatrix}$$

吾人可以把矩陣看成是一個由實數排成的有順序矩形陣列(array)，矩陣中的各個實數稱為元素(entry 或 element)，一列中的全體元素合稱為矩陣的列(row)，一行中的全體元素合稱為矩陣的行(column) ，一矩陣的維度(dimension, size) 是以其列與行來表示，例如，矩陣 A 有二列三行，記做 2 x 3。矩陣 A 有 m 列 n 行，則其維度為 m x n。

R 軟體的應用：

1. 建構矩陣物件 A、B 分別代表五、六月之生產資料
2. 使用 R 之運算子(Operator)將 A、B 兩矩陣物件以加法彙總： print(A+B)

R Script

```
A <- matrix( # 叫用內建函式建構矩陣物件
  data=c(320, 280,460,280, # 構成資料為一組 vector 型態之物件
         480,360,580,0,
         540,420,200,880
  ),
  nrow = 3,  # 資料分列數
  byrow=TRUE # 資料元素是否依列順序填入
)
B <- matrix(
  data=c(210,180,330,180,  # 同上 A
         400,300,450,40,
         420,280,180,740
  ),
  nrow = 3,  # 同上 A
  byrow=TRUE # 同上 A
)

print(A) # (1)將 A 矩陣物件印出
print(B) # (1)將 B 矩陣物件印出
print(A + B) # (2)將 A、B 兩矩陣相加之結果印出
```

RStudio Console

```
> print(A) # (1)將 A 矩陣物件印出
     [,1] [,2] [,3] [,4]
[1,]  320  280  460  280
[2,]  480  360  580    0
[3,]  540  420  200  880
> print(B) # (1)將 B 矩陣物件印出
     [,1] [,2] [,3] [,4]
[1,]  210  180  330  180
[2,]  400  300  450   40
[3,]  420  280  180  740
> print(A + B) # (2)將 A、B 兩矩陣相加之結果印出
     [,1] [,2] [,3] [,4]
[1,]  530  460  790  460
```

```
[2,]  880  660 1030   40
[3,]  960  700  380 1620
```

第2節 矩陣應用於密碼學(Cryptography)

古典加密技術之一：**移位加密法**(transposition cipher)，當年達文西(Leonardo Da Vinci）以相反的順序記錄了他的商店記錄，使它們只能通過鏡子才能讀取。因此，單字“ HELLO” 可以反寫為“OLLEH”。

古典加密技術之二：**替代加密法**(Substitution Cipher)：據傳是古羅馬凱撒大帝用來保護重要軍情的加密系統。凱撒密碼(Caesar Cipher)就是一個著名的例子，它的方法是將每個字母被往後位移三格字母所取代，亦即給定字母的每次出現都被另一個字母系統性地替換，如**圖 4-1**； 例如，“ WIKIPEDIA” 加密為“ ZLNLSHGLD” 。

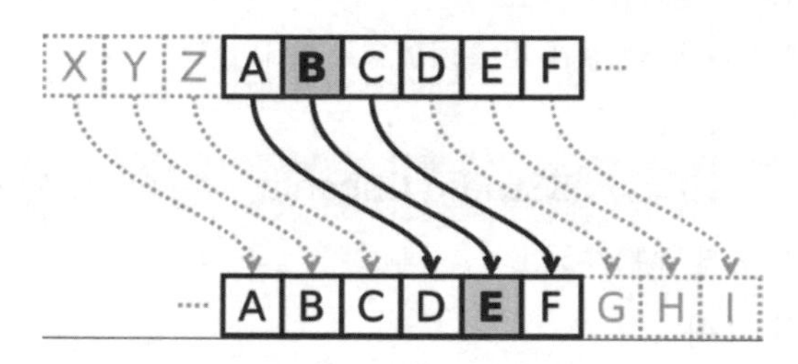

圖 4-1：替代加密法(Substitution Cipher)

當然，也可隨需要將每個字母被往後位移二格字母所取代，例如，對照以上的譯碼法，MESSAGE 這個字變成 OGUUCIG。

對照以上的譯碼法，也可以變通將每一個字母轉換成一個數字，例如下表 **4-3**：

表 4-3：字母與數字的轉換法則

A	B	C	D	E	F	G	H	I	J	K	L	M	N	O	P	Q	R	S	T	U	V	W	X	Y	Z
1	2	3	4	5	6	7	8	9	10	11	12	13	14	15	16	17	18	19	20	21	22	23	24	25	26

MESSAGE 這個字變成 13　5　19　19　1　7　5。

當然，每一個字母轉換成一個數字的對應關係，也可以逆向 A 對應 26，B 對應 25；到 Z 對應 1，或其他方式不同的對應關係。

以上三種譯法有一重要共同點，即**字母與密碼之間是一對一的關係**，因此不可能有含糊之處。移位和替代加密法為**對稱式加密系統**(Symmetric Key Encryption)，其缺點如：對稱性加密需雙方分享相同的鑰匙(key)，且經不安全的媒介傳送；雙方或三方皆非同時一人； 古典密碼系統之破解法(cryptanalysis)有**窮舉法**(Brute Force Attack)及**統計攻擊法**(Statistics Attack)。26 個英文字母之窮舉法，最多有 26 種可能的對應關係； 至於統計攻擊法，則利用一些統計資料來協助破解密碼，發現{A, E, I, O, U} 比{Q, X, Z} 出現的頻率高出許多，可以猜測這些字母是對應到那些特定之明文密碼。

一般而言，對稱式加密系統的演算法均採用大量的重排或換位(Permutation, or Transposition)與取代(Substitution)運算, 而幾乎沒有複雜的數學理論當作其背景，因此對稱式加密系統並不容易證明其安全性，只有靠各方不斷的攻擊與實驗，讓時間來證明其安全度。

加密強度取決於二進位密鑰的長度，8 位元密鑰很容易被破譯，因為只有 2^8 或 256 種可能性，而加密密鑰為 512 位元，有 2^512 種可能性需要檢查。在 20 世紀 70 年代，對稱密鑰加密只需要大約 56 位元長的強對稱密鑰； 如 DES(Data Encryption Standard)(資料加密標準) 建立於 1970s 年代，含 56 位元的金鑰長度，以目前電腦的計算能力，通常只需要花費一些時間，運算 16 回合，找出 DES 金鑰。其加強對策是採用 3DES，即 Triple-DES，經過三次加解密程序，把原有的 DES 加解密位元擴充，即加長金鑰 56*3=168 位元，增加原有單一 DES 的安全性。

在金鑰選擇方面, 如果採用的金鑰 K1 ≠ K2≠ K3 , 即為 56 x 3 = 168 位元之 Triple DES，安全性最佳。若 K1 = K3 ≠ K2,即為 56 x 2 = 112 位元之 Triple DES 金鑰長度適中, 安全性佳, 並且被美國金鑰管理標準 ANS X9.17 與 ISO 8732 所採用。今天一個對稱的密鑰是 100 位元長或更長被認為是一個強對稱的金鑰。

R 軟體的應用

藉由 RStudio 主控台的指令，簡單的比較加密位元的強度差異：

RStudio Console

```
> 2^8   # 即 2 的 8 次方
[1] 256
> 2^100   # 即 2 的 100 次方
[1] 1.267651e+30 # 即 1,267,651,000,000,000,000,000,000,000,000
```

下面介紹另一種譯碼方式會應用到反矩陣，反矩陣可用來解聯立方程組(如上一章)，甚至古典密碼學，其用途甚多。以下來介紹反矩陣定義求法及其應用：

反矩陣的定義 ：

令 A 為一 n x n 的方陣。如果有另一個方陣 B 滿足下列條件

$$AB = BA = I_n$$

則 B 稱為 A 的反矩陣。吾人以 A^{-1} 代表 A 的反矩陣。

求反矩陣的方法：

設 A 為 n x n 維度的方矩陣：

在 A 的右側置放一個 n x n 的單位矩陣 I 形成擴增矩陣如下 ：

$$[A \mid I]$$

運用列運算將 $[A \mid I]$盡可能轉換成如下形式 ：

$$[I \mid B]$$

則 B 即為所求的反矩陣

[實例二]求 A 的反矩陣(inverse of the matrix)(1)

$$A = \begin{bmatrix} 2 & 1 & 1 \\ 3 & 2 & 1 \\ 2 & 1 & 2 \end{bmatrix}$$

解題 1：

首先寫出擴增矩陣(the augmented matrix)如下：

$$\left[\begin{array}{ccc|ccc} 2 & 1 & 1 & 1 & 0 & 0 \\ 3 & 2 & 1 & 0 & 1 & 0 \\ 2 & 1 & 2 & 0 & 0 & 1 \end{array}\right]$$

利用高斯-喬斯消去(the Gauss-Jordan elimination)法，經一系列的等價擴增矩陣運算，最後得到的等價擴增矩陣，即最簡列梯形形狀(reduced row echelon form) 為：

$$\left[\begin{array}{ccc|ccc} 1 & 0 & 0 & 3 & -1 & -1 \\ 0 & 1 & 0 & -4 & 2 & 1 \\ 0 & 0 & 1 & -1 & 0 & 1 \end{array}\right]$$

故所得反矩陣為 $A^{-1} = \begin{bmatrix} 3 & -1 & -1 \\ -4 & 2 & 1 \\ -1 & 0 & 1 \end{bmatrix}$

解題 2：

R 軟體的應用

1. 建構矩陣物件 A
2. 使用 R 內建函式 solve 並給予 b 引數為單位矩陣 I，或省略 b 引數，求得 A 之反矩陣 A^{-1}

R Script

```
# 方法 1
A <- matrix( # 叫用內建函式建構 3x3 矩陣物件
  c(2,1,1,
    3,2,1,
    2,1,2
  ),
  nrow = 3,
  byrow=TRUE
```

```
)
inverse1<- solve(# 叫用 solve 解矩陣等式 a %*% x = b 其中的 x
  a=A,
  b=matrix(   # b 參數 即為反矩陣定義中的 I
    c(1,0,0,
      0,1,0,
      0,0,1
    ),
    nrow = 3,
    byrow=TRUE)
)
print(inverse1)
# 方法 2
inverse2<- solve(a=A) # 可省略 b 參數即代表解反矩陣
print(inverse2)
```

RStudio Console

```
> print(inverse1)
     [,1]  [,2]  [,3]
[1,]    3   -1   -1
[2,]   -4    2    1
[3,]   -1    0    1

> print(inverse2)
     [,1]  [,2]  [,3]
[1,]    3   -1   -1
[2,]   -4    2    1
[3,]   -1    0    1
```

[實例三]文字加、解密$_{(2)}$

利用矩陣 A=$\begin{bmatrix} 1 & 0 & 0 \\ 3 & 1 & 5 \\ -2 & 0 & 1 \end{bmatrix}$作為加、解密金鑰。將"SEPTEMBER IS OKAY"這句話的明文(plaintext) 傳送給對方，依上表 4-3：字母與數字的轉換法則，求(1)轉為密文(ciphertext)。(2) 解碼加以驗證

解題思路

以 3 個字母為一組與運用一個 3 x 3 矩陣 A=$\begin{bmatrix} 1 & 0 & 0 \\ 3 & 1 & 5 \\ -2 & 0 & 1 \end{bmatrix}$，其反矩陣

A^{-1} = $\begin{bmatrix} 1 & 0 & 0 \\ -13 & 1 & -5 \\ 2 & 0 & 1 \end{bmatrix}$，並且使用表 4-3 字母與數字的轉換法則：

解題 1：

(1) 將"SEPTEMBER IS OKAY"這句話，分成 3 個字母為一組時，得到 SEP TEM BER ISO KAY，將 A 乘以每個訊息的行向量(column vector)，如果最後剩下單一字母，可加 Z 或 YZ 在最後的位置。

$$A\begin{bmatrix} S \\ E \\ P \end{bmatrix} = A\begin{bmatrix} 19 \\ 5 \\ 16 \end{bmatrix} = \begin{bmatrix} 1 & 0 & 0 \\ 3 & 1 & 5 \\ -2 & 0 & 1 \end{bmatrix}\begin{bmatrix} 19 \\ 5 \\ 16 \end{bmatrix} = \begin{bmatrix} 19 \\ 142 \\ -22 \end{bmatrix}$$

$$A\begin{bmatrix} T \\ E \\ M \end{bmatrix} = A\begin{bmatrix} 20 \\ 5 \\ 13 \end{bmatrix} = \begin{bmatrix} 1 & 0 & 0 \\ 3 & 1 & 5 \\ -2 & 0 & 1 \end{bmatrix}\begin{bmatrix} 20 \\ 5 \\ 13 \end{bmatrix} = \begin{bmatrix} 20 \\ 130 \\ -27 \end{bmatrix}$$

$$A\begin{bmatrix} B \\ E \\ R \end{bmatrix} = A\begin{bmatrix} 2 \\ 5 \\ 18 \end{bmatrix} = \begin{bmatrix} 1 & 0 & 0 \\ 3 & 1 & 5 \\ -2 & 0 & 1 \end{bmatrix}\begin{bmatrix} 2 \\ 5 \\ 18 \end{bmatrix} = \begin{bmatrix} 2 \\ 101 \\ 14 \end{bmatrix}$$

$$A\begin{bmatrix} I \\ S \\ O \end{bmatrix} = A\begin{bmatrix} 2 \\ 5 \\ 18 \end{bmatrix} = \begin{bmatrix} 1 & 0 & 0 \\ 3 & 1 & 5 \\ -2 & 0 & 1 \end{bmatrix}\begin{bmatrix} 9 \\ 19 \\ 15 \end{bmatrix} = \begin{bmatrix} 9 \\ 121 \\ -3 \end{bmatrix}$$

$$A\begin{bmatrix} K \\ A \\ Y \end{bmatrix} = A\begin{bmatrix} 11 \\ 1 \\ 25 \end{bmatrix} = \begin{bmatrix} 1 & 0 & 0 \\ 3 & 1 & 5 \\ -2 & 0 & 1 \end{bmatrix}\begin{bmatrix} 11 \\ 1 \\ 25 \end{bmatrix} = \begin{bmatrix} 11 \\ 159 \\ 3 \end{bmatrix}$$

即得密碼

19　142　-22　20　130　-27　2　101　14　9　121　-3　11　159　3

(2) 解碼時，將以上數字，3 個一組寫成 3 x 1 行向量，然後在左邊乘以 A^{-1}即可：

$$A^{-1}\begin{bmatrix}19\\142\\-22\end{bmatrix}=\begin{bmatrix}1&0&0\\-13&1&-5\\2&0&1\end{bmatrix}\begin{bmatrix}19\\142\\-22\end{bmatrix}=\begin{bmatrix}19\\5\\16\end{bmatrix}=\begin{bmatrix}S\\E\\P\end{bmatrix}$$

$$A^{-1}\begin{bmatrix}20\\130\\-27\end{bmatrix}=\begin{bmatrix}1&0&0\\-13&1&-5\\2&0&1\end{bmatrix}\begin{bmatrix}20\\130\\-27\end{bmatrix}=\begin{bmatrix}20\\5\\13\end{bmatrix}=\begin{bmatrix}T\\E\\M\end{bmatrix}$$

$$A^{-1}\begin{bmatrix}2\\101\\14\end{bmatrix}=\begin{bmatrix}1&0&0\\-13&1&-5\\2&0&1\end{bmatrix}\begin{bmatrix}2\\101\\14\end{bmatrix}=\begin{bmatrix}2\\5\\18\end{bmatrix}=\begin{bmatrix}B\\E\\R\end{bmatrix}$$

$$A^{-1}\begin{bmatrix}9\\121\\-3\end{bmatrix}=\begin{bmatrix}1&0&0\\-13&1&-5\\2&0&1\end{bmatrix}\begin{bmatrix}9\\121\\-3\end{bmatrix}=\begin{bmatrix}9\\19\\15\end{bmatrix}=\begin{bmatrix}I\\S\\O\end{bmatrix}$$

$$A^{-1}\begin{bmatrix}11\\159\\3\end{bmatrix}=\begin{bmatrix}1&0&0\\-13&1&-5\\2&0&1\end{bmatrix}\begin{bmatrix}11\\159\\3\end{bmatrix}=\begin{bmatrix}11\\1\\25\end{bmatrix}=\begin{bmatrix}K\\A\\Y\end{bmatrix}$$

R 軟體的應用

(1) 轉碼加密(encode)

i. 建構 3x3 的加密矩陣物件

ii. 依加密矩陣行數切割欲加密文字

iii. 將切割之文字呼叫本例加密法之自訂函式轉碼

iv. 完成每 3 個文字的轉碼加密的迴圈處理

R Script

```
target.str <- "SEPTEMBER IS OKAY" # 加密目標字串
A <- matrix( # 叫用內建函式建構 3x3 的加密矩陣物件
  data=c(1,0,0,
    3,1,5,
    -2,0,1
  ),
  nrow = 3,
  byrow=TRUE
)
dim.A <- ncol(A) # A 矩陣行數
str.a <- gsub(  # 去除字串中空白字元
  pattern=" ", replacement="",  #以空字串代替空白字元
  x= target.str # 串對象
)
encode.f<- function(data){ # 宣告自訂轉碼加密函式 參數 data 為目標字串
  B<- matrix( # 目標字串之對應數字 dim.A x 1 矩陣
    data= match( # 叫用 match 函式傳回各字母對應之位置數字
        x= unlist( # 轉換 list 物件為 vector 物件
          strsplit( # 將傳入的字串物件分離各字母，回傳 list 的結果
            data,  # 目標字串
            split="" # 空字串表示無分隔符號地分割字母
          )
        ),
        table=LETTERS # R 內建大寫字母 vector 物件
    ),
    nrow = dim.A, #  同 A 列數
    ncol=1,   # 1 行
    byrow=TRUE
  )
  result <- A %*% B  # 本例加密法
  return (result)
}
sec.pos <- seq( # dim.A 個字母一組位置
  1, # 啟始位置
  nchar(str.a), # str.a 字串長度(byte 數)
  by=dim.A # 每隔 dim.A 個數
)
str.vector <- sapply( # 叫用內建 sapply 函式執行自訂之一次函式 function
(pos)
  sec.pos, # 依上述 sec.pos 切割位置 function(pos)的傳入參數
```

```
    function(pos) {
      substr(str.a, pos, pos+dim.A-1) # 擷取 str.a dim.A 個字元
    }
  )
  result <- c() # 宣告本例加密結果初始值
  for (i in 1：length(str.vector)){ # 將分組之目標字串 vector 依序加密
    result<- c(result,encode.f(str.vector[i])[,1]) # 加密後併入本例加密結果
  }
  print(result) # 印出本例加密結果
```

RStudio Console

```
> print(result) # 印出本例加密結果
[1]  19 142 -22  20 130 -27   2 101  14   9 121  -3  11 159   3
```

上述的加密係預先將空白字元去除，若需保留則表 **4-3** 中亦需有空白字元等符號的加密對應。

(2) 解碼(decode)：

將已知的加密結果每一組數字(代表三個文字之數字) 透過迴圈逐一解碼，完成迴圈處理

R Script

```
# 解碼(decode)
decode.f<- function(B){ # 宣告自訂解碼函式 參數 B 為加密 vector
  inverse.A <- solve(A) # 上述 A 之反矩陣
  LETTERS[(inverse.A %*%B)[,1]]  # 反矩陣與 B 相乘結果對應大寫字母
}

resultd <- c() # 宣告本例解碼結果初始值
for(i in 1：length(sec.pos)){
  x <- result[ # 擷取前述加密結果一組 dim.A 個數字
    sec.pos[i]：(sec.pos[i]+dim.A-1)
    ]
  resultd<- c(resultd,decode.f(matrix(x))) # 解碼後併入本例解碼結果
}
print(paste0(resultd, collapse = '')) # 將結果的 vector 併成文字字串
```

RStudio Console

```
> print(paste0(resultd, collapse = '')) # 將結果的 vector 併成文字字串
[1] "SEPTEMBERISOKAY"
```

加密法是在兩次世界大戰中其設計與加密設備有了很大的進步，但是密碼學的理論卻沒有多大的改變，加密的主要手段仍是替代和換位。

二戰期間任職英國情報局的官方歷史學家哈利，興斯里爵士(Sir Harry Hinsley)曾說 :「倘使政府代碼暨密碼學未能解讀『奇謎』(Enigma) 密碼，收集『終極』情報的話，這場戰爭就會遲至 1948 年才結束，而非 1945 年。」(3)

在這一段延遲的時間裡，歐洲會喪失更多生命，希特勒會進一步以 V 型火箭，損毀整個英國南部，歷史學者 David Kahn 簡述了破解「奇謎」的影響 :「它拯救了生命。不只是同盟國，和蘇俄人民的生命。而且既縮短了戰爭，也挽救了如德國、義大利和日本等軸心國的人民。若沒有這些解譯的成果，可能保不住生命的。這就是全世界從這些解碼專家所得到的恩惠，他們的成就有至高無上的價值。」(That is the debt that the world owes to the codebreakers ; that is the crowning human value of their triumphs.)。

邱吉爾(Churchill) 對祕密情報局主管史都華·門吉斯爵士(Sir Steward Menzies)低聲說道 :「我叫你不要漏翻了任何石頭，可沒想到你竟真的完全照做了。」話是這麼說，他卻很喜歡這個雜亂的班底，稱他們為「**會下金蛋，但從不咯咯叫的鵝**」。(the geese who laid golden eggs and never cackled.)(3)

從密碼學發展之初到非對稱加密法被提出之前，人類的加密方法仍脫離不了重排(permutation) 或換位(Transposition)與取代(substitution)，即使是 DES (Data Encryption Standard)亦如此，然而，新一代密碼系統，即公開金鑰加密法 (Public Key Cryptography)提供了兩個全新的方向：

一、非對稱加密法提供了根據數學函數的加密運算，而不再只有重排或換位與取代。

二、非對稱加密法提供了公開與私密分開的兩把金鑰，這在保密性、金鑰分送、身分確認等領域都有很深的影響。

第3節 矩陣應用於經濟學：Leontief 模式

經濟學的 Leontief 模式是以 Wassily Leontief 的名字命名，Leontief 為 1973 年諾貝爾經濟學獎得主。此模式是用來描述一個生產與消費(輸入與輸出)相等的經濟型態。換言之，此模式假設完全消費所有生產的物品。

Leontief 模式有兩種型態：(1)**封閉型模式**(closed model)，即所有的生產皆由生產者所消費。(2)**開放型模式**(open model)，某些的生產皆由生產者所消費其餘則由外界所消費。前者，吾人探求每個參與生產者的相對收入。而後者的目的則是，當我們知道滿足現在需求的生產量時，要生產多少才能滿足未來的需求？

[實例四] 使用封閉型 Leontief 模式決定相關收入(2)

Ben、John 及 Tim 三位屋主，各有所長，決定一起合作整修房子，Ben 共花了 20%時間在自己房子上，10%在 John 的房子上，60%在 Tim 的房子上；John 共花了 50%時間在自己房子上，40%在 Ben 的房子上，10%在 Tim 的房子上；Tim 共花了 30%時間在自己房子上，40%在 Ben 的房子上，40%在 John 的房子上，如今整修完成，他們想要算一下每個人應得多少工資(包括整修自己房子)，其工資的計算法是每人的付出等於每人的收入，並同意每人的工資約為$3,000 左右。

解法一：

吾人可以一個 3 x 3 的矩陣來代表以上敘述的資訊 ：

各人工作量

	Ben	John	Tim
花在 Ben 房子上的工作比例	0.2	0.1	0.6
花在 John 房子上的工作比例	0.4	0.5	0.1
花在 Tim 房子上的工作比例	0.4	0.4	0.3

令 x= Ben 的工資、　y = John 的工資、　z =Tim 的工資

每人的付出必須等於每人的收入。以 Ben 為例，其工資是 x，整修房子的費用是 0.2 x +0.1y +0.6 z，Ben 的工資要等於費用支出，所以

x = 0.2 x +0.1y +0.6 z

同樣的

y = 0.4 x +0.5y +0.1 z

z = 0.4 x +0.4y +0.3 z

上面三個方程式可以矩陣方式表達：

$$\begin{bmatrix} x \\ y \\ z \end{bmatrix} = \begin{bmatrix} 0.2 & 0.1 & 0.6 \\ 0.4 & 0.5 & 0.1 \\ 0.4 & 0.4 & 0.3 \end{bmatrix} \begin{bmatrix} x \\ y \\ z \end{bmatrix}$$

代數化簡後，這個系統變成　：

$$\begin{cases} 0.8\,x \ -0.1y - 0.6\,z \ = 0 \\ -0.4\,x \ +0.5y - 0.1\,z = 0 \\ -0.4\,x \ -0.4y \ +0.7\,z = 0 \end{cases}$$

解　x, y, z　，得　$x = \frac{31}{36}z$　，　$y = \frac{32}{36}z$

其中 z 為參數，為了讓工資都接近$3,000，假設 z ＝ 3,600，則各人的工資如下：

X= $ 3,100　，　y= $ 3200　，　z= $ 3,600

以上以一個 3 x 3 的矩陣 $\begin{bmatrix} 0.2 & 0.1 & 0.6 \\ 0.4 & 0.5 & 0.1 \\ 0.4 & 0.4 & 0.3 \end{bmatrix}$ 來代表以上實例 4 敘述三位屋主，合作整修房子的資訊，該矩陣被稱為**投入產出矩陣**(input-output matrix)　。

在一般封閉型模式中，一個經濟體系有 n 個個體，每一個體提供某些產品或服務，這些產品或服務完全被體系內的各個體消化，每一個體的輸出被經濟體系消化的比例組成投入產出矩陣，所欲解答的問題是　：　如何找出每一個體適當的定價水準，以使得收入等於支出。

解法二：

R 軟體的應用

上述聯立方程式之第 1 式等於第 2、3 式的相加，故其解有 N 個，若直接以矩陣解法，將有解不盡的答案，因此需先將三人工資同為 3000 的條件加入，方得以解： x+y+z=9000

1. 按方程組等式左邊係數及右邊常數分別建立矩陣物件。
2. 呼叫 R 內建函式 solve 依序或對應引述分別給予上述二矩陣物件，則得出結果即為前述$\begin{bmatrix} x \\ y \\ z \end{bmatrix}$之解。

R Script

```
A <- matrix( # 叫用內建函式建構 3x3 矩陣物件
  data= c(
    -0.4,0.5, -0.1,  # 方程組第 2 式
    -0.4,-0.4,0.7,   # 方程組第 3 式
    1,1,1           # 設其三人工資相同
  ),
  nrow = 3,
  byrow=TRUE)
B <-matrix(
  c(0,0,9000),  # 設其三人工資合計 9000
  ncol = 1)
solve(A,B) # 本例結果
```

RStudio Console

```
> solve(A,B)
         [,1]
[1,] 2818.182
[2,] 2909.091
[3,] 3272.727
```

讀者可將上述程式碼 B 矩陣的合計 9000(每人平均 3000 的概估)改為 9900，將會得出與解題一之答案相同。

[實例五] 另一種應用為使用開放型 Leontief 模式，滿足未來的生產量(3)

利用下表 4-4 資料，求能滿足預測 3 年後市場對 R、S 及 T 需求 D3= $\begin{bmatrix} 60 \\ 110 \\ 60 \end{bmatrix}$ 所需的生產量 X。

表 4-4 ： R、S 與 T 在某一時段產品交互消費的狀況

	總消費值				
	R	S	T	顧客	總值
R 生產值	50	20	40	70	180
S 生產值	20	30	20	90	160
T 生產值	30	20	20	50	120

解法一：

步驟一：這類預估問題的解答可從開放型 Leontief 模式中的投入產出矩陣分析求得。

將表 4-4 轉為換算成以比率表達的矩陣：決定 R 為了生產一單位產品，需要多少 R，S 與 T 這 3 個企業的產品，例如，R 要生產 180 個單位的產品需要使用 50 個單位的 R 產品，20 個單位的 S 產品 30 個單位的 T 產品。換成比率，生產一單位的 R 產品需要 0.278 (50/180)的 R 產品 0.111(20/180)的 S 產品 0.167 (30/180)的 T 產品。依此類推，吾人可建立如下矩陣 A：

$$A = \begin{matrix} R \\ S \\ T \end{matrix} \begin{bmatrix} 0.278 & 0.215 & 0.333 \\ 0.111 & 0.188 & 0.167 \\ 0.167 & 0.125 & 0.167 \end{bmatrix}$$

步驟二 ：

$$\text{如果} \quad X = \begin{bmatrix} x \\ y \\ z \end{bmatrix}$$

代表為滿足特定需求量所需要的產量，則乘積 AX 代表對 R, S, T 產品的內部消耗量，「生產＝消費」的條件使得：內部＋顧客＝總產量，

步驟三：

以矩陣的形式表示，如 D 為顧客預估的需求向量(demand vector)，則 $AX + D = X$ 在此等式中，我們對特定的需求 D，求解 X

本例中 以 $AX + D_3 = X$ 來表示

簡化後，可得

$$[I_3 - A]\,X = D_3$$

$$X = [I_3 - A]^{-1} D_3$$

$$= \begin{bmatrix} 0.722 & -0.125 & -0.333 \\ -0.111 & 0.812 & -0.167 \\ -0.167 & -0.125 & 0.833 \end{bmatrix}^{-1} \begin{bmatrix} 60 \\ 110 \\ 60 \end{bmatrix}$$

$$= \begin{bmatrix} 1.6048 & 0.3568 & 0.7131 \\ 0.2946 & 1.3363 & 0.3857 \\ 0.3660 & 0.2721 & 1.4013 \end{bmatrix} \begin{bmatrix} 60 \\ 110 \\ 60 \end{bmatrix}$$

$$= \begin{bmatrix} 178.33 \\ 187.81 \\ 135.96 \end{bmatrix}$$

為滿足預估的需求 D，企業 R，S 與 T 的產值各為

X= $178.33、y= $187.81、z= $135.96

解法二：

R 軟體的應用

1. 使用 matrix 函式分別建構 A、I 及 D 矩陣物件
2. 運用 R 內建函式 solve 及矩陣運算子%*%：

   solve(a=(I –A)) %*% D

R Script

```
A <- matrix( # 建立輸出入分析矩陣
  c(0.278,0.125,0.333,
    0.111,0.188,0.167,
    0.167,0.125,0.167
  ),
  nrow = 3,
  byrow=TRUE
)
I <- diag(3) # 定義與上述 A 同為 3x3 的單位矩陣
D <- matrix(   # 定義三年後的需求矩陣
  c(60,110,60),
  ncol = 1,
  byrow=TRUE)
solve(I -A)%*% D   # 代入公式，求滿足預估的需求下 R、S、T 的產值
```

RStudio Console

```
> solve(I -A)%*% D # 代入公式，求滿足預估的需求
         [,1]
[1,] 178.3259
[2,] 187.8077
[3,] 135.9621
```

[實例六]消費者需求滿足及生產投入(3)

讓我們考慮一過度簡化的經濟體，包括農業(A)，製造業(M)及服務業(S)三部門經濟的投入-產出模型(Input-Output Model) 具有投入-產出的三部門經濟矩陣如下：

產出：

$$A = \text{投入} \begin{array}{c} \\ A \\ M \\ S \end{array} \begin{array}{c} \begin{array}{ccc} A & M & S \end{array} \\ \begin{bmatrix} 0.2 & 0.2 & 0.1 \\ 0.2 & 0.4 & 0.1 \\ 0.1 & 0.2 & 0.3 \end{bmatrix} \end{array}$$

第一列（從上至下閱讀）告訴我們，生產 1 單位農產品需要消耗 0.2 單位的農產品，0.2 單位的製成品和 0.1 單位的服務。第二列告訴我們，生產 1 單位

製成品需要消耗 0.2 單位的農產品，0.4 單位的製成品和 0.2 單位的服務。最後，第三欄告訴我們，生產 1 單位服務需要消耗 0.1 單位的農產品和的製成品以及 0.3 單位的服務。

問題：

找出滿足消費者需求的商品和服務的總產出，這些需求包括價值 1 億美元的農產品，價值 8000 萬美元的製造產品和價值 5000 萬美元的服務。

找出在內部生產過程中消費的商品和服務的價值，以達到總產出。

(a)

$$X = [I - A]^{-1} D$$

$$= \begin{bmatrix} 0.8 & -0.2 & -0.1 \\ -0.2 & 0.6 & -0.1 \\ -0.1 & -0.2 & 0.7 \end{bmatrix}^{-1} \begin{bmatrix} 100 \\ 80 \\ 50 \end{bmatrix}$$

$$= \begin{bmatrix} 1.43 & 0.57 & 0.29 \\ 0.54 & 1.96 & 0.36 \\ 0.36 & 0.64 & 1.57 \end{bmatrix} \begin{bmatrix} 100 \\ 80 \\ 50 \end{bmatrix} = \begin{bmatrix} 203.1 \\ 228.8 \\ 165.7 \end{bmatrix}$$

(b)

$$\begin{bmatrix} 203.1 \\ 228.8 \\ 165.7 \end{bmatrix} - \begin{bmatrix} 100 \\ 80 \\ 50 \end{bmatrix} = \begin{bmatrix} 103.1 \\ 148.8 \\ 115.7 \end{bmatrix}$$

R 軟體的應用

(a) 計算 A、M、S 產出量

1. 使用 matrix 函式分別建構 A、I 及 D 矩陣物件
2. 運用 R 內建函式 solve 及矩陣運算子%*%

   solve(a=(I –A)) %*% D

R Script

```
A <- matrix( # 建立輸出入分析矩陣
  c(0.2,0.2,0.1,
    0.2,0.4,0.1,
    0.1,0.2,0.3
  ),
  nrow = 3,
  byrow=TRUE
)
I <- diag(3) # 定義與上述 A 同為 3x3 的單位矩陣
D <- matrix(  # 定義消費者的需求
  c(100,80,50),
  ncol = 1,
  byrow=TRUE)
x<- solve(I -A)%*% D # 代入公式，求滿足消費者的需求下的 A、M、S 產出
print(x) #印出本例結果
```

RStudio Console

```
> print(x) #印出本例結果
         [,1]
[1,] 202.8571
[2,] 228.5714
[3,] 165.7143
```

為了滿足消費者的需求，要有價值 2.03 億美元的農產品。價值 2.29 億美元的製造產品和價值 1.66 億美元的服務產出。

(b) 計算 A、M、S 的加值

RStudio Console

```
> x - D # 內部生產過程中消費的商品和服務的價值
[1,] 102.8571
[2,] 148.5714
[3,] 115.7143
```

第4節 矩陣應用於最小平方法

承第三章的線性函數與線性方程組 [實例四]健康照護費用以最小平方線或(迴歸線)由正規方程組(normal equations)，解得截距(intercept) b，斜率(slope) m。以上最佳配適線(best fit)問題之解，亦可以矩陣表達。

若以 6 個點$(x_1,y_1),(x_2,y_2),(x_3,y_3),(x_4,y_4), (x_5,y_5), (x_5,y_5)$ 的最佳配適直線

$$y = mx + b \tag{1}$$

可由解下列 2 個未知變數的方程式的系統中之求得

$$A^TAX = A^TY \tag{2}$$

其中

$$A = \begin{bmatrix} x_1 & 1 \\ x_2 & 1 \\ x_3 & 1 \\ x_4 & 1 \\ x_5 & 1 \\ x_6 & 1 \end{bmatrix}, X = \begin{bmatrix} m \\ b \end{bmatrix}, Y = \begin{bmatrix} y_1 \\ y_2 \\ y_3 \\ y_4 \\ y_5 \\ y_6 \end{bmatrix} \tag{3}$$

令 (2) 式 $A^TAX = A^TY$ 中 $A^TA = C$, $A^TY = D$

則可得 $CX = D$

求 $X = \frac{D}{C} = C^{-1}D$

[實例七] 以矩陣求解美國健康照護費用的線性函數

承第三章[實例四]找出美國健康照護費用的函數，不同於第三章正規方程組(normal equations)求解截距(intercept) b，斜率(slope) m，本實例以矩陣表達求解。

首先設定

$$\text{矩陣 } A=\begin{bmatrix}0 & 1\\1 & 1\\2 & 1\\3 & 1\\4 & 1\\5 & 1\end{bmatrix},\ Y=\begin{bmatrix}2.91\\3.23\\3.42\\3.63\\3.85\\4.08\end{bmatrix}$$

式(2) $A^TAX = A^TY$，即為

$$\begin{bmatrix}0 & 1 & 2 & 3 & 4 & 5\\1 & 1 & 1 & 1 & 1 & 1\end{bmatrix}\begin{bmatrix}0 & 1\\1 & 1\\2 & 1\\3 & 1\\4 & 1\\5 & 1\end{bmatrix}\begin{bmatrix}m\\b\end{bmatrix}=\begin{bmatrix}0 & 1 & 2 & 3 & 4 & 5\\1 & 1 & 1 & 1 & 1 & 1\end{bmatrix}\begin{bmatrix}2.91\\3.23\\3.42\\3.63\\3.85\\4.08\end{bmatrix}$$

簡化為一 2 個未知變數方程式的系統：

$$\begin{cases}55m + 15b = 56.76\\15m + 6b = 21.12\end{cases}$$

其解為**截距**(intercept) b= 2.954、**斜率**(slope) m = 0.2263

R 軟體的應用

1. 使用 matrix 分別建構 A、Y 矩陣物件
2. 使用 R 內建 t 函式求 A 的轉置(transpose)矩陣 A^T
3. 使用 R 內建矩陣運算子%*%及 solve 函式求 $A^TAX = A^TY$ 的 X ：

   solve(a=t(A)%*% A, b=t(A)%*%Y)

R Script

```
A <- matrix( # 建立上述矩陣 A
  c(0,2,3,4,5,6,
    1,1,1,1,1,1
  ),
  nrow = 6,
  byrow=FALSE
)
Y <- matrix( # 建立上述矩陣 Y
  c(2.91,3.23,3.42,3.63,3.85,4.08),
  nrow = 6,
  byrow=TRUE
)
AT <- t(A)    # 求矩陣 A 的轉置(transpose)矩陣，即上述的 AT
C <- AT%*%A    # 求上述 CX=D 式其中的 C
D <- AT%*% Y   # 求上述 CX=D 式其中的 D
solve(a=C,b=D) # 叫用 solve 解矩陣等式 C %*% X = D 其中的 X
```

RStudio Console

```
> solve(a=C,b=D) # 呼叫 solve 解矩陣等式 C %*% X = D 其中的 X
          [,1]
[1,] 0.2262857
[2,] 2.9542857
```

即 m = 0.2262857 , b= 2.9542857

如同第三章[實例四]健康照護費用可繪製本例之散佈圖與最小平方線(圖形從略)。

一般化的最小平方問題

以上吾人用 6 個資料點的特例所介紹的最小平方法，現延伸於下。

一般的最小平方問題即尋求下列 n 個資料點的最佳配適直線：

$$(x_1,y_1),(x_2,y_2),\ldots(x_n,y_n) \tag{4}$$

$$A = \begin{bmatrix} x_1 & 1 \\ x_2 & 1 \\ \vdots & \vdots \\ x_n & 1 \end{bmatrix} \quad X = \begin{bmatrix} m \\ b \end{bmatrix} \quad = \begin{bmatrix} y_1 \\ y_2 \\ y_3 \\ y_4 \\ y_5 \\ y_6 \end{bmatrix} \quad Y = \begin{bmatrix} y_1 \\ y_2 \\ \vdots \\ y_n \end{bmatrix}$$

則上述 n 個資料點的最佳配適線是

$$Y = \ mx + b$$

其中 $X = \begin{bmatrix} m \\ b \end{bmatrix}$ 是由下列 2 個不知變數方程式的系統求得

$$A^TAX = A^TY \tag{5}$$

其可證實只要資料點不是全部在一條垂直線上，等式(5)一定會有唯一解。

參考文獻

1. Panko, R. R. (2010). Corporate computer and network security, 2/e. Pearson Education.
2. Tan, S. T. (2014). Finite mathematics for the managerial, life, and social sciences. Cengage Learning.
3. Mizrahi, A., & Sullivan, M. K. (2000). Finite mathematics： an applied approach. Wiley.
4. 3. Singh, S. (1999). The code book (Vol. 7). New York： Doubleday. 或見劉燕芬譯(2001)：碼書 編碼與解碼的戰爭。臺北：臺灣商務印書館。

第5章 線性規劃(Linear programming, LP)

許多商業及經濟問題往需求在一些等式與不等式的條件限制下，取得函數的最佳化，求得極大化或極小化。欲尋求最佳化的函數，稱為目標函數(objective function)。譬如利潤函數或成本函數等。**它的三個主要組成部分是：目標函數(objective function)、限制條件(constrains)以及決策變數(decision variables)**，即影響系統性能的可控制變數(controllable variables)。

目標函數所承受的等式或不等式系統，反映了對問題求解所受的限制，例如資源方面可能是有限的物力與人力等，這一類的問題為數學規劃問題。當目標函數與限制式均為線性時，則稱為線性規劃的問題(linear programming problem)。

在日常生活中有許多的問題都可以使用線性規劃來尋求最好的解決方案，甚至在商業管理領域中，它也被大量應用在降低成本、提升產值與營收的策略上，而一般人沒有修過這門課程，不知道原來有那麼好用的工具，這裡我們將以實際而且常見的實例，介紹如何使用 R 解決線性規劃的問題。

線性規劃始於明確敘述問題(Formulating a problem)(2)

線性規劃起始於問題的模式的建立。本章中採用了不少產品組合問題(product-mix problem)，如實例一、二、三所示來說明該模式建構的過程，為滿足有限資源產能與市場需求限制，求解產品或服務的生產規劃。建構線性規劃模式，需要下列三個步驟，通常這也是線性規劃問題中最富創造性與最困難的部分。

步驟 1，**定義決策變數**。定義一個決策變數最重要的是，當根據此決策變數定義目標函數後，其限制式也要能以這些決策變數來定義。並且決策變數的定義也應相當具體明確。考慮下列兩種定義方式，

x_1 = 產品 1，

x_1 = 產品 1 下個月需生產與銷售的量，

第二種定義就比第一種定義更清楚明確，並且也將使後續的步驟變得更容易些。

步驟 2，**列出目標函數**。什麼是需要極大化或極小化的？

步驟 3，**列出限制式**。決策變數的數值有什麼限制？定義出決策變數及其與參數組合後之限制式。不受限制式影響的決策變數，其參數應設為 0。當然為了與事實更符合，吾人會再加上決策變數為非負的限制式。

第1節 極大化問題(Maximization Problem)

標準極大化問題，其條件為：

1. 目標函數欲尋求極大化。
2. 問題中使用的變數都限定是非負的。
3. 每一條限制式都表示成小於等於(≤)某一非負的常數。

[實例一]生產問題，解利潤極大化問題(1)

Ace 公司想要生產 A、B 兩款紀念品。一個 A 紀念品的利潤是 1 元；B 紀念品是 1.20 元。製造一個 A 紀念品時，需使用機器一 2 分鐘、機器二 1 分鐘；製造一個 B 紀念品時，需使用機器一 1 分鐘、機器二 3 分鐘。已知機器一可使用的總時數是 3 小時，機器二為 5 小時。試問 Ace 公司每款紀念品應生產多少個才能使利潤最大？(1)將此線性規劃問題公式化，(2)求解　。

依據題意，整理出以**表 5-1**：

表 5-1：A、B 紀念品資料

	A 紀念品	B 紀念品	可使用時間(分鐘)
機器一	2 分鐘/個	1 分鐘/個	180 分鐘
機器二	1 分鐘/個	3 分鐘/個	300 分鐘
利潤/個	1 元	1.2 元	

令 x、y 分別為 A、B 兩款紀念品的生產量，則總利潤為 p=x+1.2y，p 即是欲求得極大化的目標函數。

此外，在 x、y 的產能分配下，機器一將需 2x + y 分鐘，受限於該機器可用的時間，即 180 分鐘，可以 2x + y ≤180 不等式表示 ；同樣地，機器二亦然，可以 X + 3y ≤ 300 不等式表示。

由於生產量 x、y 不得為負，因此需加上 X ≥ 0 ,y ≥ 0 不等式。因此，可得以下之解題思路。

解題：

1. 線性規劃問題公式：

極大化： p = x + 1.2 y (1)

限制條件(subject to the constrains, 簡稱 s.t)：

2x + y ≤180 (2)

X + 3y ≤ 300

X ≥ 0 , y ≥ 0

2. 求解

R 軟體的應用

方法一：

本例執行前需安裝 lpSolve 套件，於 RStudio Console 或於 Rgui 執行 ：安裝指令請參閱第一篇 R 語言概論

按 lpSolve 套件之 lp 函式所需引數對應之物件，分別建立目標函數各係數、限制條件方向、限制條件計算式之右側數字等 vector，以及限制條件之矩陣，經指定 lp 計算最大值的回傳結果為一 list 物件，內含最大值及其目標函數之各變數值。

R Script

```
# 方法一：lpSolve    # 解決線性/整數規劃的套件
# 題目，求目標函數最大值(最佳解)：
```

```
# P = x + 1.2y
# 2x + y <= 180
# x + 3y <= 300
# x >= 0
# y >= 0
library(lpSolve)  # 載入線性規劃函式庫 lpSolve
f.obj <- c(1,1.2) # 定義目標函數之各係數
f.con <- matrix(  # 建立限制條件之矩陣
  c(2, 1, # 第一限制式之係數
    1,3,  # 第二限制式之係數
    1,0,  # 第三限制式之係數
    0,1   # 第四限制式之係數
  ),
  nrow = 4,  # 矩陣列數
  byrow=TRUE # 每列填滿再換列
)
f.dir <- c("<=", "<=", ">=",">=") # 限制條件方向(<= 小於等於， >= 大於
等於)
f.rhs <- c(180,300,0,0) # 限制條件計算式之右側數字
result <- lp(  # 使用線性規劃函式 lp 求解，函式說明請參閱附錄 A
  direction ="max",      # 目標函數取最大值之解
  objective.in =f.obj,  # 給予上述目標函數之各係數
  const.mat =f.con,      # 給予上述限制條件之矩陣
  const.dir =f.dir,      # 給予上述限制條件方向之向量物件
  const.rhs =f.rhs)      # 給予上述限制條件計算式之右側數字之向量物件
print(result)            # 將結果印出
print(result$solution)  # 印出目標函數之各變數(即求解的 x 與 y))
print(result$objval)    # 印出目標值(本例取最大值)
```

RStudio Console

```
> print(result)            # 將結果印出
Success :  the objective function is 148.8
> print(result$solution)  # 印出目標函數之各變數(即求解的 x 與 y))
[1] 48    84
> print(result$objval)    # 印出目標值(本例取最大值)
[1] 148.8
```

這個輸出的值就是目標函數的最大值，也就是說最大的銷售金額是 148.8 元。

所以我們若要讓銷售金額達到最大值，就要生產 A 款紀念品 48 個，以及 B 款紀念品 84 個，如此可以得到最大利潤 148.8 元。

方法二：

本例執行前需安裝 lpSolveAPI 套件，於 RStudio Console 或於 Rgui 執行 ：安裝指令請參閱第一篇 R 語言概論。

1. 按限制條件式及維度等之數目，建立一線性規劃 model 之物件：

   本例限制條件式有 4，維度則有 x、y 共 2 項

2. 藉 lp.control 函式設定此線性規劃物件之控制參數，依本例主要設其為求最大值之解
3. 藉 set.column 函式設定此線性規劃物件各對應維度 x、y 之於限制條件式之係數
4. 藉 set.constr.type 設定各限制條件式的限制型態(<=、>=等等)
5. 藉 set.constr.value 設定各限制條件式右側之值
6. 藉 set. objfn 函式設定此線性規劃物件，滿足之目標函數各係數值
7. 使用 solve 函式解此線性規劃物件

R Script

```
# 方法二：lpSolveAPI
# 題目，求目標函數最大值(最佳解)：
# P = x + 1.2y
# 2x + y <= 180
# x + 3y <= 300
# x >= 0
# y >= 0
library(lpSolveAPI) # 載入線性規劃函式庫 lpSolveAPI
lprec <- make.lp(  # 建立一新線性規劃 model 物件，函式說明請參閱附錄 A
  4, 2      # 此 model 具 4 個限制條件 2 個維度求解
)
# 程式執行此可先 print(lprec) 初步檢查 model 內容
```

```
lp.control(      # 線性規劃模式，設定其相關控制參數，函式說明請參閱附錄 A
  lprec=lprec,   # 對象線性規劃 model 物件
  sense='max'   # 設定此 model 取最大值
)
set.column( # 設定 model 欄限制條件各係數，函式說明請參閱附錄 A
  lprec,     # 此 model 物件
  column=1, # 此 model 第一欄
  x=c(2,1,1,0) # 此欄各限制條件值(對應上述四個條件)
)
set.column( # 同上
  lprec,     # 同上
  column=2, # 此 model 第二欄
  x=c(1,3,0,1) # 同上
)
set.constr.value( # 設定限制值(Right Hand Side)，函式說明請參閱附錄 A
  lprec, # 此 model 物件
  rhs=c(180,300,0,0), # 限制值(Right Hand Side)
  constraints=1：4      # 四個限制條件
)
set.constr.type( # 設定限制型態(方向)，函式說明請參閱附錄 A
  lprec,  # 此 model 物件
  types=c("<=", "<=", ">=",">="), # 限制型態(方向)
  constraints=1：4    # 四個限制條件
)
set.objfn(  # 設定 model 的目標函數，函式說明請參閱附錄 A
  lprec,     # 此 model 物件
  c(1,1.2)  # 目標函數各係數
)
# 給予各條件名稱
rownames <- c('machine1', 'machine2','productA','productB')
colnames <- c("productA", "productB") # 給予各係數名稱
dimnames(lprec) <- list( # 將 model 變數欄及條件欄重新命名，方便閱讀
  rownames,
  colnames
)

# 程式執行此可先 print(lprec) 檢查 model 完整內容
print(lprec)  # 將 model 變數欄及條件欄已重新命名
```

```
solve(lprec)  # 將此 model 求解，函式說明請參閱附錄 A
get.objective(lprec) # 讀出目標函數最佳解
get.variables(lprec) # 讀出目標函數最佳解之各係數(依欄順序顯示)
get.constraints(lprec) # 讀出其各限制條件式右側(rhs)之結果(依列順序顯示)
```

RStudio Console

```
> print(lprec)
Model name：
            productA  productB
Maximize           1       1.2
machine1           2         1  <=  180
machine2           1         3  <=  300
productA           1         0  >=    0
productB           0         1  >=    0
Kind             Std       Std
Type            Real      Real
Upper            Inf       Inf
Lower              0         0
> solve(lprec) # 將此 model 求解
[1] 0
> get.objective(lprec) # 讀出目標函數最佳解
[1] 148.8
> get.variables(lprec) # 讀出目標函數最佳解之各係數(依欄順序顯示)
[1] 48   84
> get.constraints(lprec) # 讀出其各限制條件式右側(rhs)之結果(依列順序顯示)
[1] 180   300   48   84
```

二維空間可以如下平面圖來表示　：

圖形法(Graphical method)：詳細請參閱下實例三之解說　：紅色(粗)為目標函數，藍色(中)與綠色(細)分別為第一與第二限制條件線，黃色區塊為所有可行解(feasible solution)，每個線性規劃問題都會有一個或多個限制式。將這些限制式合在一起，便可以定義出一個可行解區域(feasible region)，該區域為所有決策變數可同時被接受的區域。在某些特殊問題中，該問題的可行解區域可能將只有一個解，甚至沒有可行解。不過，在一般情形下，可行解區域通常都會包括無限多個可行解，並假設其決策變數的可行解組合可以是分數的。因此，對決策者而言，其目標即為由可行解區域中選出一個對問題最佳的解。(2)

R Script

```
# 題目，求目標函數最大值(最佳解)：
# P = x + 1.2y
# 2x + y <= 180
# x + 3y <= 300
# x >= 0
# y >= 0
# 找出截距及其端點
f1 <- approxfun( # 產生符合線性函數 2x + y = 180 的內插函數，函式說明請
參閱附錄 A
  x=c(0,90), # x 軸座標值
  y=c(180,0) # y 軸座標值
)
f2 <- approxfun( # 產生符合線性函數 x + 3y = 300 的內插函數
  c(0,300),c(100,0) # 同上 f1
)
f3 <- approxfun(  # 同上 f1(注意 y 值在前)
  c(180,0), # y 軸座標值
  c(0,90)   # x 軸座標值
)
f4 <- approxfun(  # 同上 f2(注意 y 值在前)
  c(100,0),c(0,300)  # 同上 f3
)
max.y <- min(f1(0),f2(0)) #  y 軸最小截距，函式說明請參閱附錄 A
max.x <- min(f3(0),f4(0)) #  x 軸最小截距，函式說明請參閱附錄 A
```

```
intersect.x = result$solution[1] # 上述方法一得知的最佳解 x 值(即限制
條件線之交會)
intersect.y = result$solution[2] # 上述方法一得知的最佳解 y 值(即限制
條件線之交會)
objval <- result$objval # 上述得知的最佳解(最大值 P)

#繪其圖解(圖形法),以下相關 ggplot2 各函式說明請參閱附錄 B
library(ggplot2) # 載入繪圖套件(函式庫)
aes <- data.frame(x = c(0,100),y=c(0,200))
p<-ggplot( # 產生繪圖物件
  data=aes, # 繪圖資料
  mapping=aes(x,y))+ # 指定 x、y 軸資料
  xlab('A 紀念品')+ylab('B 紀念品')  # 給予 xy 軸標籤
y1.f <- function(x){180-2*x} # 第一限制條件繪線函式
y2.f <- function(x){(300-x)/3} # 第二限制條件繪線函式
p.f <- function(x){(objval-x)/1.2} # 目標函數繪線函式
intersect.df <- data.frame( # 將限制條件各線與原點圍成的區域順時鐘建
立端點資料
  seq=c('A','D','C','B'),  # 交叉點代碼
  x=c(0,0,intersect.x,max.x), # 各端點依序 x 值
  y=c(0,max.y,intersect.y,0), # 各端點依序 y 值
  group=c(0,0,0,0)  # 將各點歸於同一組,以俾下述 geom_polygon 連線各點
)
p +
  stat_function( # 為每一x 軸上給予的值傳入 fun 指定的函式計算 y 值並據以
繪出線圖
    fun=y1.f, # 指定函式 y1.f
    geom='line', # 繪製直線圖
    size=0.8,  # 線條粗細比例
    colour = "blue" # 線圖顏色為 blue
  )+
  stat_function( # 同上
    fun=y2.f,    # 指定函式 y2.f
    geom='line', # 同上
    size=0.4,   # 線條粗細比例
    colour = "green" # 線圖顏色為 green
  )+
```

```
  stat_function( # 同上
    fun=p.f,     # 指定函式 y2.f
    geom='line', # 同上
    size=1.2, # 線條粗細比例
    colour = "red" # 線圖顏色為 red
  )+
  scale_x_continuous(breaks=seq(0,100,by=10))+ # x 軸指定各值標示
  geom_point( # 繪點狀圖
    data=intersect.df, # 繪圖資料
    aes(x=x,y=y), # 各軸資料對應 intersect.df 欄位
    size=2,color='red' # 點的大小及顏色
  )+
  geom_text( # 疊加文字於圖
    data=intersect.df, # 文字資料來源
    aes(label=paste0(seq,'(',x,',',y,')')), # 文字構成
    hjust=-0.2, # 文字位置水平向右幾個字寬
    vjust=-1    # 文字位置垂直向上調整幾個字高
  )+
  geom_polygon( # 繪出多邊形
    data=intersect.df, # 繪圖資料
    aes(x=x,y=y,group=group), # 多邊路徑資料與 intersect.df 的欄位對
應
    fill="burlywood2",  # 封閉的多邊圖填滿顏色 burlywood2
    alpha=0.3  # 顏色透明狀態代碼(0~1)
  )
```

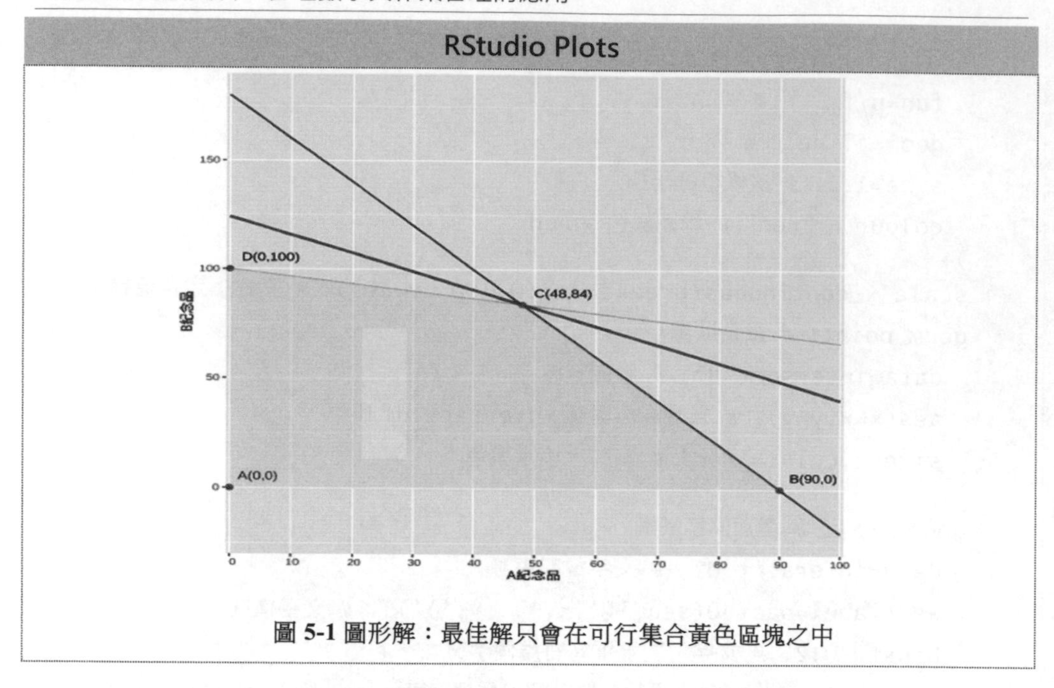

圖 5-1 圖形解：最佳解只會在可行集合黃色區塊之中

[實例二] 生產創造收益問題(2)

Stratton 公司生產兩種不同型號的塑膠管，該塑膠管的產出由三項因素決定： 擠壓時間，包裝時間與特殊添加物。下表的資料顯示該公司下週的生產情形，其單位為 100 呎塑膠管。

第一型的塑膠管獲益為 34 美元/每 100 呎，第二型的塑膠管獲益為 40 美元/每 100 呎。請建構一個線性模型以決定各類型的塑膠管應生產多少個才能使公司獲益最多?

表 5-2：塑膠管產出的三項決定因素

產品			
資源	第一型	第二型	可用資源
擠壓時間 (Extrusion)	4 小時	6 小時	48 小時
包裝時間 (Packing)	2 小時	2 小時	18 小時
添加物重量 (Additive Mix)	2 磅	1 磅	16 磅

我們可以得到以下的線性規劃模式：

極大化 $34x_1 + 40x_2 = Z$

s.t　$4x_1 + 6x_2 \leq 48$

$2x_1 + 2x_2 \leq 18$

$2x_1 + x_2 \leq 16$

$x_1 \geq 0$ 及 $x_2 \geq 0$

其中，

x_1 = 第一型塑膠管下週需生產及銷售的量(100 呎為其單位)

x_2 = 第二型塑膠管下週需生產及銷售的量(100 呎為其單位)

R 軟體的應用

方法一：

本例執行前需安裝 lpSolve 套件，於 RStudio Console 或於 Rgui 執行：安裝指令請參閱第一篇 R 語言概論。

程式執行說明請參閱本章實例一。

R Script

```
# 方法一：lpSolve
# 題目，求目標函數最大值(最佳解)：
# P = 34x1 + 40x2
# 4x1 + 6x2 <= 48
# 2x1 + 2x2 <= 18
# 2x1 + x2 <= 16
# x1 >= 0
# x2 >= 0
library(lpSolve)  # 載入線性規劃函式庫 lpSolve
f.obj <- c(34,40) # 定義目標函數之各係數
f.con <- matrix(  # 建立限制條件之矩陣
  c(4,6,  # 第一限制式之係數
    2,2,  # 第二限制式之係數
```

```
    2,1,  # 第三限制式之係數
    1,0,  # 第四限制式之係數
    0,1   # 第五限制式之係數
  ),
  nrow = 5,  # 矩陣列數
  byrow=TRUE # 每列填滿再換列
)
f.dir <- c("<=", "<=", "<=",">=",">=") # 限制條件方向(<= 小於等於，>= 大於等於)
f.rhs <- c(48,18,16,0,0) # 限制條件計算式之右側數字
result <- lp(  # 使用線性規劃函式 lp 求解，函式說明請參閱附錄 A
  direction ="max",       # 目標函數取最大值之解
  objective.in =f.obj,  # 給予上述目標函數之各係數
  const.mat =f.con,       # 給予上述限制條件之矩陣
  const.dir =f.dir,       # 給予上述限制條件方向陣
  const.rhs =f.rhs)       # 給予上述限制條件計算式之右側數字
print(result)             # 將結果印出
print(result$solution)  # 印出目標函數之各變數(即求解的 x1 與 x2))
print(result$objval)     # 印出目標值(本例取最大值)
```

RStudio Console

```
> print(result)             # 將結果印出
Success :  the objective function is 342
> print(result$solution)  # 印出目標函數之各變數(即求解的 x1 與 x2))
[1] 3   6
> print(result$objval)     # 印出目標值(本例取最大值)
[1] 342
```

方法二：

使用 lpSolveAPI 套件與本章[實例一]類似，在此省略，請讀者自行參閱。

圖形法：

R Script

```
###### 二維圖形解 ##################
# 題目，求目標函數最大值(最佳解)：
# P = 34x1 + 40x2
# 4x1 + 6x2 <= 48
# 2x1 + 2x2 <= 18
# 2x1 + x2 <= 16
# x1 >= 0
# x2 >= 0
#繪其圖解(圖形法)
library(ggplot2) # 載入繪圖套件(函式庫)，以下相關 ggplot2 各函式說明請參閱附錄 B
aes <- data.frame(x1 = c(0,10),x2=c(0,200))
p<-ggplot(  # 產生繪圖物件
  data=aes, # 繪圖資料
  mapping=aes(x1,x2))+ # 指定 x、y 軸資料
  xlab('第一型塑膠管')+ylab('第二型塑膠管')  # 給予 xy 軸標籤
x21.f <- function(x1){(48-4*x1)/6} # 第一限制條件繪線函式
x22.f <- function(x1){(18-2*x1)/2} # 第二限制條件繪線函式
x23.f <- function(x1){16-2*x1}      # 第三限制條件繪線函式
p<- p +
  stat_function( # 為每一 x 軸上給予的值傳入 fun 指定的函式計算 y 值並據以繪出線圖
    fun=x21.f, # 指定函式 x21.f
    geom='line', # 繪製直線圖
    colour = "blue" # 線圖顏色為 blue
  )+
  stat_function( # 同上
    fun=x22.f,     # 指定函式 x22.f
    geom='line', # 同上
    colour = "green" # 線圖顏色為 green
  )+
  stat_function( # 同上
    fun=x23.f,     # 指定函式 x23.f
    geom='line', # 同上
    colour = "orange" # 線圖顏色為 orange
  )+
```

```
  scale_x_continuous(breaks=seq(0,10,by=1))  # x 軸指定各值標示
print(p)
# 求各線交點
intersect.f <- function(eq,rhs){  # 自定方程式求解函式
  solve(eq,rhs)  # 直線交叉點求解，請參閱第 3 章第 1 節，函式說明請參閱附
錄 A
}
i12 <- intersect.f(  # 呼叫自定函式 intersect.f
  matrix(c(4,6,2,2), # 第一、第二限制條件之係數陣列
         nrow=2,     # 兩列
         byrow=TRUE  # 依列順序填入
  ),
  matrix(c(48,18),   # 等號右側(rhs)陣列
         nrow=2,     # 兩列
         byrow=TRUE  # 依列順序填入
  )
)
i23 <- intersect.f(  # 同上
  matrix(c(2,2,2,1), # 第二、第三限制條件之係數陣列
         nrow=2,     # 同上
         byrow=TRUE  # 同上
  ),
  matrix(c(18,16),   # 同上
         nrow=2,     # 同上
         byrow=TRUE  # 同上
  )
)
f1x1 <- approxfun( # 產生符合線性函數 4x1 + 6x2 = 48 的內插函數，函式說
明清參閱附錄 A
  x=c(0,12), # x 軸座標值
  y=c(8,0) # y 軸座標值
)
f2x1 <- approxfun( # 產生符合線性函數 2x1 + 2x2 = 18 的內插函數
  c(0,9), # 同上 f1x1
  c(9,0)  # 同上 f1x1
)
f3x1 <- approxfun( # 產生符合線性函數 2x1 + x2 = 16 的內插函數
  c(0,8),  # 同上 f1x1
```

```
  c(16,0)  # 同上 f1x1
)
f1x2 <- approxfun(  # 同上 f1x(注意 y 值在前)
  c(8,0), # y 軸座標值
  c(0,12)   # x 軸座標值
)
f2x2 <- approxfun(  # 同上 f2x(注意 y 值在前)
  c(9,0), # f1x2
  c(0,9)  # f1x2
)
f3x2 <- approxfun(  # 同上 f3x(注意 y 值在前)
  c(16,0), # f1x2
  c(0,8)   # f1x2
)
max.x2 <- min(f1x1(0),f2x1(0),f3x1(0)) #  y 軸最大截距
max.x1 <- min(f1x2(0),f2x2(0),f3x2(0)) #  x 軸最大截距
intersect.df <- data.frame( # 將限制條件各線交點右上所交集的區域順時
鐘建立端點資料
  x1=c(0,0,     i12[1,1],i23[1,1],max.x1), # 各端點依序之 x 值
  x2=c(0,max.x2,i12[2,1],i23[2,1],0    ), # 各端點依序之 y 值
  group=c(0,0,0,0,0)  # 將各點歸於同一組，以俾下述 geom_polygon 連線各
點
)
p<- p+ # 繪出疊加頂點、頂點座標、可行解之多邊區塊
  geom_point( # 繪點狀圖
    data=intersect.df, # 繪圖資料
    aes(x=x1,y=x2), # 各軸資料對應 intersect.df 欄位
    size=2,color='red' # 點的大小及顏色
  )+
  geom_text( # 疊加文字於圖
    data=intersect.df, # 文字資料來源
    aes(label=paste0('(',round(x1,digits=0),',',round(x2,digits
=0),')')), # 文字構成
    hjust=-0.2, # 文字位置水平向右幾個字寬
    vjust=-1    # 文字位置垂直向上調整幾個字高
  )+
  geom_polygon( # 繪出多邊形
    data=intersect.df, # 繪圖資料
    aes(x=x1,y=x2,group=group), # 多邊路徑資料與 intersect.df 的欄位
```

```
對應
    fill="burlywood2", # 封閉的多邊圖填滿顏色 burlywood2
    alpha=0.3 # 顏色透明狀態代碼(0~1)
  )
print(p)
obj.values <- 34*intersect.df$x1+40*intersect.df$x2 # 目標函數各
頂點得到值
target.val <- max(obj.values) # 使用 max 函式求最大值

p.f <- function(x1){(target.val-34*x1)/40} # 目標函數繪線函式(通過
最大值所代表之頂點)
p <- p+  # 疊加目標函數的直線
  stat_function( # 同上
    fun=p.f,     # 指定函式 p.f(目標函數)
    geom='line', # 同上
    size = 1.2, # 線條粗細比例
    colour = "red" # 線圖顏色為 red
  )
print(p)
max.idx <- which.max(obj.values)  # 從 intersect.df 找出構成最大值
的位置
obj.x1 <- intersect.df[max.idx,]$x1  # 滿足目標函數最大值之 x1
obj.x2 <- intersect.df[max.idx,]$x2  # 滿足目標函數最大值之 x2
print(c(obj.x1,obj.x2)) # 列印 x1,x2
```

RStudio Console

```
> print(c(obj.x1,obj.x2)) # 列印 x1,x2
[1] 3  6
```

圖 5-2 限制條件取等號繪出藍、綠、橘各(細線)代表限制條件一、二、三

圖 5-3 依限制條件之方向均為小於等於(<=)，因此為左下角往 0,0 方向之區塊為所有符合限制條件之可行解

圖 5-4 本範例為求最大值則從圖 5-3 之各端點於目標函數計算得最大值者即為本範例之答案，如圖紅線(粗)切於圖之右上角即是

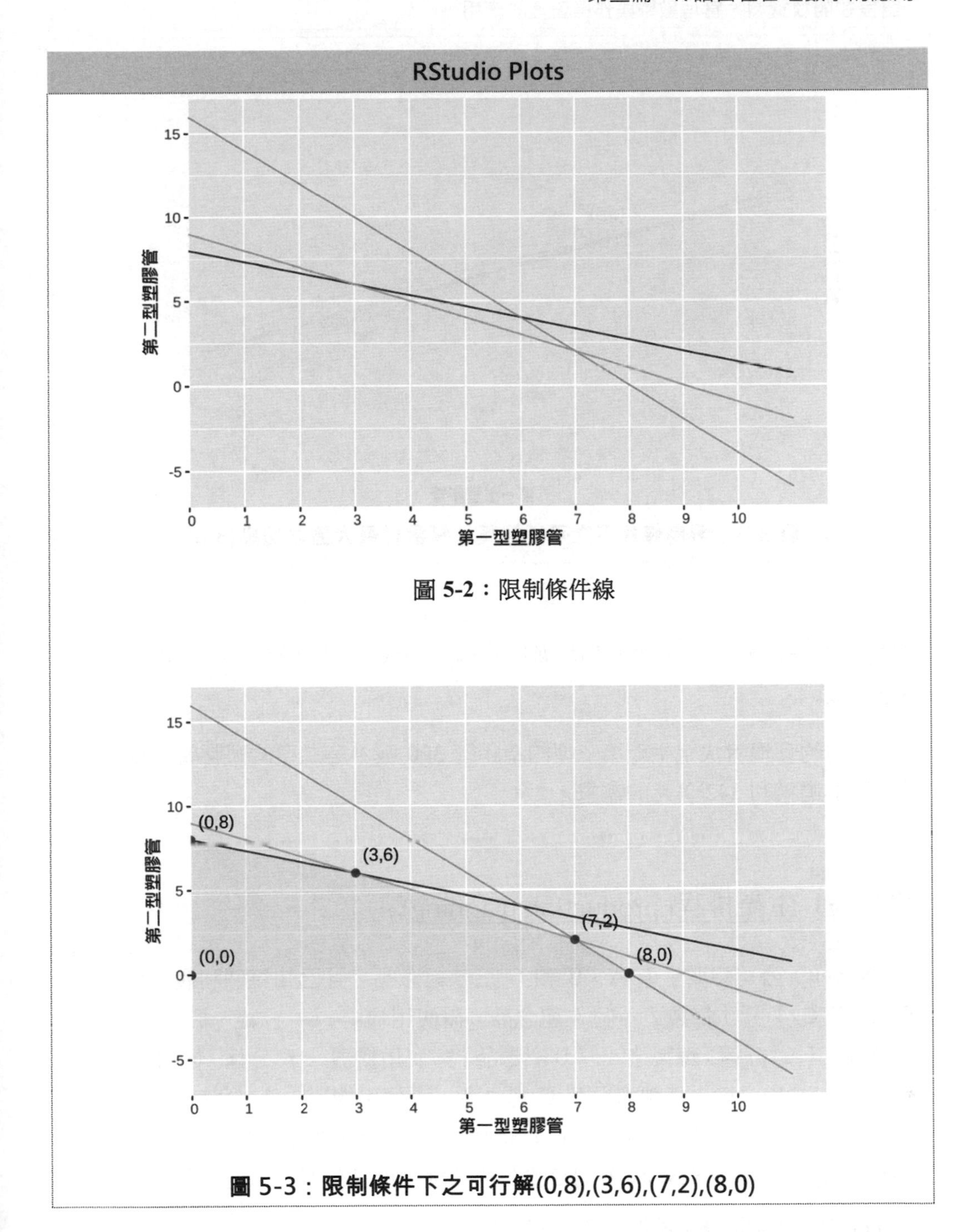

圖 5-2：限制條件線

圖 5-3：限制條件下之可行解(0,8),(3,6),(7,2),(8,0)

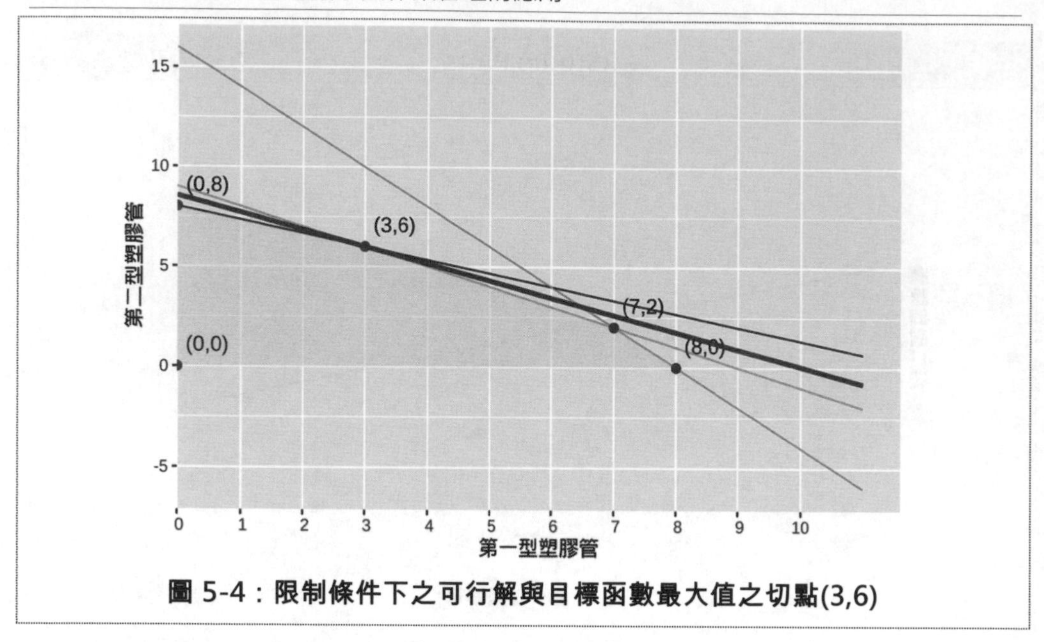

圖 5-4：限制條件下之可行解與目標函數最大值之切點(3,6)

因此，最佳解為(3,6)，這個解所對應的獲利為 $34(3) + 40(6) = 342$ 美元。

決策重點：

公司的管理者決定生產第一型的塑膠管 300 呎，第二型的塑膠管 600 呎，以滿足下週獲利 342 美元的需求。

[實例三] 生產排程(production planning) (1)

Novelty 公司想要生產 A、B 和 C 三款紀念品，且已知每個利潤分別為 6 元、5 元和 4 元。每製造一個 A 紀念品，需使用機器一 2 分鐘，機器二 1 分鐘，機器三 2 分鐘；每製造一個 B 紀念品，需使用機器一 1 分鐘，機器二 3 分鐘，機器三 1 分鐘；每製造一個 C 紀念品，需使用機器一 1 分鐘，機器二及三各 2 分鐘。已知機器一可使用的總時數是 3 小時，機器二為 5 小時，機器三為 4 小時。試問 Novelty 公司每款紀念品應生產多少個，以使利潤最大？

(1)線性規劃問題公式化，(2)求其結果。

整理三種紀念品的資訊：

表 5-3 ： 三種紀念品的資訊

	A 紀念品(分鐘/個)	B 紀念品(分鐘/個)	C 紀念品(分鐘/個)	可使用時間 (分鐘)
機器一	2	1	1	180
機器二	1	3	2	300
機器三	2	1	2	240
利潤/個	6 元	5 元	4 元	

求解

(1) 線性規劃問題公式化

令 x、y 及 z 分別為 A、B 及 C 三款紀念品的生產量，則總利潤為 $p = 6x + 5y + 4z$，P 即是欲求得極大化的目標函數。

此外，在 x、y 及 z 的產能分配下，機器一將需 $2x + y + z$ 分鐘，受限於該機器可用的時間，即 180 分鐘，可以 $2x + y + z \le 180$ 不等式表示；同樣地，機器二亦然，可以分別以 $x + 3y + 2z \le 300$ 及 $2x + y + 2z \le 240$ 不等式表示

由於生產量 x、y 不得為負，因此需加上 $X \ge 0, y \ge 0, z \ge 0$ 不等式。因此，可得以下之解題思路。

解題：

(1) 線性規劃問題公式：

極大化：　$p = 6x + 5y + 4z$　(5)

s.t　$2x + y + z \le 180$　(6)

$x + 3y + 2z \le 300$

$2x + y + 2z \le 240$

$x \ge 0, y \ge 0, z \ge 0$

R 軟體的應用

方法一：

本例執行前需安裝 lpSolve 套件，於 RStudio Console 或於 Rgui 執行：安裝指令請參閱第一篇 R 語言概論。

程式執行說明請參閱本章實例一。

R Script

```
# 方法一：lpSolve
# 題目，求目標函數最大值(最佳解)：
# p = 6x + 5 y + 4z
# 2x + y + z ≤ 180
# x + 3y + 2z ≤ 300
# 2x + y + 2z ≤ 240
# x ≥ 0
# y ≥ 0
# z ≥ 0
library(lpSolve)  # 載入線性規劃函式庫 lpSolve
f.obj <- c(6,5,4) # 定義目標函數之各係數
f.con <- matrix(  # 建立限制條件之矩陣
  c(2, 1, 1, # 第一限制式之係數
    1, 3, 2, # 第二限制式之係數
    2, 1,2,  # 第三限制式之係數
    1,0,0,   # 第四限制式之係數
    0,1,0,   # 第五限制式之係數
    0,0,1    # 第六限制式之係數
  ),
  nrow = 6,  # 矩陣列數
  byrow=TRUE # 每列填滿再換列
)
f.dir <- c("<=","<=","<=",">=",">=",">=") # 限制條件方向(<= 小於等於，>= 大於等於)
f.rhs <- c(180,300,240,0, 0, 0) # 限制條件計算式之右側數字
result <- lp(  # 使用線性規劃函式 lp 求解，函式說明請參閱附錄 A
  direction ="max",      # 目標函數取最大值之解
```

```
    objective.in =f.obj,  # 給予上述目標函數之各係數
    const.mat =f.con,     # 給予上述限制條件之矩陣
    const.dir =f.dir,     # 給予上述限制條件方向陣
    const.rhs =f.rhs)     # 給予上述限制條件計算式之右側數字
  print(result)           # 將結果印出
  print(result$solution)  # 印出目標函數之各變數(即求解的 x 與 y))
  print(result$objval)    # 印出目標值(本例取最大值)
```

RStudio Console

```
> print(result)           # 將結果印出
Success:  the objective function is 708
> print(result$solution)  # 印出目標函數之各變數(即求解的 x 與 y))
[1] 48 84  0
> print(result$objval)    # 印出目標值(本例取最大值)
[1] 708
```

故若 Novelty 公司每天生產 A 紀念品 48 個、B 紀念品 84 個、不生產 C 紀念品，將可獲得最大利潤 708 元。

方法二：

使用 lpSolveAPI 套件與本章[實例一]類似，在此省略，請讀者自行參閱。

第2節　極小化問題(Minimization Problem)

本節解題的對象是極小化問題。只是目標函數為欲尋求極小化的線性規劃問題，其他條件與極大化問題相同。

[實例四]　營養問題(A Nutrition Problem)(1)

一營養學家建議一位欠缺鐵質與維他命 B 的病人，應攝取至少 2400 毫克的鐵質、2100 毫克(mg)的維他命 B_1(硫胺素，是一種 B complex 的維他命，存在

於未精製的穀物、豆類和肝臟中)與 1500 毫克(mg)的維他命 B_2(核黃素, 是一種 B complex 的黃色維他命，存在於許多食物中，尤其是牛奶、肝臟、雞蛋和綠色蔬菜中)一段時間。現考慮採用 *A*、*B* 兩個牌子的維他命丸。維他命丸 *A* 每顆含 40 毫克的鐵質、10 毫克的維他命 B_1 與 5 毫克的維他命 B_2；而維他命丸 *B* 每顆含 10 毫克的鐵質，以及各 15 毫克的維他命 B_1 與 B_2。已知維他命丸 每顆要 6 元，維他命丸 *B* 每顆是 8 元。請問營養學家應建議病人兩個牌子的維他命丸各吃多少顆，才能滿足最低攝取量且花費最低？即求：(1)線性規劃問題公式化，(2)其結果如下：

解題：

整理兩種維他命丸的資訊：

表 5-4：兩種維他命丸的資訊

	品牌 A	品牌 B	最低攝取量
鐵劑 (Iron)	40 mg	10 mg	2400 mg
維他命 B_1	10 mg	15 mg	2100 mg
維他命 B_2	5 mg	15 mg	1500 mg
單價(cost/pill)	6 元	8 元	

令 x、y 分別為維他命丸 A 與 B 所需服用的顆數，則維他命丸的花費成本為 $C = 6x + 8y$；服用 x 顆維他命丸 A 與服用 y 顆維他命丸 B。將獲得 $40x + 10y$ 的鐵劑，達到最低攝取量 2,400 毫克的要求，可得到 $40x + 10y \geq 2400$ 不等式表示 ； 同樣地，為達到維他命 B1 了與 B2 最低攝取量的要求，可分別得到 $10x + 15y \geq 2100$ 及 $5x + 15y \geq 1500$ 不等式表示。

當然所需服用維他命丸 A 與 B 的顆數 x、y 不得為負，因此需加上 $X \geq 0$，$y \geq 0$ 不等式。因此，可得以下之解題思路。

(1) 線性規劃問題公式化

極小化 $C = 6x + 8y$ (3)

s.t $40x + 10y \geq 2400$ (4)

$10x + 15y \geq 2100$

$5x + 15y \geq 1500$

$x \geq 0, y \geq 0$

(2) 求解。

R 軟體的應用

方法一：

本例執行前需安裝 lpSolve 套件，於 RStudio Console 或於 Rgui 執行：安裝指令請參閱第一篇 R 語言概論。

按 lpSolve 套件之 lp 函式所需引數對應之物件，分別建立目標函數各係數、限制條件方向、限制條件計算式之右側數字等 vector，以及限制條件之矩陣，經指定 lp 計算最小值的回傳結果為一 list 物件，內含最小值及其目標函數之各變數值。

R Script

```
# 方法一：lpSolve
# 題目，求目標函數最小值(最佳解)：
# C = 6x + 8y
# 40x + 10y ≥ 2400
# 10x + 15y ≥ 2100
# 5x +15y ≥ 1500
# x >= 0
# y >= 0
library(lpSolve)  # 載入線性規劃函式庫 lpSolve
f.obj <- c(6,8) # 定義目標函數之各係數
f.con <- matrix(  # 建立限制條件之矩陣
  c(40, 10,  # 第一限制式之係數
    10, 15,  # 第二限制式之係數
    5, 15,   # 第三限制式之係數
    1,0,     # 第四限制式之係數
    0,1      # 第五限制式之係數
  ),
  nrow = 5,  # 矩陣列數
  byrow=TRUE # 每列填滿再換列
)
f.dir <- c(">=", ">=", ">=",">=",">=") # 限制條件方向(<= 小於等於， >
```

```
= 大於等於)
f.rhs <- c(2400,2100,1500,0,0) # 限制條件計算式之右側數字
result <- lp(  # 使用線性規劃函式 lp 求解，函式說明請參閱附錄 A
  direction ="min",     # 目標函數取最小值之解
  objective.in =f.obj,  # 給予上述目標函數之各係數
  const.mat =f.con,     # 給予上述限制條件之矩陣
  const.dir =f.dir,     # 給予上述限制條件方向陣
  const.rhs =f.rhs)     # 給予上述限制條件計算式之右側數字
print(result)           # 將結果印出
print(result$solution)  # 印出目標函數之各變數(即求解的 x 與 y))
print(result$objval)    # 印出目標值(本例取最小值)
```

RStudio Console

```
> print(result)            # 將結果印出
Success: the objective function is 1140
> print(result$solution)  # 印出目標函數之各變數(即求解的 x 與 y))
[1]  30  120
> print(result$objval)    # 印出目標值(本例取最小值)
[1] 1140
```

最小的目標值發生在(30,120)的角落點(corners)，其值為 1140。因此，營養學家應建議病人購買 30 顆維他命 A，120 顆維他命 B，如此可以得到最低成本 1140 元。

方法二：

本例執行前需安裝 lpSolveAPI 套件，於 RStudio Console 或於 Rgui 執行 ：安裝指令請參閱第一篇 R 語言概論。

程式執行說明請參閱本章[實例一]方法二，唯本例求最小值。

R Script

```
# 方法二：lpSolveAPI
# 題目，求目標函數最小值(最佳解)：
```

```
# C = 6x + 8y
# 40x + 10y ≥ 2400
# 10x + 15y ≥ 2100
# 5x +15y ≥ 1500
# x >= 0
# y >= 0
library(lpSolveAPI) # 載入線性規劃函式庫 lpSolveAPI
lprec <- make.lp(  # 建立一新線性規劃 model 物件，函式說明請參閱附錄 A
  5, 2  # 此 model 具 5 個限制條件 2 個維度求解
)
# 程式執行此可先 print(lprec) 初步檢查 model 內容
lp.control(       # 線性規劃模式，設定其相關控制參數，函式說明請參閱附錄 A
  lprec=lprec,   # 對象線性規劃 model 物件
  sense='min'    # 設定此 model 取最小值
)
set.column( # 設定 model 欄限制條件各係數，函式說明請參閱附錄 A
  lprec,     # 此 model 物件
  column=1, # 此 model 第一欄
  x=c(40,10,5,1,0) # 此欄各限制條件值(對應上述 5 個條件)
)
set.column( # 同上
  lprec,     # 同上
  column=2, # 此 model 第二欄
  x=c(10,15,15,0,1) # 同上
)
set.objfn(  # 設定 model 的目標函數，函式說明請參閱附錄 A
  lprec,     # 此 model 物件
  c(6,8)     # 目標函數各係數
)
# 給予各條件名稱
rownames <- c('Iron', 'B1','B2','A_brand','B_brand')
colnames <- c("A_brand", "B_brand") # 給予各係數名稱
dimnames(lprec) <- list( # 將 model 變數欄及條件欄重新命名，方便閱讀
  rownames,
  colnames
)
set.constr.value( # 設定限制值(Right Hand Side)，函式說明請參閱附錄 A
  lprec,  # 此 model 物件
  rhs=c(2400,2100,1500,0,0), # 限制值(Right Hand Side)
  constraints=1:5 # 五個限制條件
```

```
)
set.constr.type( # 設定限制型態(方向)，函式說明請參閱附錄 A
  lprec,  # 此 model 物件
  types=c(">=", ">=", ">=",">=",">="),  # 限制型態(方向)
  constraints=1：5 # 五個限制條件
)
# 程式執行此可先 print(lprec) 檢查 model 完整內容
print(lprec)  # 將 model 變數欄及條件欄已重新命名
solve(lprec)  # 將此 model 求解，函式說明請參閱附錄 A
get.objective(lprec) # 讀出目標函數最佳解
get.variables(lprec) # 讀出目標函數最佳解之各係數(依欄順序顯示)
get.constraints(lprec) # 讀出其各限制條件式右側(rhs)之結果(依列順序顯示)
```

RStudio Console

```
> print(lprec)
Model name：
            A_brand  B_brand
Minimize         6        8
Iron            40       10  >=  2400
B1              10       15  >=  2100
B2               5       15  >=  1500
A_brand          1        0  >=     0
B_brand          0        1  >=     0
Kind           Std      Std
Type          Real     Real
Upper          Inf      Inf
Lower            0        0
> solve(lprec) # 將此 model 求解
[1] 0
> get.objective(lprec) # 讀出目標函數最佳解
[1] 1140
```

```
> get.variables(lprec) # 讀出目標函數最佳解之各係數(依欄順序顯示)
[1]  30  120
> get.constraints(lprec) # 讀出其各限制條件式右側(rhs)之結果(依列順序顯
示)
[1] 2400  2100  1950   30  120
```

二維空間可以平面圖來表示，如下：

圖形法(Graphical method)：詳細請參閱下實例三之解說：紅色(粗線)為目標函數，藍色(細)與綠色(細)分別為第一與第二限制條件線，黃色區塊為所有可行解(feasible solution)。

R Script

```
# 圖型驗證：
# 題目，求目標函數最大值(最佳解)：
# C = 6x + 8y
# 40x + 10y ≥ 2400
# 10x + 15y ≥ 2100
# 5x +15y ≥ 1500
# x >= 0
# y >= 0
#繪其圖解(圖形法)
library(ggplot2) # 載入繪圖函式庫，以下相關 ggplot2 各函式說明請參閱附錄
B
aes <- data.frame(x = c(0,300),y=c(0,300))
p<-ggplot(  # 產生繪圖物件，函式說明請參閱附錄 B
  data=aes, # 繪圖資料
  mapping=aes(x,y))+ # 指定 x、y 軸資料
  xlab('品牌 A')+ylab('品牌 B')  # 給予 xy 軸標籤
y1.f <- function(x){(2400-40*x)/10} # 第一限制條件繪線函式
y2.f <- function(x){(2100-10*x)/15} # 第二限制條件繪線函式
y3.f <- function(x){(1500-5*x)/15} # 第三限制條件繪線函式
p.f <- function(x){(objval-6*x)/8} # 目標函數繪線函式
p <- p +
  stat_function( # 為每一 x 軸上給予的值傳入 fun 指定的函式計算 y 值並據以
繪出線圖，函式說明請參閱附錄 A
    fun=y1.f, # 指定函式 y1.f
```

```
    geom='line', # 繪製直線圖
    colour = "blue" # 線圖顏色為 blue
  )+
  stat_function( # 同上
    fun=y2.f,     # 指定函式 y2.f
    geom='line', # 同上
    colour = "green" # 線圖顏色為 green
  )+
  stat_function( # 同上
    fun=y3.f,     # 指定函式 y3.f
    geom='line', # 同上
    colour = "orange" # 線圖顏色為 green
  )+
  xlim(c(0,300))+ # 限制 x 軸尺規範圍，函式說明請參閱附錄 B
  ylim(c(0,300))  # 限制 y 軸尺規範圍，函式說明請參閱附錄 B
print(p) # 印出繪圖物件
# 求各線交點
intersect.f <- function(eq,rhs){  # 自定方程式求解函式
  solve(eq,rhs)  # 直線交叉點求解，請參閱第 3 章第 1 節，，函式說明請參閱
附錄 A
}
i12 <- intersect.f(  # 呼叫自定函式 intersect.f
  matrix(c(40,10,10,15), # 第一、第二限制條件之係數陣列
         nrow=2,     # 兩列
         byrow=TRUE  # 依列順序填入
  ),
  matrix(c(2400,2100),    # 等號右側(rhs)陣列
         nrow=2,     # 兩列
         byrow=TRUE  # 依列順序填入
  )
)
i23 <- intersect.f(  # 同上
  matrix(c(10,15,5,15), # 第二、第三限制條件之係數陣列
         nrow=2,     # 同上
         byrow=TRUE  # 同上
  ),
  matrix(c(2100,1500),    # 同上
         nrow=2,     # 同上
```

```
        byrow=TRUE  # 同上
  )
)
f1x <- approxfun( # 產生符合線性函數 40x + 10y = 2400 的內插函數
  x=c(0,60), # x 軸座標值
  y=c(240,0) # y 軸座標值
)
f2x <- approxfun( # 產生符合線性函數 10x + 15y = 2100 的內插函數
  c(0,210), # 同上 f1
  c(140,0)  # 同上 f1
)
f3x <- approxfun( # 產生符合線性函數 5x +15y = 1500 的內插函數
  c(0,300), # 同上 f1
  c(100,0)  # 同上 f1
)
f1y <- approxfun(  # 同上 f1x(注意 y 值在前)
  c(240,0), # y 軸座標值
  c(0,60)   # x 軸座標值
)
f2y <- approxfun(  # 同上 f2x(注意 y 值在前)
  c(140,0),c(0,210)  # 同上 f1y
)
f3y <- approxfun(  # 同上 f3x(注意 y 值在前)
  c(100,0),c(0,300)  # 同上 f1y
)
max.y <- max(f1x(0),f2x(0),f3x(0)) #  y 軸最大截距
max.x <- max(f1y(0),f2y(0),f3y(0)) #  x 軸最大截距
intersect.df <- data.frame( # 將限制條件各線交點右上所交集的區域順時
鐘建立端點資料
  x=c(i12[1],0    ,max.x,max.x,i23[1]), # 各端點依序 x 值
  y=c(i12[2],max.y,max.y,0    ,i23[2]), # 各端點依序 y 值
  group=c(0,0,0,0,0)  # 將各點歸於同一組，以俾下述 geom_polygon 連線各
點
)
p<- p+
  geom_point( # 繪點狀圖
    data=intersect.df, # 繪圖資料
    aes(x=x,y=y), # 各軸資料對應 intersect.df 欄位
```

```
    size=2,color='red' # 點的大小及顏色
  )+
  geom_text( # 疊加文字於圖
    data=intersect.df, # 文字資料來源
    aes(label=paste0('(',round(x,digits=0),',',round(y,digits=
0),')')), # 文字構成
    hjust=0.5, # 文字位置水平向右幾個字寬
    vjust=-1    # 文字位置垂直向上調整幾個字高
  )+
  geom_polygon( # 繪出多邊形
    data=intersect.df, # 繪圖資料
    aes(x=x,y=y,group=group), # 多邊路徑資料與 intersect.df 的欄位對
應
    fill="burlywood2", # 封閉的多邊圖填滿顏色 burlywood2
    alpha=0.3 # 顏色透明狀態代碼(0~1)
  )
print(p)  # 印出繪圖物件

obj.values <- 6*intersect.df$x+8*intersect.df$y # 目標函數各頂點
得到值
target.val <- min(obj.values) # 使用 min 函式求最大值
p.f <- function(x){(target.val-6*x)/8} # 目標函數繪線函式(通過最大
值所代表之頂點)
p <- p+  # 疊加目標函數的直線
  stat_function( # 同上
    fun=p.f,     # 指定函式 p.f(目標函數)
    geom='line', # 同上
    size = 1.2, # 線條粗細比例
    colour = "red" # 線圖顏色為 red
  )
print(p)

min.idx <- which.min(obj.values)  # 從 intersect.df 找出構成最大值
的位置
obj.x <- intersect.df[min.idx,]$x  # 滿足目標函數最大值之 x
obj.y <- intersect.df[min.idx,]$y  # 滿足目標函數最大值之 y
print(c(obj.x,obj.y)) # 列印 x,y
```

RStudio Console

```
> print(c(obj.x,obj.y)) # 列印 x,y
[1]  30  120
```

圖 5-5 限制條件取等號繪出藍、綠、橘各代表限制條件一、二、三。

圖 5-6 依限制條件之方向均為大於等於(>=)，因此為右上角遠離(0,0)方向之區塊為所有符合限制條件之可行解：(0,240),(30,120)(120,60)(300,0)。

圖 5-7 本例為求最小值則從**圖 5-6** 之各端點之一於目標函數計算得最小值者即為本範例之答案，如圖紅線切於圖之左下角(30,120)即是。

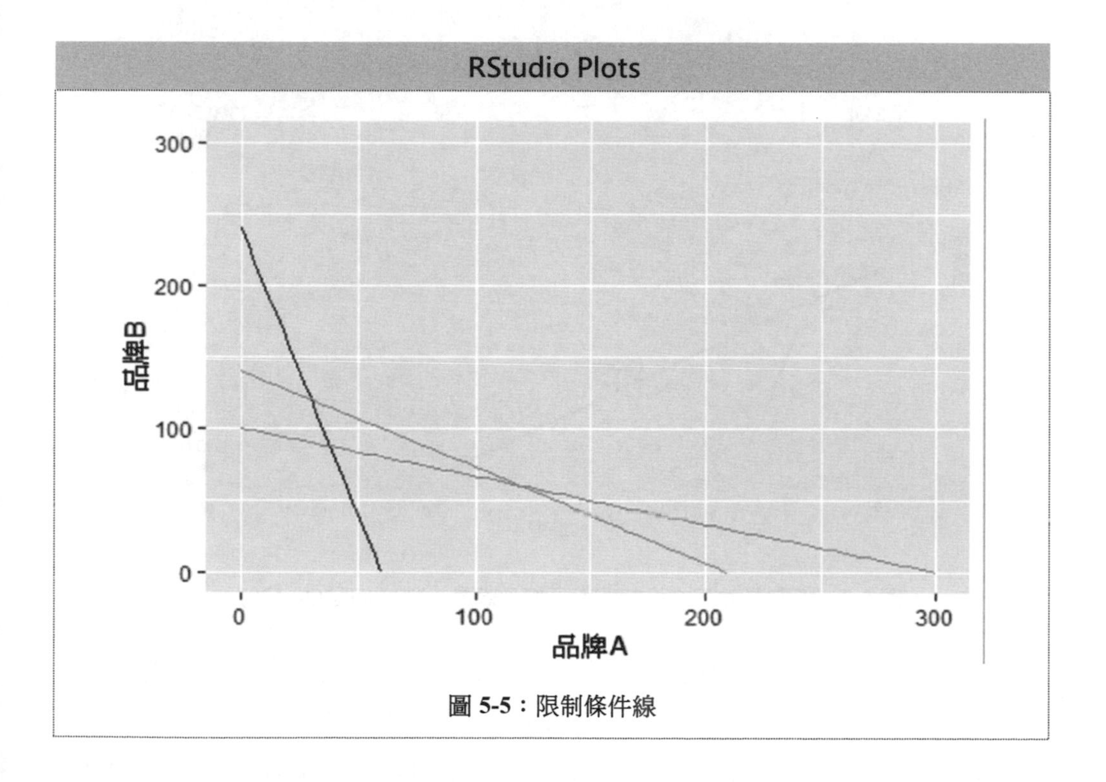

圖 5-5：限制條件線

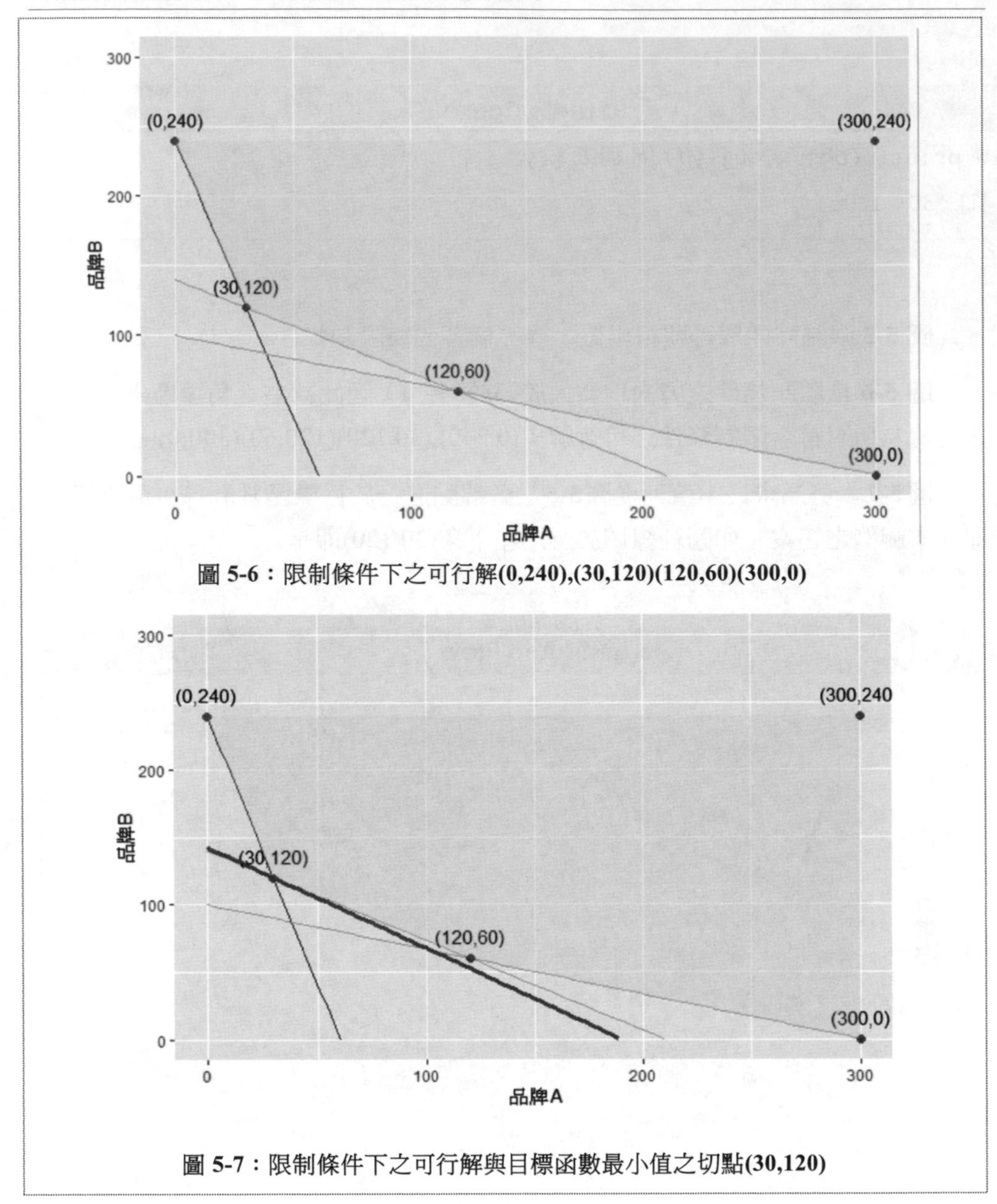

圖 5-6：限制條件下之可行解(0,240),(30,120)(120,60)(300,0)

圖 5-7：限制條件下之可行解與目標函數最小值之切點(30,120)

[實例一]、[實例二]、[實例四]介紹了幾何方法(即可使用圖形)來求解線性規劃的問題。不幸此方法僅當變數不超過兩個及限制式數目很小時，才有用。

在實務上，由於大部分的線性規劃問題包括數以百計的變數與線性不等式，故需要以更複雜的技巧求解，其方法之一為簡形法或譯單形法(simplex method)。

這個方法是在 1946 年由 George Dantzig 所發展，更特別的是此方法非常適合電腦化。1984 年貝爾實驗室的 Narendra Karmarkar，從其改進簡形法的過程中，開發出另一種處理大型線性規劃問題的方法。

[實例五]倉庫問題(warehouse problem)，即求解成本極小問題(1)

Acrosonic 製造商在兩個不同的廠(廠一與廠二)生產 B 型耳機系統。廠一的月產能是 400 組，而廠二是 600 組。目前打算運送這些耳機系統到公司做為配銷中心(DC)的三個倉庫。根據各倉庫的訂單情形，A、B、C 三家倉庫每月最低的需求量分別是 200、300 與 400 組。一組喇叭從廠一運送到 A、B、C 三家倉庫的運輸成本分別為 20、8 與 10 元；從廠二運送到 A、B、C 三家倉庫的運輸成本分別為 12、22 與 18 元。試(1) 將此線性規劃問題公式化，(2) Acrosonic 製造商該如何訂定運輸計畫，才能滿足三家配銷中心的訂單需求，並使運輸成本最低？

解題：

(1) 線性規劃問題公式化

依據題意，整理出工廠與倉庫間的單位運輸成本, 如下表 **5-5**：

表 5-5：工廠與倉庫間的單位運輸成本

	倉庫 A	倉庫 B	倉庫 C
廠一	20	8	10
廠二	12	22	18

令 x_1 表示耳機產品從廠一運到倉庫 A 的數量，x_2 表表示耳機產品從廠二運到倉庫 A 的數量，並依此類推，見下表 **5-6**。

表 5-6：工廠運到倉庫間的數量

	倉庫 A	倉庫 B	倉庫 C	月產能
廠一	x_1	x_2	x_3	400
廠二	x_4	x_5	x_6	600
最低需求量	200	300	400	

從**表 5-5**、**表 5-6** 可知從廠一運到倉庫 A 的運輸成本為 20 元，從廠二運到倉庫 B 的運輸成本為 8 元，並依此類推。因此，運輸的總成本為 $C=20x_1+8x_2+10x_3+12x_4+22x_5+18x_6$

此外，基於在產能上的限制，故有

$x_1+x_2+x_3 \le 400$ 及 $x_4+x_5+x_6 \le 600$ 不等式。

為滿足三個倉庫的最低需求量，故有

$x_1+x_4 \ge 200$，$x_2+x_5 \ge 300$ 以及 $x_3+x_6 \ge 400$ 不等式

綜合起來，我們得到以下線性規劃的問題：

極小化 $C=20x_1+8x_2+10x_3+12x_4+22x_5+18x_6$

s.t　：

$$x_1+x_2+x_3 \le 400$$

$$x_4+x_5+x_6 \le 600$$

$$x_1+x_4 \ge 200$$

$$x_2+x_5 \ge 300$$

$$x_3+x_6 \ge 400$$

$$x_1 \ge 0，x_2 \ge 0，\ldots\ldots，x_6 \ge 0$$

本例，若以單形法，解此一個問題，基本上是一套反覆計算的程序。它從初始可行解(指如上圖 5-7，可行集合 S 的某一個角落點，通常選擇原點)開始，每一次的反覆計算試圖改變目標函數值(確定其值不會更差)，並走到可行集合 S 上的另一個角落點，如此反覆計算直到最佳解找到或得悉沒有最佳解為止。

R 軟體的應用

程式執行說明請參閱本章第三篇　第 5 章　第 2 節　[實例四]方法一。

R Script

```
# 方法一：lpSolve
# 題目，求目標函數最小值(最佳解)：
# C = 20 x1 + 8x2 + 10x3 +12 x4 +22 x5 +18 x6
# x1 + x2 + x3  ≤ 400
# x4 + x5 + x6  ≤ 600
# x1+ x4 ≥ 200
# x2+ x5 ≥ 300
# x3+ x6 ≥ 400
# x1 >= 0
# x2 >= 0
# x3 >= 0
# x4 >= 0
# x5 >= 0
# x6 >= 0

library(lpSolve)  # 載入線性規劃函式庫 lpSolve
f.obj <- c(20,8,10,12,22,18) # 定義目標函數之各係數
f.con <- matrix(  # 建立限制條件之矩陣
  c(1,1,1,0,0,0,  # 第一限制式之係數
    0,0,0,1,1,1,  # 第二限制式之係數
    1,0,0,1,0,0,  # 第三限制式之係數
    0,1,0,0,1,0,  # 第四限制式之係數
    0,0,1,0,0,1,  # 第五限制式之係數
    1,0,0,0,0,0,  # 第六限制式之係數
    0,1,0,0,0,0,  # 第七限制式之係數
    0,0,1,0,0,0,  # 第八限制式之係數
    0,0,0,1,0,0,  # 第九限制式之係數
    0,0,0,0,1,0,  # 第十限制式之係數
    0,0,0,0,0,1   # 第十一限制式之係數
  ),
  nrow = 11,  # 矩陣列數
  byrow=TRUE # 每列填滿再換列
)
# 限制條件方向(<= 小於等於， >= 大於等於)
```

```
f.dir <- c("<=","<=",">=", ">=", ">=", ">=", ">=", ">=",">=",">=
",">=")
f.rhs <- c(400,600,200,300,400,0,0,0,0,0,0) # 限制條件計算式之右側數
字
result <- lp(  # 使用線性規劃函式 lp 求解
  direction ="min",        # 目標函數取最小值之解
  objective.in =f.obj,  # 給予上述目標函數之各係數
  const.mat =f.con,      # 給予上述限制條件之矩陣
  const.dir =f.dir,      # 給予上述限制條件方向陣
  const.rhs =f.rhs)      # 給予上述限制條件計算式之右側數字
print(result)             # 將結果印出
print(result$solution)  # 印出目標函數之各變數(即求解的 x 與 y))
print(result$objval)     # 印出目標值(本例取最小值)
```

RStudio Console

```
> print(result)             # 將結果印出
Success :  the objective function is 11200
> print(result$solution)  # 印出目標函數之各變數(即求解的 x 與 y))
[1]    0 300 100 200    0 300
> print(result$objval)     # 印出目標值(本例取最小值)
[1] 11200
```

因此，Acrosonic 製造商應從一廠運送 300 組 F 型耳機系統至倉庫 B、100 組至倉庫 C，從廠二運送 200 組 F 型喇叭系統至倉庫 A、300 組至倉庫 C，使運輸成本達到最低，為 11,200 元。

此一倉庫問題，可以一般化到解成本最小化(Minimizing Cost)問題。

丹齊格 (George Dantzig) 於 1947 年提出第一個有效的線性規劃算法 - 單形法(simplex method，或稱單純形法)，被稱為線性規劃之父。

他在 1990 年寫了一篇回憶文〈飲食問題〉(The Diet Problem)，裡面談到 1930 至 1940 年代圍繞在飲食問題的線性規劃發展歷程。故事背景是美國軍方打算用最少的花費來滿足大兵們的營養需求。

斯蒂格勒 (George Stigler，1982 年獲得諾貝爾經濟學獎) 是早期參與這個計畫的研究者之一，他提出了一個包含 9 個方程式，77 個未知數的模型。由於當時還不存在系統化的解法，他發明一個巧妙的啟發式法(heuristic)，推測每人每年的飲食成本只要$39.93 美元 (按 1939 年的物價)。(3)

1947 年秋天，任職美國國家標準局 (National Bureau of Standards) 的拉德曼 (Jack Laderman) 嘗試用最新發展出的單形法來解決斯蒂格勒的問題。這是線性規劃領域第一次出現的「大型」計算工程。在那個沒有電腦的時代，拉德曼動用九名員工，倚靠手動計算器，大約花了 120 人工作日，算出最佳解是 $39.69。斯蒂格勒推測的答案與最佳解僅相差 $0.24。丹齊格評論：「不賴(not bad)！」不過我不很確定他說的是自己提出的單形法不賴，還是斯蒂格勒的啟發式法不賴。(4)

參考文獻

1. Tan, S. T. (2014). Finite mathematics for the managerial, life, and social sciences. Cengage Learning.
2. Krajewski, L. J. (2013). Operations management： Processes and supply chains . Pearson Education Limited.或見白滌清(2015)。作業管理。台中市：滄海書局。
3. Dantzig, G. B. (1990). The diet problem. Interfaces, 20(4), 43-47.
4. 線性規劃：標準型問題，上網日期，2019 年 11 月 12 日，檢自： https：//ccjou.wordpress.com/2013/04/29/%E7%B7%9A%E6%80%A7%E8%A6%8F%E5%8A%83-%E4%B8%80%EF%BC%9A%E6%A8%99%E6%BA%96%E5%9E%8B%E5%95%8F%E9%A1%8C

第6章 財務數學單利、複利；年金；分期償還及償債基金

第1節 單利、複利(Simple interest, Compound interest)

單利公式

利息 ： $I = Prt$

本利和 ： $A = P(1+rt)$ (1)

其中：

P 為本金 (principal) 年利率為 r，經過期間為 t 年。

I 為利息(interest)，是使用金錢的代價。

r 為利率 (rate of interest)，是計算利息的比率，期間通常是一年。

t 為年數 (number of years)

A 為本利和 (Amount)

線性函數在商業上的應用之一，即為單利 (simple interest) 的計算。單利是利息的最簡單形式，其所計算利息依最初的本金而定。

[實例一] 投資 2000 元於 10 年期的信託基金，已知該基金以單利計算，且年利率 6%。試問 10 年結束時的本利和若干？

解題 1：

$A = P(1+rt) = 2000\,[1+(0.06)(10)] = 3200$

R 軟體的應用

使用 R 語言內建運算子計算得之

RStudio Console

```
> A <- 2000* (1 + (0.06 * 10))
> A
[1] 3200
```

[實例二] Jane 花了 9850 元購買一張為期 26 週，到期值 10,000 元的美國國庫債券(T-Bill)，試問其投資回收率若干？

解題 1：

$10,000 = 9850(1+\frac{1}{2}r) = 9850 + 4925r$，$r \approx 0.0305$

解題 2：

R 軟體的應用

使用 R 語言內建運算子計算得之

RStudio Console

```
> r <- (10000 -9850) / (9850*0.5)
> r
[1] 0.03045685
```

國庫券是由美國政府支持的短期債務義務（少於或等於 1 年）。國庫券不是支付固定利息，而是以票面價值折價出售。國庫券的升值（票面價值 － 購買價格）為持有人提供了投資回報。

複利 (compound interest)

複利公式(複利的本利和)

$$A = P(1 + i)^n \quad (2)$$

這裡的 $i = \frac{r}{m}$ 、n =mt，且

A = 本利和 (Accumulated amount at the end of n conversion periods)

P = 本金 (Principal)

r = 年利率

m = 一年計息周期的次數(Number of conversion periods per year)，或稱為支付期(payment period)

t = 年數 (Term, number of years)

在複利公式中，本利和 A 有時被稱為未來值(future value)，而 P 則被稱為現值(present value)。

不像單利僅以本金來計算利息，複利(compound interest)會把定期加到本金的利息也一併拿來計算利息。所謂複利，講白話一點就是錢滾錢；目前你把錢存在銀行，就只能有 1.05-1.09%左右的利率，而所謂「股神」，其年複合率(複利)可達約 20%。

[實例三] 依下面的情況，試問 1000 元的本金存放 3 年後的本利和若干？已知年利率 8%，且(a)一年複利一次(compounded annually)；(b)半年複利一次(compounded semiannually);(c)一季複利一次(compounded quarterly)；(d)一個月複利一次(compounded monthly)及(e)一天複利一次(compounded daily)。

解題 1：

(a). $A = 1000(1 + 0.08)^3 \approx 1259.71$

(b). $A= 1000(1 + 0.08/2)^6 \approx 1265.32$

(c). $A= 1000(1 + 0.08/4)^{12} \approx 1268.24$

(d). $A= 1000(1 + 0.08/12)^{36} \approx 1270.24$

(e) $A= 1000(1 + 0.08/365)^{(365)(3)} \approx 1271.22$

解題 2：

R 軟體的應用

RStudio Console

```
> 1000* (1 + 0.08)^3              # (a)
[1] 1259.712
> 1000* (1 + 0.08/2)^6            # (b)
[1] 1265.319
> 1000* (1 + 0.08/4)^12           # (c)
[1] 1268.242
> 1000* (1 + 0.08/12)^36          # (d)
[1] 1270.237
> 1000* (1 + 0.08/365)^(3*365)  # (e)
[1] 1271.216
```

連續型複利 (Continuous compound of Interest)

從上實例 3 中可以看到：隨著年複利次數(m)的增加，固定 3 年的期間所獲得的利息也會跟著增加。我們想知道的是：如果複利次數越來越頻繁會有怎麼樣結果？是利息會無止盡的增加，還是上升到某個額度即停止？為回答這個問題，可以從複利公式著手，得到連續型複利公式如下：

連續型複利公式如下 ：

$A = Pe^{rt}$ (注 1) (3)

其中

t = 年 (Time in years)

P= 本金 (Principal)

r = 年利率 (Nominal interest rate compounded continuously)

A= 本利和

e 為逼近 2.71828...的無理數

注 1 ： $A = P(1 + i)^n = P(1 + r/m)^{mt}$ (4)

令 u = m/r ，兩邊取倒數，得 1/u = r/m，則公式(4)可寫成

$$A = P\left(1 + \frac{1}{u}\right)^{urt}$$

$$= P\left[\left(1 + \frac{1}{u}\right)^u\right]^{rt}$$

當 u 愈來愈大時，$(1+\frac{1}{u})^u$ 逐漸逼近一個特定的數字 2.71828 ；若更精確的計算，$(1+\frac{1}{u})^u$ 逼近的是 2.71828 ....的無理數，記做 e。它的小數等量值是一個非循環無止盡的小數。

因此，公式(1)中 m 值愈來愈大時，本利和將接近 Pe^{rt}，我們稱此為連續型複利(compounded continuously)。

[實例四] 依下面的情況，試問 1000 元的本金存放 3 年後的本利和若干？已知年利率 8%，且(a)一天複利一次(假設一年是 365 天)與(b)連續複利。

解法一：

(a).

$$A = 1000(1+0.08/365)^{(365)(3)} \approx 1271.22$$

(b).

$$A = 1000e^{(0.08)(3)} \approx 1271.25$$

解法二：

R 軟體的應用

RStudio Console

```
> 1000 * (1 +0.08/365)^(365*3)      # (a)
[1] 1271.216
> 1000 * (exp(0.08*3))              # (b)
[1] 1271.249
```

在上例中，吾人發現每日複利(a)、連續複利(b)兩者的複利差異其實很小。連續複利公式是財務分析理論上非常重要的工具。

第2節 單利、複利的進階應用

複利可以讓本金爆炸性的成長，但並不是光有複利效果就可以，還必須仰賴利率這個關鍵角色，本金才會如雪球般的愈滾愈大。投資最重要的當然就是報酬率，因為透過時間的複利效果，只要多個 1~2%報酬，長期複利下來報酬高低的成果會差非常多。下例為單利 2%與 18%利率，其失之毫釐，差之千里。

[實例五] 100 元的本金，試分別以 2%,4%,...18%單利年利率，求出 20 年期本利和曲線。

除了以 Excel 求解外，也可以用 R 軟體來求解，如下 ：

R 軟體的應用

R 環境需已安裝外掛套件 ggplot2，以下相關 ggplot2 各函式說明請參閱附錄 B。

1. 自訂一以計算本金、年利率及單利率下的計算函式。
2. 使用 R 語言外掛套件 ggplot2 之 stat_function 函式，於繪圖時自動帶入自變數 X 軸(年)以計算 Y 軸(本利和)值。

R Script

```
# 宣告單利率計算函式
# y： 第幾年 rt： 利率 p：本金
y1.f <- function(y,rt,p){
  p*(1+rt*y)
}
# 宣告本例相關常數
prnspl <- 100 # 本金(principal)
title <- paste0('100 元單利率未來值') # 圖表表題
xy <- data.frame(x = c(1,20),y=c(0,5000)) # xy 軸範圍
x.label <- '年' # x 軸標籤
y.label <- '本+年利' # y 軸標籤
lgnd.title <- '年利率' # 圖例標題
rts= c(0.02,0.04,0.06,0.08,0.10,0.12,0.14,0.16,0.18) # 年利率組
sizes= c(0.2,0.4,0.6,0.8,1,1.2,1.4,1.8,2) # 線條粗細對應
colors= c('black','green','blue','#345678','grey62','#AD8945','#
56DD94','#987654','red') # 各利率線圖顏色對應
# 使用 ggplot 繪圖
library(ggplot2)
p<-ggplot(
  data=xy,  # 繪圖資料來源
```

```
  mapping=aes(x=x,y=y)  # x、y 軸在引數 data 的對應行
  )+
  ggtitle(title)+ # 圖標題
  xlab(x.label)+ylab(y.label)+  # 給予 xy 軸標籤
  theme(   # xy 軸標籤的字體、顏色、大小等
    axis.title.x = element_text(color = "#56ABCD", size = 12, face
 = "bold"),
    axis.title.y = element_text(color = "#993333", size = 12, face
 = "bold")
  )+
  xlim(0,20)+  # 畫出 x 軸的範圍，本例為 20 年
  scale_colour_manual(lgnd.title, values =colors)  # 圖例依線圖顏色
對應標示於圖右上
# 宣告 ggplot 疊加線圖函式
s.f <- function(s,rt,p,size){
  s<- s+
    stat_function(  # 使用 stat_function 將線圖疊加於 plot 物件
      fun = y1.f,    # 自動將每一 x 軸值範圍(本例為 c(0,20)以及 args 的參數
值帶入 y1.f 函式計算出 y 軸值
      n = 2,          # 線圖依 x 軸計算 y 軸值之內插點數，本例為直線至少 2 即可，
      args = list(p=p,rt = rt), # y1.f 函式傳入值除了第一個引數外，其它附
加的引數
      mapping=aes(colour = as.character(rt)), # 線圖顏色及圖例不同線
圖的文字標示
      size = size  # 線圖粗細
      )
  return(s)
}
# 利用迴圈繪出疊加線圖
for (i in 1:length(rts)){
  p <-s.f(    # 使用自訂函式將繪圖物件疊加各線條
    p,        # ggplot 繪圖物件
    rts[i],   # 利率對應
    prnspl,   # 本金
    sizes[i]  # 線圖粗細
  )
}
# 顯示圖形
print(p)
```

20 年期本利和曲線如下：

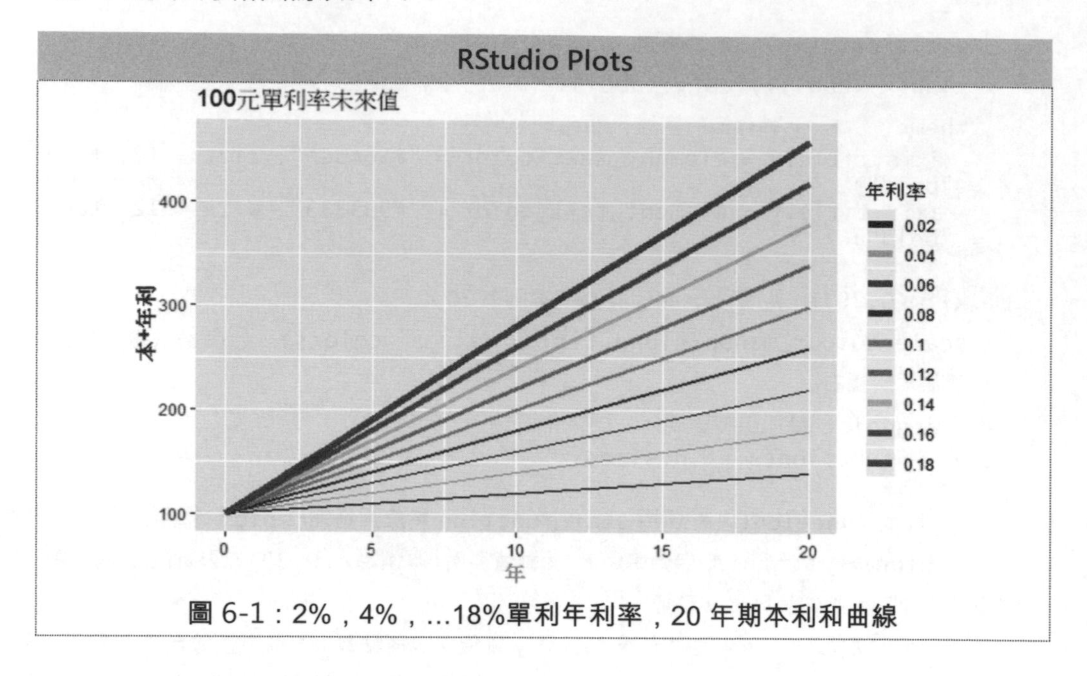

圖 6-1：2%，4%，...18%單利年利率，20 年期本利和曲線

[實例六] 100 元的本金，試分別以 5%，10%，15%複利年利率，求出 20 年期表格，以及本利和曲線。

R 軟體的應用

R 環境需已安裝外掛套件 ggplot2、gridExtra、grid，以下相關 gridExtra、grid 各函式說明請參閱附錄 A，ggplot2 各函式說明請參閱附錄 B。

a. 20 年期表格

1. 自訂一以計算本金、年利率及複利率下的計算函式。
2. 以迴圈處理各年數下的本利和。
3. 將本利和使用 gridExtra 套件之表格繪圖函式 grid.table 繪出表格。

R Script

```
# 宣告複利率計算函式
# y： 第幾年 rt： 利率 p：本金
y1.f <- function(y,rt,p){
  p*(1+rt)^y
}
prnspl <- 100  # 本金(principal)
y=c(0：20) # 投資年數組
rts= c(0.05,0.10,0.15) # 年利率組
# 表格資料依投資年數各一列(row)
f.data <- data.frame(
  year=y)
# 表格資料依年利率組各產生一行(column)
for (i in 1：length(rts)){
  # 每行資料由本金、利率與投資年數由函式 y1.f 分別得出
  c.data=c()
  for (j in 1：length(y)){c.data[j] <- round(y1.f(y[j],rts[i],prns
pl),digits=0)}
  f.data <- cbind(f.data, c.data)  # 使用 cbind 將產生的行資料 c.data
併入 f.data
}
# 依利率重新給予新的欄位名稱
c.names <- c(NULL)
for (i in 1：length(rts)){
  c.names[i] <- paste0('年利率',rts[i]*100,'%')
}
colnames(f.data) <- c('投資年數',c.names) # 置換成新的欄位名稱
library(gridExtra)
library(grid)
library(ggplot2)
grid.newpage()  # 產生 Studio Plots 新頁
grid.table(  # 繪出表格，函式說明請參閱附錄 A
  d=f.data,rows=NULL,theme=ttheme_default(colhead = list(fg_para
ms=list(cex = 0.8)),base_size = 10)
)
```

RStudio Plots

投資年數	年利率5%	年利率10%	年利率15%
0	100	100	100
1	105	110	115
2	110	121	132
3	116	133	152
4	122	146	175
5	128	161	201
6	134	177	231
7	141	195	266
8	148	214	306
9	155	236	352
10	163	259	405
11	171	285	465
12	180	314	535
13	189	345	615
14	198	380	708
15	208	418	814
16	218	459	936
17	229	505	1076
18	241	556	1238
19	253	612	1423
20	265	673	1637

圖 6-2：5%，10%，15%複利年利率，20 年期表格

b. **20 年期本利和曲線，其曲線圖如下：**

1 自訂一以計算本金、年利率及複利率下的計算函式。

2 使用 R 語言外掛套件 ggplot2 之 stat_function 函式，於繪圖時自動帶入自變數 X 軸(年)以計算 Y 軸(本利和)值。

R Script

```
# 繪出曲線
# 宣告複利率計算函式
# y： 第幾年 rt： 利率 p：本金
y1.f <- function(y,rt,p){
  p*(1+rt)^y
}
# 宣告本例相關常數
prnspl <- 100 # 本金(principal)
title <- "$100 Accumulated Amount at the end of t years \n with co
```

```
mpound interest" # 圖表表題
xy <- data.frame(x = c(1,20),y=c(0,5000)) # xy 軸範圍
x.label <- 'Year' # x 軸標籤
y.label <- 'Accumulated Amount(million)' # y 軸標籤
lgnd.title <- 'Interest/year' # 圖例標題
rts= c(0.05,0.10,0.15) # 年利率組
sizes= c(0.2,0.7,1.2) # 線條粗細對應
colors= c('#FF2345','#34FF45','#AD34AE') # 各利率線圖顏色順序對應
# 使用 ggplot 繪圖
library(ggplot2)
j<- 1
p<-ggplot(
  data=xy,  # 繪圖資料來源
  mapping=aes(x=x,y=y)  # x、y 軸在引數 data 的對應行
  )+
  ggtitle(title)+ # 圖標題
  xlab(x.label)+ylab(y.label)+  # 給予 xy 軸標籤
  theme(   # xy 軸標籤的字體、顏色、大小等
    axis.title.x = element_text(color = "#56ABCD", size = 12, face
 = "bold"),
    axis.title.y = element_text(color = "#993333", size = 12, face
 = "bold")
  )+
  xlim(0,20)+  # 畫出 x 軸的範圍，本例為 20 年
  scale_colour_manual(lgnd.title, values =colors)  # 圖例依線圖顏色
對應標示於圖右上
# 宣告 ggplot 疊加線圖函式
s.f <- function(s,rt,p,size){
  s<- s+
    stat_function(  # 使用 stat_function 將線圖疊加於 plot 物件
      fun = y1.f,   # 自動將每一 x 軸值範圍(本例為 c(0,20)以及 args 的參數
值帶入 y1.f 函式計算出 y 軸值
      n = 1000,     # 線圖依 x 軸計算 y 軸值之內插點數，本例為拋物曲線此數字
影響平滑程度
      args = list(p=p,rt = rt), # y1.f 函式傳入值除了第一個引數外，其它附
加的引數
      mapping=aes(colour = as.character(rt)), # 線圖顏色及圖例不同線
圖的文字標示
```

```
      size = size  # 線圖粗細
    )
  return(s)
}
# 利用迴圈繪出疊加曲線圖
for (i in 1:length(rts)){
  p <-s.f(     # 使用自訂函式將繪圖物件疊加各線條
    p,         # ggplot 繪圖物件
    rts[i],    # 利率對應
    prnspl,    # 本金
    sizes[i]  # 線圖粗細
  )
}
# 顯示圖形
print(p)
```

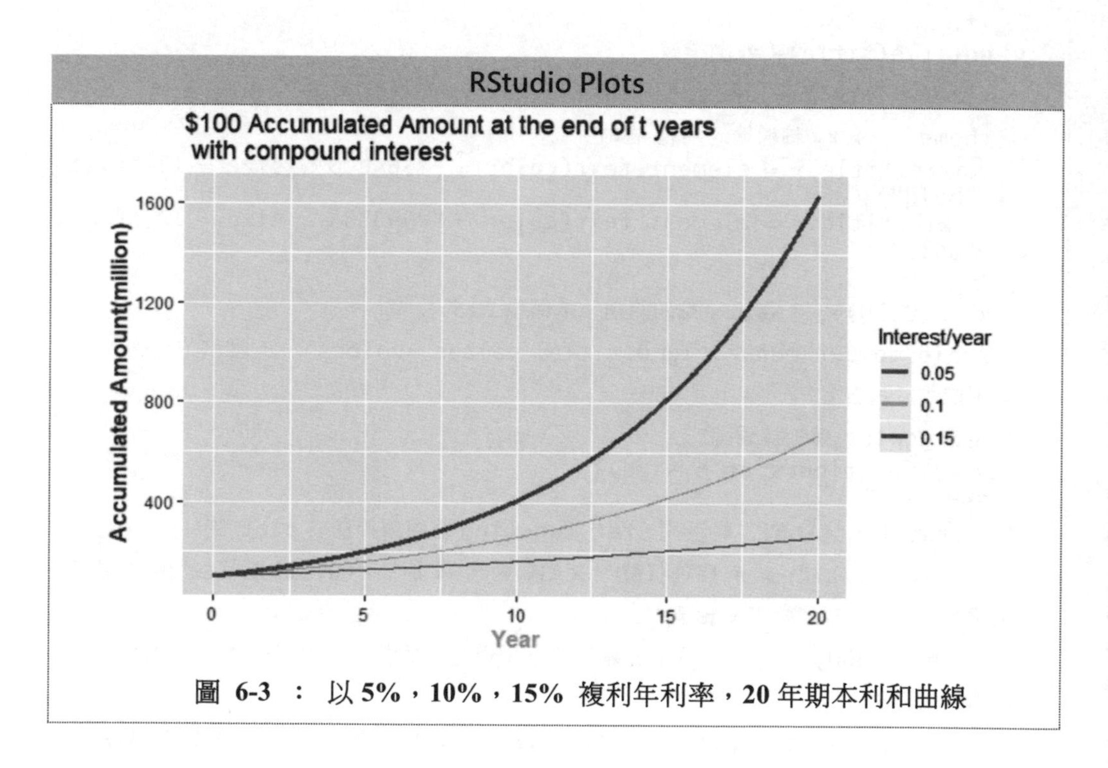

圖 6-3 ： 以 5%，10%，15% 複利年利率，20 年期本利和曲線

[實例七] 神奇的一美分幣(The Magic Penny) (2)

兩個選項讓你選，你會選擇那一個？

1. 現在馬上獲得 300 萬美元現金。

2. 現在獲得一美分，但是價值每天翻倍，連續翻 31 天。

答案會是，會選第二個，因為一分美分的價值連續每天翻倍 31 天之後，將會滾出更巨額財富。此謂神奇的一分幣。

到第 20 天，才不過微幅超越 5,000 美元，然而，原先不顯眼的複利效應神奇力量，變得顯著。到了第 30 天以 5,368,709 略勝 5,000 美元；到了第 31 天以 10,737,418.24 美元，壓倒性地勝過 300 萬美元。

R 軟體的應用

方法一：1 美分複利的 30 次方。但看不到日期、本利和未來值在圖形上的變化：

RStudio Console

```
> 0.01*(1+1)^30
[1] 10737418
```

方法二： 等比級數和。可看到日期、本利和未來值在圖形上的變化：

已知等比級數和 $S_n = \frac{a(1-r^n)}{1-r}$，r≠1

其中 a 為首項，r 為公比。

R 環境需已安裝外掛套件 ggplot2，以下相關 ggplot2 各函式說明請參閱附錄 B。

1 自訂一以計算本金、等比級數和下的計算函式。

2 使用 R 語言外掛套件 ggplot2 之 stat_function 函式，於繪圖時自動帶入自變數 X 軸(年)以計算 Y 軸(本利和)值。

R Script

```
# 宣告等比級數和計算函式
# y： 第幾日 rt： 公比 p：本金
y1.f <- function(y,rt,p){
  reslt <- p*(1-rt^y)/(1-rt)/1000000 # 等比級數和的公式(換算以million
s回傳)
}
# 宣告本例相關常數
prnspl <- 0.01  # 本金(美元)
title <- '1美分起每日翻倍之未來值' # 圖表標題
xy <- data.frame(x = c(0,30),y=c(0,0)) # xy 軸範圍
x.label <- '天' # x軸標籤
y.label <- '本利和(millions)' # y軸標籤
lgnd.title <- '' # 圖例標題
rt= 2.0  # 等比級數之公比(每日翻倍)
colors <- c('#FF2345','#000000')  # 利率顏色對應
# 使用ggplot 繪圖
library(ggplot2)
p<-ggplot(
  data=xy,  # 繪圖資料來源
  mapping=aes(x,y)  # x、y軸在引數data 的對應行
  )+
  ggtitle(title)+
  xlim(0,30)
p <- p +
  labs(x=x.label,y=y.label)+  # 給予xy軸標籤
  theme( # xy軸標籤的字體、顏色、大小等
    axis.title.x = element_text(color = "#56ABCD", size = 12, face
 = "bold"),
    axis.title.y = element_text(color = "#993333", size = 12, face
 = "bold")
  )+
  scale_colour_manual(lgnd.title, values =colors)+
  stat_function(fun = y1.f, n = 1000, args = list(p=prnspl,rt = r
t),aes(colour = '一美分未來值'))+
  stat_function(fun = function(x) (3), n = 1000,aes(colour = '3百
萬'))
print(p) # 顯示圖形
```

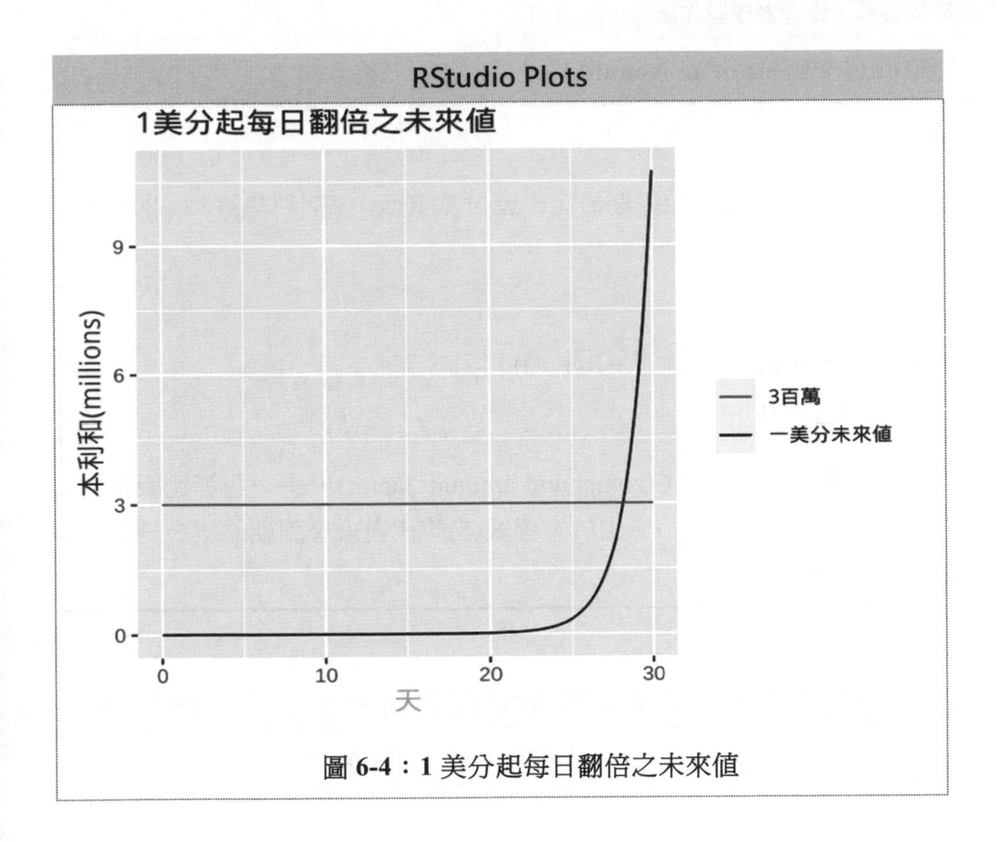

圖 6-4：1 美分起每日翻倍之未來值

第3節 年金 (Annuity)

前面談到的是如何計算一筆固定投資在複利情況下的終值(future value)。但通常一般人或金融機構不是只存一筆錢這麼簡單，而是定期的投資。例如，人壽保險的每年保費、銀行的每月定期存款、貸款的分期償還、購買大型商品的分期付款等等。

年金是一系列的定期存款，期間可能是一年、半年、一季、一月或其他的固定時間。本節使用的年金實例均符合普通(即付款日在期限的最後一天)、確定(即期限是固定的)、簡單(即付款週期與計息週期是重疊的) 的條件，而且假設每期的付款金額相同。

年金的終值(Future Value of an Annuity)

年金的終值：

假設一年金共 n 期，每期於週期最後一天付款 R 元 每期利率為 i， 則年金到期總額為 S

$$S = R + R(1+i) + R(1+i)^2 + \ldots + R(1+i)^{n-1}$$
$$= R\left[\frac{(1+i)^n - 1}{i}\right] \qquad (5)$$

其中，方括號內為複利因子(compound-amount factor)，是一個等比級數之和，共有 n 項，共同比率是 1 + i。由於方程式(5)的代表未來到期的年金總額，因此 S 被稱為年金的終值。

[實例八] 12 月期的普通年金，每期於月底付款 100 元，年利率 12%，每月複利一次，試問年金的終值？

解法一：

每一期的利率 i 為 0.12/12 = 0.01，又 R =100 , n= 12 ，代入公式(5) 得

$$S = 100\left[\frac{(1.01)^{12} - 1}{0.01}\right] \approx 1268.25$$

解法二：

R 軟體的應用

方法一：僅使用 **R** 基本運算元(operator)的計算

R Script

```
R <- 100  #  每期金額
n <- 12  #  期數
i <- 0.01  #  每期利率
Numerator <-(1+ i)^ n -1
ca.factor <- Numerator/i
S <-R * ca.factor
print(S) # 印出本例結果
```

RStudio Console

```
> print(S) # 印出本例結果
[1] 1268.25
```

方法二： **運用 sum 函式對 vector 便捷的處理**

利用複利和公式：

$$S = R+R(1+0.12/12)+R(1+0.12/12)^2+\ldots+R(1+0.12/12)^{n-1}$$

求 S 值(須注意係從第 0 期開始)

R Script

```
R <- 100  #  每期金額
n <- 12  #  期數
i <- 0.01  #  每期利率
S <- sum(  # 加總向量元素，函式說明請參閱附錄 A
  100*(1+i)^(0 : (n-1)) # 將 0 至 n-1 期的複利加總
)
print(S) # 印出本例結果
```

RStudio Console

```
> print(S) # 印出本例結果
[1] 1268.25
```

[實例九] 大學學費儲蓄計畫(Saving for an university Education)

Eyre 的父母為了幫她存日後的大學學費，每月月底於銀行固定存入 100 元，年利率 6%，每月複利一次。若此儲蓄計畫從 Eyre 6 歲的時候開始，試問當她滿 18 歲時，帳戶內會有多少存款？

解法一：

Eyre 剛滿 18 歲時，他的父母將已存入 144 筆，因此，n= 144，此外，R=100，r=0.06，m=12，故 $i = \frac{r}{m} = \frac{0.06}{12} = 0.005$ 利用公式(5)，可求得

$$S = 100\left[\frac{(1.005)^{144}-1}{0.005}\right] \approx 21{,}015$$ ，即 21,015 元

解法二：

R 軟體的應用

同上[實例八]，n=144、i=0.06/12，帶入即得，從略。

年金的現值　：

有時候，我們想要知道未來支付的年金，相當於多少的現額投資，我們稱此投資金額為年金的**現值**(present value)。

令此刻投資的金額為 P，利息以複利計，每期的利率為 i，經過 n 期的時間後，本利和共計 $P(1+i)^n$ 這筆款項必須等於公式(5)的年金總額 S。

年金的現值

一 n 期的年金，每期在週期最後一天付款 R 元，每期利率為 i，則現值 P 為：

$$P = R\left[\frac{1-(1+i)^{-n}}{i}\right] \qquad (6)$$

[實例十] 普通年金共 24 期，每月付款 100 元，年利率 3%，每月複利一次，試問其現值？

解法一：

以 R = 100， $i = \frac{r}{m} = \frac{0.03}{12} = 0.0025$， n=24，代入公式(6)，

$$P = 100\left[\frac{1-(1.0025)^{-24}}{0.0025}\right]$$

≈ 2326.60，其現值約為 2326.60

解法二：

R 軟體的應用

方法一： 僅使用 **R** 基本運算元**(operator)**的計算

R Script

```
R<- 100 #  每期金額
i<- 0.0025 #  每期利率
n <- 24 #  期數
Numerator <- 1-(1+ i)^(-n)
ca.factor <- Numerator/i # ca.factor <- [(1+ i)^ (n -1)]/i
P <-R * ca.factor
print(P)  # 印出本例結果
```

RStudio Console

```
> print(P)  # 印出本例結果
[1] 2326.598
```

方法二： 運用 **sum** 函式對 **vector** 便捷的處理

1. 利用複利和公式
   $S = R+R(1+0.025)+R(1+0.025)^2+\ldots\ldots\ldots+R(1+0.025)^{n-1}$
   求 S 值(須注意係從第 0 期開始)

2. 再利用複利公式 $S = P(1+0.025)^n$
   解其 S 下的現值 P 值

R Script

```
R<- 100  #  每期金額
i<- 0.0025  #  每期利率
n <- 24  #  期數
S <- sum(  # 加總向量元素，函式說明請參閱附錄 A
  100*(1+i)^(0：(n-1)) # 將 0 至 n-1 期的複利加總
)
print(S) # 印出年金複利加總
P<-S/((1+0.0025)^n)  # 以 S 求算複利下之現值
print(P) # 印出本例結果
```

RStudio Console

```
> print(S)  # 印出年金複利加總
[1] 2470.282
> P<-S/((1+i)^n)  # 以 S 求算複利下之現值
> print(P)  # 印出本例結果
[1] 2326.598
```

分期償還(Amortization of loans)　：

可以利用年金公式(6)來計算貸款的分期償還(amortization)方式。例如，典型的房貸及是借款人逐期償還所借的款項，連欠款利息一併計入，通常借款人被要求以定期定額的方式攤還，直到還清貸款為止。

將定期定額的還款 R 當作年金的付款，貸款總額即年金的現值 P，即公式 (6) 解得 R 如下：

定期定額的分期償還公式：

貸款 P 元，每期繳付 R 元，預計 n 期付清，且每期的利率為 i 則

$$R = \frac{Pi}{1-(1+i)^{-n}} \qquad (7)$$

[實例十一] 房貸付款(HomeMortgage Payment)

李先生向銀行貸款 12 萬元購買房子。銀行收取的利息以年利率 5.4%計算，於每月月底計息，且李先生同意以 30 年期的分期付款還清銀行貸款。試問李先生每月月底應償還多少錢？

解法一：

將 $P = 120{,}000,\ i = \frac{r}{m} = \frac{0.054}{12} = 0.0045$，$n=(30)(12)= 360$，

代入公式(7)，

$$R = \frac{(120{,}000)\,(0.0045)}{1-(1.0045)^{-360}} \approx 673.84$$

約 673.84 元

解法二 ：

R 軟體的應用

與[實例十]的不同在於解題順序之不同，此例先解終值，再求解。

1. 利用複利公式 $S = P(1+0.045)^n$
   解其 P 下的終值 S 值

2. 利用複利和公式
   $S = R+R(1+0.045)+R(1+0.045)^2+\ldots+R(1+0.045)^{n-1}$
   求 R 值(須注意係從第 0 期開始)

R Script

```
P<- 120000 #  貸款金額(現值)
i<- 0.0045 #  每期利率
n <- 360 #  期數
S <- P*((1+i)^n) # 求複利下之終值
print(S) # 印出複利下之終值
factor <- sum(  # 加總向量元素，函式說明請參閱附錄 A
  (1+i)^(0 : (n-1)) # 將 0 至 n-1 期的複利加總
)
R<-S/factor  # 以 S 求算每期金額
print(R) # 印出本例結果
```

RStudio Console

```
> print(R)  # 印出本例結果
[1] 673.837
```

[實例十二]分期償還表(Amortization schedule)

一筆 5 萬元的貸款於每年的年底採定額償還的方式，預計 5 年還清。若支付利息以年利率 8% 計算，且固定於年底計息。試問(a)此分期償還每期應付多少錢？(b)列出此分期償還的報表。

解法一：

將 P = 50,000、m = 1、 i =r = 0.08 、n = 5，代入公式(7)，

$$R = \frac{(50{,}000)\ (0.08)}{1-(1.08)^{-5}} \approx 12{,}522.82$$

因此，每年應付款 12,522.82 元，分期償還的報表詳見下**表 6-1**。從表中可以看出： 隨著期數的增加每年的付款中支付利息的部分逐漸減少，償還本金的部分逐漸增多。

其中，第一期攤還利息$4,000，即$50,000*8%，第一期尚未還本金$41,477.18，即$50,000-$8,522.82，第二期攤還利息$3,318.17，即$41,477.18*8%，依此類推。

表 6-1：分期償還表(An Amortization Schedule)

期數	利息攤還	付款金額	本金償還	尚未償還本金
0	-	-	-	$50,000.00
1	$4,000.00	$12,522.82	$8,522.82	41.477.18
2	3,318.17	12,522.82	9,204.65	32.272.53
3	2,581.80	12,522.82	9,941.02	22,331.51
4	1,786.52	12,522.82	10,736.30	11,595.21
5	927.62	12,522.82	11,595.20	0.01

解法二 ：

R 軟體的應用

1. 利用複利公式 $S = P(1+0.08)^n$ ，S 為終值
   先求 50000 元的 S 值(須注意含第 0 期共 6 期)

2. 再利用複利和公式 $S = R+R(1+0.08)+R(1+0.08)^2+\ldots+R(1+0.08)^{n-1}$ 解 S 值下的每年底償還的 R 值(須注意償還係從第一期末開始)

R Script

```
S<- 50000*(1+0.08)^6    #計算第 0~5 年後複利下的終值
print(S)  # 印出終值
R<- S/sum((1+0.08)^(1 : 5))  # 計算每年第 1~5 年底償還金額
print(R)  # 印出每期償還金額
```

RStudio Console

```
> print(S)  # 印出終值
[1] 79343.72
> R<- S/sum((1+0.08)^(1 : 5))  # 計算每年第 1~5 年底償還金額
> print(R)  # 印出每期償還金額
[1] 12522.82
```

償債基金 (Sinking Funds)

償債基金是年金的另一個重要的應用，簡單的說，償債基金是特殊目的而設定，且預定於未來提領使用的帳戶。例如，個人方面可能為幾個月或幾年後的償債而設置償債基金；公司方面可能為了日後機器的汰舊換新，而設置償債基金，以儲蓄足夠資金購買新設備。

由於償債基金主要是未來的用途，可看成是年金的終值，可視為公式(5)的應用。即年金終值 S，週期最後一天付款 R。$S = R + R(1 + i) + R(1 + i)^2 + \ldots + R(1 + i)^{n-1} = R\left[\frac{(1+i)^n-1}{i}\right]$ 。

償債基金付款(Sinking Fund Payment)

假設每期的利率為 i ，預計 n 期後的總存額為 S 元，則每期應存入的金額 R 為

$$R = \frac{iS}{(1+i)^n-1} \quad (8)$$

[實例十三] 五金行的經營者 Alan 設立了一個償債基金，打算 2 年後添購一部卡車，卡車預定的購買價為 3 萬元。已知投資的基金帳戶可有 10% 的年利率，每季複利一次。若以定額的方式存款，問 Alan (a)每季應存入多少元？(b)列出償債基金的報表。

解法一：

(a)將 $S = 30{,}000$， $i = \frac{0.1}{4} = 0.025$ ，$n = (2)(4)$，

代入公式(8)，

$$R = \frac{iS}{(1.025)^n - 1} = \frac{(0.025)(30{,}000)}{(1.025)^8 - 1} \approx 3434.02$$

約 3434.02 元，其報表見表 **6-2**。

(b)

表 6-2：分期償還表(A sinking fund schedule)

期數	存款金額	利息收入	本期基金增額	基金累計總額
1	$3434.02	0	$ 3434.02	$ 3434.02
2	3434.02	$ 85.85	3519.87	6953.89
3	3434.02	173.85	3607.87	10,561.76
4	3434.02	264.04	3698.06	14,259.82
5	3434.02	356.50	3790.52	18,050.34
6	3434.02	451.26	3885.28	21,935.62
7	3434.02	548.39	3982.41	25,918.03
8	3434.02	647.95	4081.97	30,000.00

其中第二期利息收入為$85.85($3,434.02*0.0025)。每期(季)存入固定的$3434.02，第 8 筆期末存入未達一季，無利息收入，第 7 筆期末存入，滿一季的利息收入為$85.85 (3,434.02*0.0025)，第 6 筆期末存入滿二季，其利息收入為$173.85，即 $[(1 + 0.025)^2 - 1)]$=$3,434.02。

解法二 ：

R 軟體的應用

利用複利和公式

$S = R+R(1+0.025)+R(1+0.025)^2+\ldots+R(1+0.025)^{n-1}$ 解 R 值

R Script

```
S <- 30000  # 2 年後終值
i<- 0.025  #  每期利率
n <- 8  #  期數
R<- S/sum((1+i)^(0 : (n-1)))  # 計算每季末存款金額
print(R)  # 印出本例結果
```

RStudio Console

```
> print(R)  # 印出本例結果
[1] 3434.02
```

參考文獻

1. Tan, S. T. (2014). Finite mathematics for the managerial, life, and social sciences. Cengage Learning.或見張純明(2016)譯：管理數學。臺中：滄海圖書。.
2. Hardy, D. (2019). The Compound Effect： Jumpstart Your Income, Your Life, Your Success. Blackstone Publishing. 或見李芳齡(2019)譯： 複利效應。臺北：星出版。

第7章　馬可夫鏈

馬可夫(A. A. Markov, 1856-1922)於 1907 年提出馬可夫鏈(Markov chain)理論，亦稱馬可夫過程(Markov process)。是一種隨機過程預測方法，藉由過去一段期間系統所呈現的狀態，推測未來系統各期的狀態以及發生的可能性。

馬可夫過程要求具備「**無記憶**」的性質：下一狀態的機率分布只能由當前狀態決定，在時間序列中它前面的事件均與之無關。這種特定類型的「無記憶性」稱作馬可夫性質。

在馬可夫鏈的每一步，系統根據機率分布，可以從一個狀態變到另一個狀態，也可以保持當前狀態。狀態的改變叫做**轉移**(transition)，與不同的狀態改變相關的機率叫做**轉移機率**(transition probabilities)。

[實例一]　都市與郊區間的人口流動(Urban-Suburban population Flow)(1)

政府預期每年居住在都市的人口會有 3%遷移到郊區，而居住在郊區的人口會有 6%遷移到都市。現在已知人口的分布有 65% 住在都市，其餘 35%住在郊區。假設總人口數維持不變，試問一年後的人口分布情形如何？

吾人可以利用樹狀圖及條件機率來求解。

本例的樹狀圖如下**圖 7-1**：

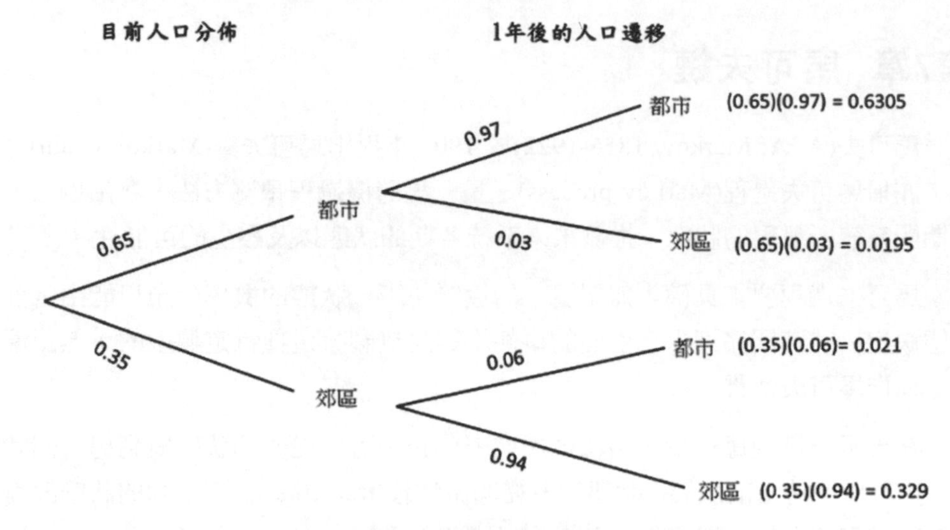

圖 7-1：兩個狀態(都市或郊區)的樹狀圖

解法一：

由條件機率的性質可知，隨機抽取 1 人，則他(或她)：
一年後會住在都市的機率為 (0.65)(0.97) + (0.35)(0.06) = 0.6515
一年後住在郊區的機率為 (0.65)(0.03) +(0.35)(0.94) = 0.3485
因此，一年後的人口分布為 65.15%居住於都市，而 34.85%的人口居住於郊區。

解法二 ：

確認本例是一馬可夫鏈(Markov chain)。它共有兩個狀態，狀態 1 為居住於都市，狀態 2 為居住於郊區，每一個階段是一年，其遞移矩陣可寫成 ：

$$T = \begin{bmatrix} 0.97 & 0.06 \\ 0.03 & 0.94 \end{bmatrix}$$

現在的人口分布可用的行向量表示如下：

$X_0 = \begin{bmatrix} 0.65 \\ 0.35 \end{bmatrix}$, X_0 代表此為初始的人口分布，

此時 X_1 代表經過了一個階段(這裡指一年) ：

$$X_1 = TX_0 = \begin{bmatrix} 0.97 & 0.06 \\ 0.03 & 0.94 \end{bmatrix} \begin{bmatrix} 0.65 \\ 0.35 \end{bmatrix} = \begin{bmatrix} 0.6515 \\ 0.3485 \end{bmatrix}$$

若將 X_1 看做是初始人口分布時，則 X_2 只是下一階段的人口分布，

因此　：

$$X_2 = TX_1 = \begin{bmatrix} 0.97 & 0.06 \\ 0.03 & 0.94 \end{bmatrix} \begin{bmatrix} 0.6515 \\ 0.3485 \end{bmatrix} = \begin{bmatrix} 0.6529 \\ 0.3471 \end{bmatrix}$$

類似的做法可得 X_3 如下　：

$$X_3 = TX_2 = \begin{bmatrix} 0.97 & 0.06 \\ 0.03 & 0.94 \end{bmatrix} \begin{bmatrix} 0.6529 \\ 0.3471 \end{bmatrix} = \begin{bmatrix} 0.6541 \\ 0.3459 \end{bmatrix}$$

亦即三年後居住於都市人口占 65.41 %，居住於郊區人口占 34.59 %。

解法三　：

R 軟體的應用

1　建構遞移矩陣物件、初始人口分布矩陣物件

2　使用 R 語言內建矩陣乘法運算子%*%將上述兩物件相乘，需注意正確之前後順序

R Script

```
T <-matrix(       # 建構遞移矩陣物件，函式說明請參閱附錄 A
  data=c(0.97,0.06,   # 2*2 矩陣資料(向量物件)
    0.03,0.94),
  nrow=2,          # 指定 2 列
  byrow = TRUE   # 依列填滿換列
)
X0 <- matrix(    # 建構初始人口分布狀態
  c(0.65,
    0.35),
  nrow =2,
  byrow =TRUE)
X1 <- T %*% X0  # 求第一年後分布狀態
print(X1)           # 印出一年後結果
```

RStudio Console

```
> print(X1)                # 印出一年後結果
     [,1]
[1,] 0.6515
[2,] 0.3485
```

[實例二] 延續[實例一]，試問兩年後居住於都市的人口比例有多少？三年後呢？

將[實例一]第一年的人口分布結果作為第二年的初始人口分布狀態，計算第二年後遞移之結果，依此類推得以計算第三年。

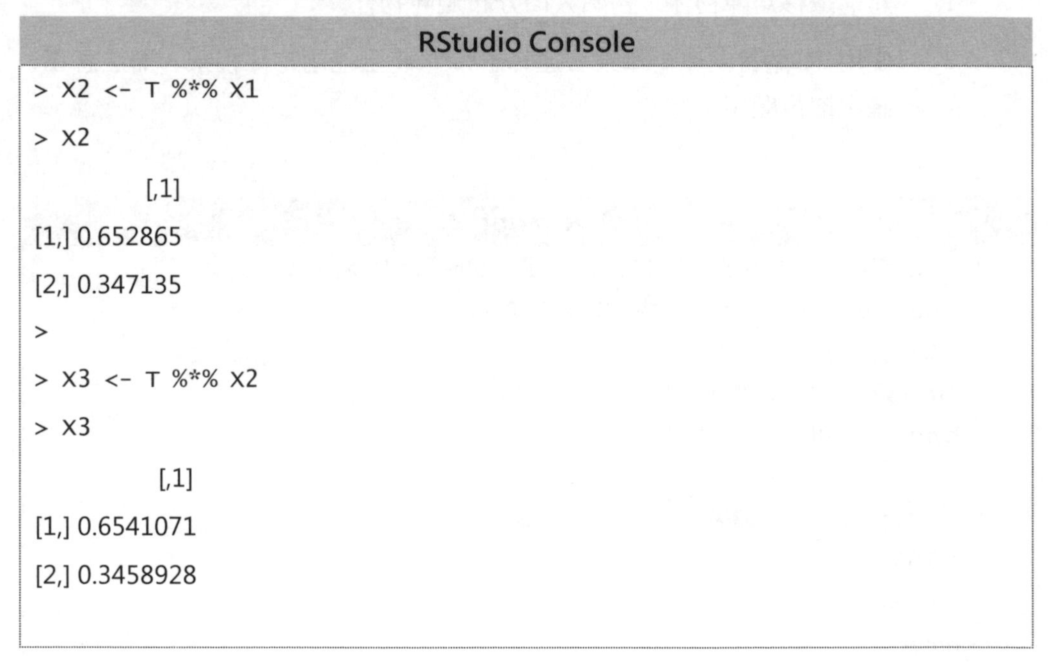

RStudio Console

```
> X2 <- T %*% X1
> X2
         [,1]
[1,] 0.652865
[2,] 0.347135
>
> X3 <- T %*% X2
> X3
          [,1]
[1,] 0.6541071
[2,] 0.3458928
```

[實例三] 十年後呢？

R 軟體的應用

方法一：未使用外掛套件的寫法

如實例二繼續算至第十年。

R Script

```
T <- matrix( # 建構遞移矩陣物件，函式說明請參閱附錄 A
  c(0.97,0.03,
    0.06,0.94),
  nrow=2,
  byrow = FALSE,
  dimnames=list(c('City', 'Suburbs'),c('City', 'Suburbs'))
)
X0 <- matrix(  # 建構初始人口分布狀態
  c(0.65,0.35),
  nrow=2,
  byrow = FALSE
)
rownames(X0) <- c('City','uburbs')  #  將 X0 的列的重新命名

print(T)
print(X0)
X1 <- T%*% X0
X2 <- T%*% X1
X3 <- T%*% X2
X4 <- T%*% X3
X5 <- T%*% X4
X6 <- T%*% X5
X7 <- T%*% X6
X8 <- T%*% X7
X9 <- T%*% X8
X10 <- T%*% X9
print(X10)
```

RStudio Console

```
> print(T)
        City Suburbs
City     0.97    0.06
Suburbs 0.03    0.94
> print(X0)
      [,1]
City    0.65
uburbs 0.35

> print(X10)
            [,1]
City     0.6601764
Suburbs 0.3398236
```

方法二： 自訂馬可夫遞移函式

自訂函式以迴圈方式計算多次(年)的持續遞移。

R Script

```
dist_vector <- function(X0,T,year){
  X<- X0  #給予 y 初始值
  for (i in 1 : year){
    X <- T %*% X
  }
  return(X)
}
T <- matrix( # 建構遞移矩陣物件，函式說明請參閱附錄 A
  c(0.97,0.03,
    0.06,0.94),
  nrow=2,
  byrow = FALSE,
  dimnames=list(c('City', 'Suburbs'),c('City', 'Suburbs'))
)
X0 <- matrix(  # 建構初始人口分布狀態
  c(0.65,0.35),
```

```
    nrow=2,
    byrow = FALSE
  )
  print(dist_vector(X0,T,10))
```

RStudio Console

```
> print(dist_vector(X0,T,10))
          [,1]
City      0.6601764
Suburbs 0.3398236
```

由前面的例子可以看出，X_0、X_1、X_2、X_3 之間存在如下關係式，$X_1= TX_0$、$X_2 =TX_1$ 及 $X_3= TX_2$。由此我們可以進行歸納。假設有一具備 n 個狀態的馬可夫鏈，系統一開始處於狀態 1、狀態 2、…、狀態 n 的機率分別寫成 p_1、p_2、…P_n，則其機率分配可表成 n 維向量如下 ：

$$X_0 = \begin{bmatrix} p_1 \\ p_2 \\ \vdots \\ \vdots \\ P_n \end{bmatrix}$$

稱為**分布向量**(distribution vector)。若 T 是該馬可夫鏈 n x n 的遞移矩陣，則系統經過 m 次的觀察後，新的分布向量為

$$X_m = T^m X_0 \qquad (1)$$

方法三： 使用 expm 套件的寫法

使用 R 語言外掛套件 expm 之矩陣自乘運算子%^%將遞移矩陣自乘 10 次後再乘以初始人口分布狀態之矩陣。

R Script

```
library(expm)
X0 <- matrix(c(0.65,0.35),nrow=2, byrow = FALSE) # 同上
```

```
T <-matrix(c(0.97,0.06,0.03,0.94),nrow=2, byrow = TRUE) # 同上
TM <- T %^% 10  # 使用 expm 套件之運算子(operator)，計算矩陣之自乘 10 次
TM %*% X0   #  本例結果
```

RStudio Console

```
> TM %*% X0
          [,1]
[1,] 0.6601764
[2,] 0.3398236
```

R 語言撰寫會隨著資料取得及解題能力的提升，而有不同!

[實例四] 計程車的移動區域(Taxi movement between zones)(1)

吉利計程車行為了方便追蹤所屬計程車的動向，將市鎮劃分成三個區域：區域 1、區域 2 及區域 3。吉利計程車行的管理者根據過往的紀錄得知，在區域 1 上車的顧客，有 60% 在同一區域下車，30%在區域 2 下車，10%在區域 3 下車。而在區域 2 上車的顧客，有 40% 在區域 1 下車，30%在區域 2 下車，30%在區域 3 下車。另外在區域 3 上車的顧客，有 30%在區域 1 下車，30%在區域 2 下車，40%在區域 3 下車。

又知某一天開始營運時，有 80%的計程車分布於區域 1，15%的計程車分布於區域 2，5%的計程車分布於區域 3，又知計程車空車時會固定在原區域內逗留直至招到顧客為止。

a. 利用馬可夫鏈描述計程車的移動區域，寫出其遞移矩陣。

b. 在所有計程車載客一回結束後，找出其新的分布情形。

c. 在所有計程車載客二回合後，找出其新的分布情形。

解法一：

$$其遞移矩陣為\ T = \begin{bmatrix} 0.6 & 0.4 & 0.3 \\ 0.3 & 0.3 & 0.3 \\ 0.1 & 0.3 & 0.4 \end{bmatrix}$$

初始分布向量

$$X_0 = \begin{bmatrix} 0.80 \\ 0.15 \\ 0.05 \end{bmatrix}$$

令 X_1 代表一次觀察之後的分布向量，則

$$X_1 = TX_0 = \begin{bmatrix} 0.6 & 0.4 & 0.3 \\ 0.3 & 0.3 & 0.3 \\ 0.1 & 0.3 & 0.4 \end{bmatrix} \begin{bmatrix} 0.80 \\ 0.15 \\ 0.05 \end{bmatrix} = \begin{bmatrix} 0.555 \\ 0.300 \\ 0.145 \end{bmatrix}$$

令 X_2 代表二次觀察之後的分布向量，則

$$X_2 = TX_1 = \begin{bmatrix} 0.6 & 0.4 & 0.3 \\ 0.3 & 0.3 & 0.3 \\ 0.1 & 0.3 & 0.4 \end{bmatrix} \begin{bmatrix} 0.555 \\ 0.300 \\ 0.145 \end{bmatrix} = \begin{bmatrix} 0.4965 \\ 0.300 \\ 0.2035 \end{bmatrix}$$

解法二：

R 軟體的應用

1　建構遞移矩陣物件、初始計程車分布矩陣物件

2　使用 R 語言內建矩陣乘法運算子%*%將上述兩物件相乘得出第一回後的分布矩陣，需注意正確之前後順序

3　將第一回的結果做為第二回的初始計程車分布矩陣，再計算其第二回之結果

R Script

```
T <-matrix(   # 建構遞移矩陣物件，函式說明請參閱附錄 A
  c(0.6,0.3,0.1,    # 3*3 矩陣資料(向量物件)
    0.4,0.3,0.3,
    0.3,0.3,0.4),
  ncol=3,
  byrow = FALSE
)
```

```
print(T)  # a .印出遞移矩陣
X0 <- matrix(   # 建構計程車分布狀態
  c(0.80,0.15,0.05),
  nrow =3,
  byrow =TRUE
)
X1 <- T %*% X0
print(X1)  # b. 印出第一回的分布
X2 <- T %*% X1
print(X2)  # c. 印出第二回的分布
```

RStudio Console

```
> print(T)  # a .印出遞移矩陣
     [,1]  [,2]  [,3]
[1,]  0.6   0.4   0.3
[2,]  0.3   0.3   0.3
[3,]  0.1   0.3   0.4

> print(X1)  # b. 印出第一回的分布
      [,1]
[1,] 0.555
[2,] 0.300
[3,] 0.145

> print(X2)  # c. 印出第二回的分布
       [,1]
[1,] 0.4965
[2,] 0.3000
[3,] 0.2035
```

人口變化、計程車的移動區域或女性的教育狀況是否能達到穩定狀態，即數年後，能否達到平衡狀態？假如能達到平衡狀態，那麼它是否與人口數的初始機率分配相關，抑或會與互為獨立？

而正規馬可夫鏈(regular Markov chain) 則可提供這些問題的解答。所謂正規馬可夫鏈，即如果轉換矩陣 P 在經過某些次方後，所得新矩陣的所有元素皆為正數。且同一列(columns)上的元素，其值均相等。

[實例五] 承[實例四]計程車的移動區域。在[實例四]的例題中，我們找出描述計程車移動區域的遞移矩陣 T，並知 T 為正規隨機矩陣。求計程車長時間之後在三個區域的分布情形。

令穩定分布向量 X 為

$$X = \begin{bmatrix} x \\ y \\ z \end{bmatrix}$$

則由 TX= X 得 $\begin{bmatrix} 0.6 & 0.4 & 0.3 \\ 0.3 & 0.3 & 0.3 \\ 0.1 & 0.3 & 0.4 \end{bmatrix} \begin{bmatrix} x \\ y \\ z \end{bmatrix} = \begin{bmatrix} x \\ y \\ z \end{bmatrix}$

解法一：

吾人可利用反矩陣解線性方程組。若 AX=B 代表一具有 n 個變數，n 個方程式的線性方程組，且知A^{-1}存在，則 X=A^{-1}B。為線性方程組的唯一解。

由此寫出線性方程組：

$$0.6x + 0.4y + 0.3z = x$$

$$0.3x + 0.3y + 0.3z = y$$

$$0.1x + 0.3y + 0.4z = z$$

化簡後的線性方程組為

$$4x - 4y - 3z = 0$$

$$3x - 7y + 3z = 0$$

$$x + 3y - 6z = 0$$

加上 $x + y + z = 1$ 的條件後 得到以下四個方程式的線性方程組：

$$x + y + z = 1$$

$$4x - 4y - 3z = 0$$

$$3x - 7y + 3z = 0$$

$$x + 3y - 6z = 0$$

唯一陷阱，在解題時，要去掉 redundant 方程式 ： $4x - 4y - 3z = 0$

解法二：

R 軟體的應用

方法一： 依上述解法一方程式的矩陣解題

R Script

```
A  <- matrix(  # 建構方程式(去掉 redundant)各系數之矩陣
  c(1,1,1,       # 3*3 矩陣資料(向量物件)
    3,-7,3,
    1,3,-6),
  nrow=3,
  byrow=TRUE
)
print(A)  # 印出 A 矩陣
B <- matrix(  # 方程式等號右邊常數
  c(1,0,0),nrow=3,byrow=TRUE
)
A1 <-solve(A)    # 求 A 之反矩陣，函式說明請參閱附錄 A
X<- A1 %*% B     # 求 本例 X 值
print(X)         # 印出本例結果
```

RStudio Console

```
> print(A)  # 印出 A 矩陣
     [,1]  [,2]  [,3]
[1,]    1     1     1
```

```
[2,]    3   -7    3
[3,]    1    3   -6
> print(X)        # 印出本例結果
          [,1]
[1,] 0.4714286
[2,] 0.3000000
[3,] 0.2285714
```

方法二：使用 **markovchain** 外掛套件及其函式

R Script

```
library(markovchain)
statesNames <- c("1", "2", "3")  # 各初始狀態名稱
T  <- matrix(  # 3*3 遞移矩陣資料(向量物件)
  c(0.6,0.4,0.3,
    0.3,0.3,0.3,
    0.1,0.3,0.4),
  nrow=3,
  byrow=TRUE,
  dimnames=list(statesNames,statesNames) # 給予行列名稱
)

markovB <- new(    # 建構一新的物件
  'markovchain',    # 物件類別
  states=statesNames,  # 狀態各名稱
  byrow=FALSE,  # 轉移機率逐列否
  transitionMatrix=T,  # 指定遞移矩陣
  name='A markovchain Object'  # 給予物件名稱
)
steadyStates(markovB)  # 計算穩態分布解
```

RStudio Console

```
> steadyStates(markovB)  # 計算穩態分布解
       [,1]
1  0.4714286
```

```
2  0.3000000
3  0.2285714
```

穩態分布向量(Steady-State Distribution Vectors)

[實例六] 女性的教育狀況(Educational Status of Women)(1)

據調查完成大專教育的母親之中，女兒也完成大專教育的占 70%；而未完成大專教育的母親之中，女兒完成了大專教育的僅占 20%。已知現在完成大專教育的女性為 20%，若照此趨勢下去，最後會有多少比例的女性完成大專教育？

$$T = \begin{bmatrix} 0.7 & 0.2 \\ 0.3 & 0.8 \end{bmatrix}$$

$$X_0 = \begin{bmatrix} 0.2 \\ 0.8 \end{bmatrix}$$

(1)經過十代後，(2)達穩定狀態後。

R 軟體的應用

(1) 經過十代後

方法一：自訂馬可夫遞移函式

R Script

```
# 方法一： 宣告分布向量(distribution vector)函式
dist_vector <- function(X0,T,year){
  X<- X0  #給予 y 初始值
  for (i in 1 : year){
    X <- T %*% X
  }
  return(X)
}

rownames = c("2 年以上大專教育", "2 年以下大專教育")
colnames = c("2 年以上大專教育", "2 年以下大專教育")
```

```
# T 每年人口變化(比率)
T <- matrix(  # 建構遞移矩陣物件，函式說明請參閱附錄 A
  c(0.7,0.3,
    0.2,0.8),
  nrow=2,
  byrow = FALSE,
  dimnames = list(rownames, colnames)
)
print(T)   # 遞移矩陣
X0 <- matrix(  # 建構初始教育人口分布狀態
  c(0.2,0.8),
  nrow =2,
  byrow =FALSE,
  dimnames = list(rownames,c('population'))
)
print(X0)  # 初始狀態
result <- dist_vector(X0,T,10) # 10 年後教育人口比率
print(result)  # 印出 10 代後結果
```

RStudio Console

```
> print(T)  # 遞移矩陣
                2 年以上大專教育  2 年以下大專教育
2 年以上大專教育        0.7              0.2
2 年以下大專教育        0.3              0.8

> print(X0)  # 初始狀態
                population
2 年以上大專教育      0.2
2 年以下大專教育      0.8

> print(result)  #印出 10 代後結果
                population
2 年以上大專教育  0.3998047
2 年以下大專教育  0.6001953
```

(1) 經過十代後

方法二：使用 **expm** 套件的寫法

R Script

```
library(expm)   # 載入 expm 套件，若尚未安裝請參閱第一篇套件安裝之說明
rownames = c("2 年以上大專教育", "2 年以下大專教育")
colnames = c("2 年以上大專教育", "2 年以下大專教育")
X0 <- matrix(   # 同方法一
  c(0.2,0.8),
  nrow =2,
  byrow =FALSE,
  dimnames = list(rownames, c('population'))
)
T <- matrix( # 同方法一
  c(0.7,0.3,0.2,0.8),
  nrow=2,
  byrow = FALSE,
  dimnames = list(rownames, colnames)
)
TM <- T %^% 10   # 使用 expm 套件之運算子(operator)，計算矩陣之自乘 10 次
TM %*% X0    #  本例 10 代後結果
```

RStudio Console

```
> TM  %*% X0    #  本例 10 代後結果
                 population
2 年以上大專教育   0.3998047
2 年以下大專教育   0.6001953
```

(2) 達穩定狀態後

使用 **markovchain** 外掛套件及其函式

(3) R Script

```
library(markovchain)
statesNames = c("2 年以上大專教育", "2 年以下大專教育")
T <- matrix(  # 建構遞移矩陣物件，函式說明請參閱附錄 A
  c(0.7,0.3,
    0.2,0.8),
  nrow=2,
  byrow = FALSE,
  dimnames = list(statesNames, statesNames)
)

markovB <- new(      # 建構一新的物件
  'markovchain',     # 物件類別
  states=statesNames,  # 狀態各名稱
  byrow=FALSE,   # 轉移機率逐列否
  transitionMatrix=T,   # 指定遞移矩陣
  name='A markovchain Object'   # 給予物件名稱
)
steadyStates(markovB)   # 計算穩定分布解
```

RStudio Console

```
> steadyStates(markovB)   # 計算穩定分布解
                  [,1]
2 年以上大專教育   0.4
2 年以下大專教育   0.6
```

由上兩例可歸納出一個正規馬可夫鏈的特點，即長期機率分配 T 可經由求解聯立分程組(system of equations)的方法得到。而另一個更引人注目的特點為無論**初始機率分配**(initial probability distribution)為何，最終都將達到平衡且得到相同的機率分配 T。

穩定狀態機率 (steady-state probability) 是指經過長時間後系統在各個狀態的機率。

馬可夫鏈理論發展至今已將逾百年，各學者運用馬可夫鏈所作的相關研究很多，簡單舉例如下，在需求預測部份，Ching 等利用馬可夫鏈發展出多變量馬可夫鏈(Multivariate Markov chain)，以香港某汽水公司為例，運用此模型預測未來顧客需求。在醫學研究方面，Honeycutt 等以 2000 年美國資料為基礎，利用馬可夫模式預測美國至 2050 年之間，對於不同年齡、人種、種族淵源以及性別的人，罹患糖尿病的人數。(2)

參考文獻

1. Tan, S. T. (2014). Finite mathematics for the managerial, life, and social sciences. Cengage Learning.
2. 高崑銘、吳信宏、謝俊逸 (2005) 。利用馬可夫鏈模式分析便利商店顧客之消費模式。價值管理, 1(9), 44-50。

第四篇

R 語言在作業管理的應用

(Operation Management)

第四篇　R 語言在作業管理(Operation Management)的應用

作業管理是指流程的系統化設計、指導和控制，將輸入轉化為內部和外部客戶的服務和產品。作業管理包含三大範疇：範疇 1：流程管理(包括流程策略與分析、品質管理、產能規劃、等候線、限制管理、精實系統、專案管理。範疇 2：需求管理(包括需求預測、存貨管理、作業規劃與排程、線性規劃、資源規劃)。範疇 3：供應鏈管理(包括有效的供應鏈設計、設施選址、整合整供鏈等)。

本篇先從幾個領域著手，如流程分析、資料分析工具；學習曲線；品質管理的先修課程：敘述統計；品質管理介紹起。一起來一睹作業管理的「宗廟之美，百官之富」。這樣說還有點抽象，先來看一個實例：

麥當勞連鎖企業在 2010 年收入達到 240 億美元，全球有超過 32,000 家餐廳，每天有 6,200 萬名顧客蒞臨，員工雇用共計 170 萬名。公司股價在 2011 年 10 月達 89.94 美元。但在 2002 年的情況並不理想，顧客抱怨頻率增加，而且尖銳。2002 年底股價僅有 16.08 美元。

麥當勞新任執行長開始再次聆聽顧客的聲音，並改變作業流程(processes)來因應。首先是：積極衡量顧客滿意，並將各資料內部自由分享，一開始是蒐集績效衡量資料，改頭換面作業流程，如出餐、櫃台服務等以符合顧客的期望。其次是：派遣神祕的消費者到各餐廳，以匿名方式評分。從外在的服務簡略評比下列項目：服務速度、食物溫度、外觀和滋味、櫃檯、餐桌與佐料吧檯的潔淨度，甚至櫃檯人員是否對用餐者微笑都列入考評。

另一個方式為派遣 900 名專員，重複造訪各營業店面的作業現場，與店經理進行整天的討論，讓店經理可以向專家學習，以便更精緻地改善程序。例如：物品的放置，可以使提供餐點時間節省幾秒鐘；烹調程序恢復烘烤的方式以取代微波加熱，如此會有更甜的焦糖風味。

但到 2013 年獲利成長又陷入停滯，...

第8章 流程分析、資料分析工具

> 夫尺有所短，寸有所長，物有所不足，智有所不明，數有所不逮，神有所不通。
>
> 《楚辭．屈原．卜居》

本章將介紹有助於組織解決問題和改善製程的工具。這些工具可幫助蒐集資料並加以詮釋，亦可提供決策基礎。

一般常用有下列七種工具 ：檢核表、直方圖與長條圖、柏拉圖、散布圖、特性要因圖、圖形。它們常用來分析品質問題，在整個績效衡量範圍都被同等地善加運用。此七個工具通常稱為**七個基本品質工具**。

[實例一] 餐廳的經理**關心**顧客抱怨。(1)

附近餐廳的經理關心餐館的顧客僅較少數會有忠誠度，顧客抱怨在升高，蒐集到資料如下：

表 8-1：

抱怨項目	次數
服務生粗魯	12
服務緩慢	42
冷餐點	5
餐桌狹窄	20
氣氛不佳	10

餐廳的經理必須找出方法與議題讓他的員工了解可使用的方法，各有優劣：如柏拉圖(Pareto chart)可以看到重要的少數，與不重要的多數，可用於區分資料和建立行動優先順序的長條圖，蒐集的資料通常需經過組織後才可用於解釋。但又不像要因分析圖(cause and effect diagram)，用於確認問題的原因，它提供一個評估的可能原因，並縮小範圍到最可能原因的架構，是分析可能原因的常用方法。適用於群體討論，先找出所有可能原因，再一起找出大家都同意的根本原因。

常用工具分別如下：

一. 圓餅圖(Pie chart)

R 軟體的應用

1. 使用內建 base 套件的 c 函式，以 vector 建構抱怨項目、抱怨次數資料。
2. 使用內建 graphics 套件的 pie 函式，繪出圓餅圖。

R Script

```
complain.frequency <- c(  # 建立抱怨次數資料
  12,42,5,20,10)
complain.item <- c(   # 建立抱怨項目
  "服務生粗魯" , "服務緩慢",  "冷餐點" , "餐桌狹窄", "氣氛不佳")
pie(
  x = complain.frequency,  # 給予抱怨次數資料
  labels = complain.item , # 抱怨項目
  main="PIE Chart" # 圖標題
)
```

RStudio Plots

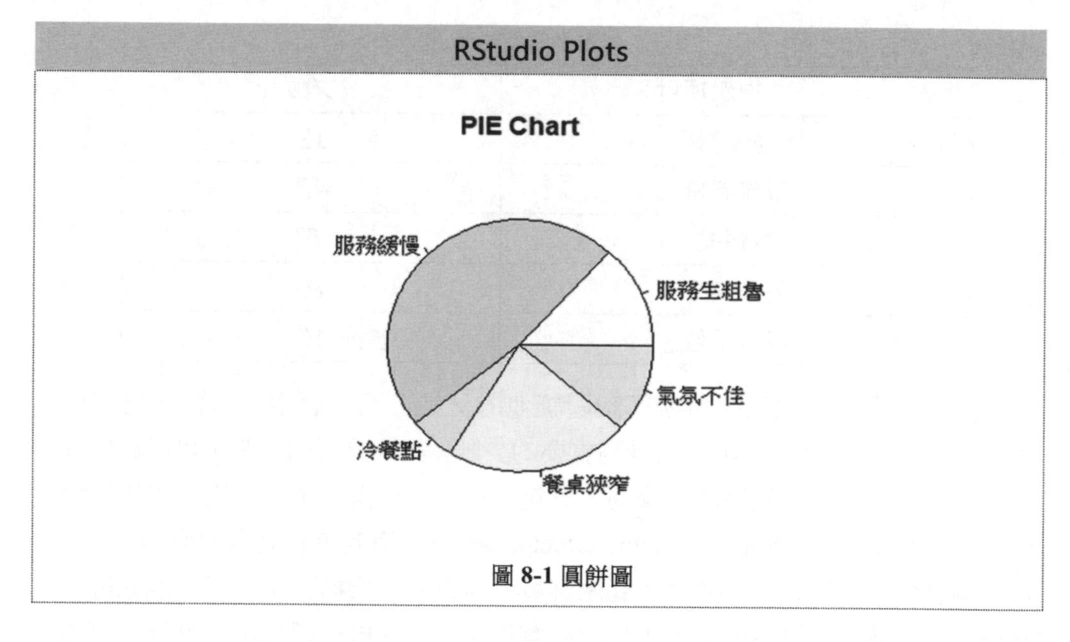

圖 8-1 圓餅圖

二. 長條圖(Bar chart)

長條圖運用「是或否」為衡量基礎的資料，長條高度呈現出某品質特性的次數分配。

R 軟體的應用(直立長條圖)

1. 使用內建 base 套件的 c 函式，以 vector 建構抱怨項目、抱怨次數資料。
2. 使用內建 graphics 套件的 barplot 函式，繪出長條圖(預設為直立)

R Script

```
complain.frequency <- c( # 建立抱怨次數資料
  12,42,5,20,10)
complain.item <- c( # 建立抱怨項目
  "服務生粗魯" , "服務緩慢",  "冷餐點" , "餐桌狹窄", "氣氛不佳")
barplot( # 產生長條圖
  complain.frequency, # 給予繪圖資料
  names.arg = complain.item  # 分析類別名稱
)
```

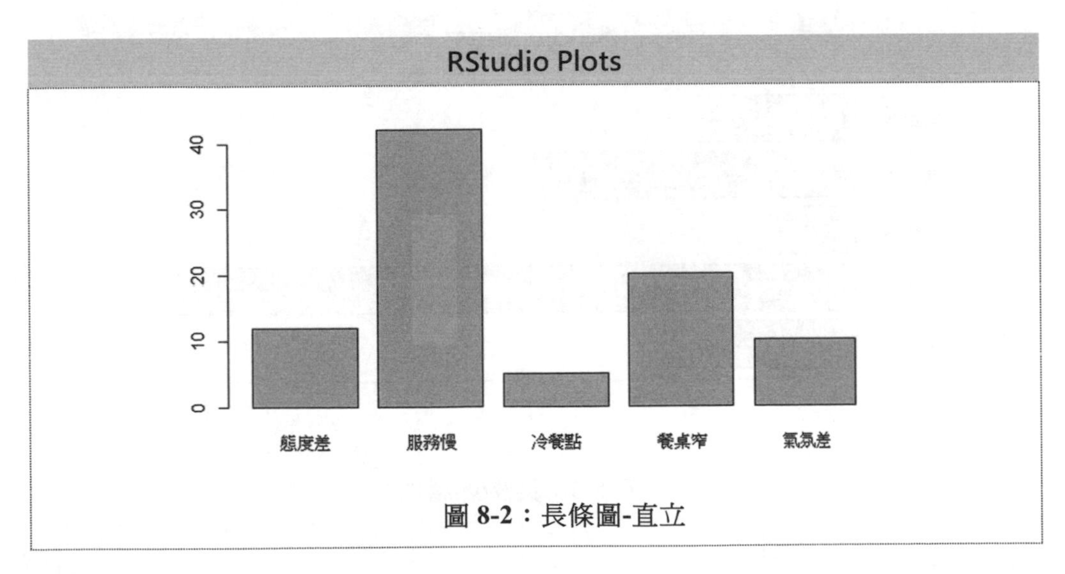

圖 8-2：長條圖-直立

R 軟體的應用(橫向長條圖)

1. 使用內建 base 套件的 c 函式，以 vector 建構抱怨項目、抱怨次數資料。
2. 使用內建 graphics 套件的 barplot 函式，繪出長條圖(指定為橫式)。

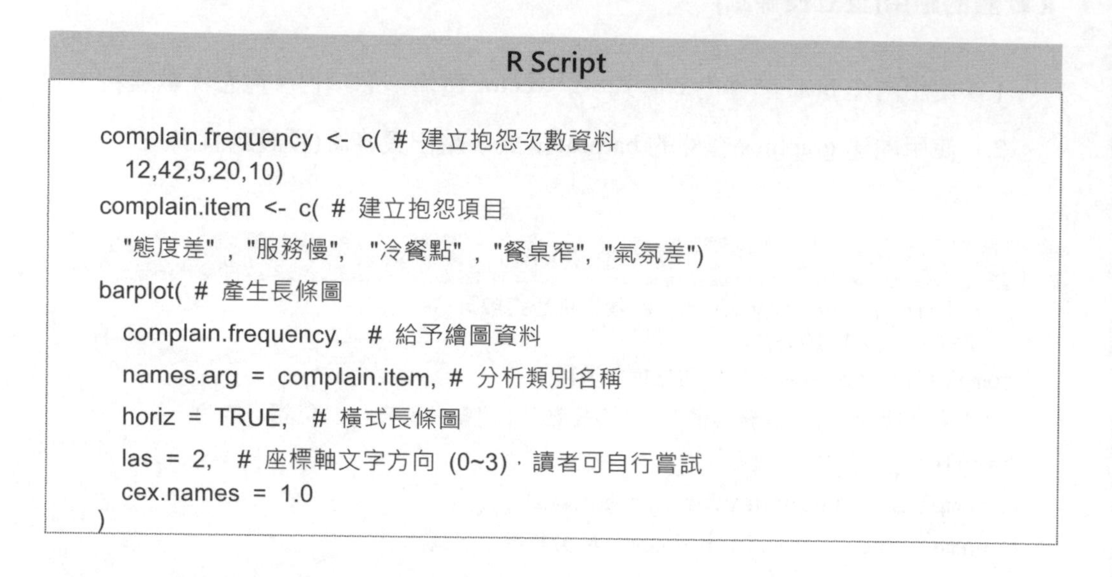

R Script

```
complain.frequency <- c( # 建立抱怨次數資料
  12,42,5,20,10)
complain.item <- c( # 建立抱怨項目
  "態度差" , "服務慢",  "冷餐點" , "餐桌窄", "氣氛差")
barplot( # 產生長條圖
  complain.frequency,  # 給予繪圖資料
  names.arg = complain.item, # 分析類別名稱
  horiz = TRUE,  # 橫式長條圖
  las = 2,  # 座標軸文字方向 (0~3)，讀者可自行嘗試
  cex.names = 1.0
)
```

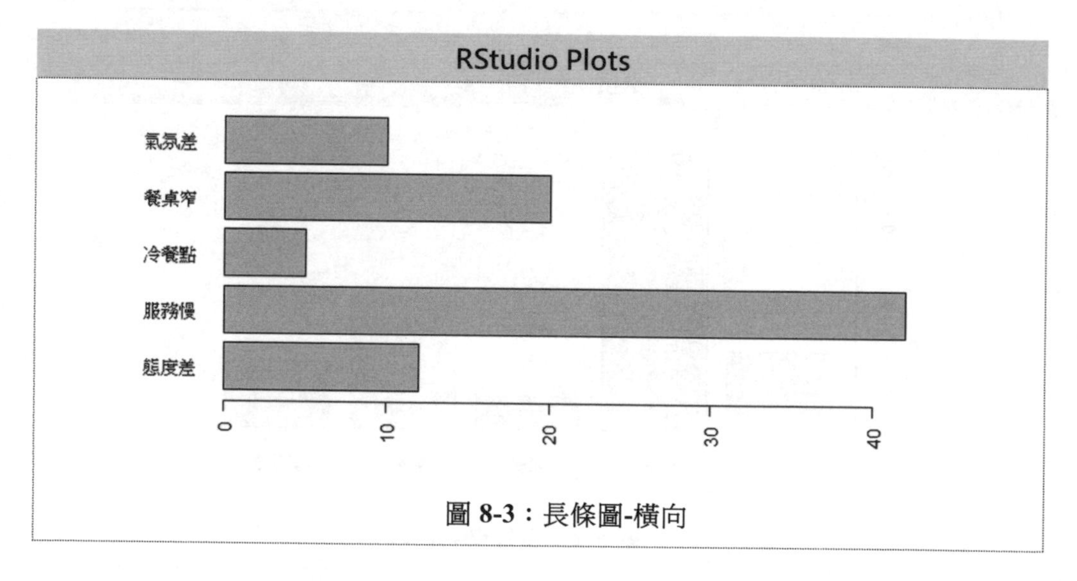

圖 8-3：長條圖-橫向

三. 柏拉圖(Pareto chart)

柏拉圖分析(Pareto analysis)是關心最重要問題的技術，是以 19 世紀意大利經濟學家 Vilfredo Pareto 來命名。是一種包含條形圖(bars)和折線(line)圖的圖表類型，其中各個值由條形降序表示，累計總和由折線表示。

通常是相對較少的因素占所有情況的最大百分比，例如抱怨、缺點、問題。這個概念是**根據重要性程度**來分類個案，著重於解決最重要的事情，留下最不重要的事。最常見的就 80 -20 法則，柏拉圖概念指出大約 80%的問題是來自 20%的品項。例如，20%的地毯面積，有著 80%的磨損。20%的產品或客戶，涵蓋了約 80%的營業額。80%的時間裡，你穿的是你所有衣服的 20% 。

物料管理的 ABC 分析，也是柏拉圖分析的應用。在物料管理上，吾人在面對問題時，當專注於重要少數(vital Few)的項目，而暫時忽視瑣碎多數 (trivial many)的項目。

如**圖 8-4**，有 20%的項目是 A 類，但金額卻佔了 80%；B 類項目佔了 30%，金額佔了 15%；C 類項目佔了 50%，金額佔了 5%。分析的目的即在找出 A 類，以便於管理者嚴密管制其存貨水準。

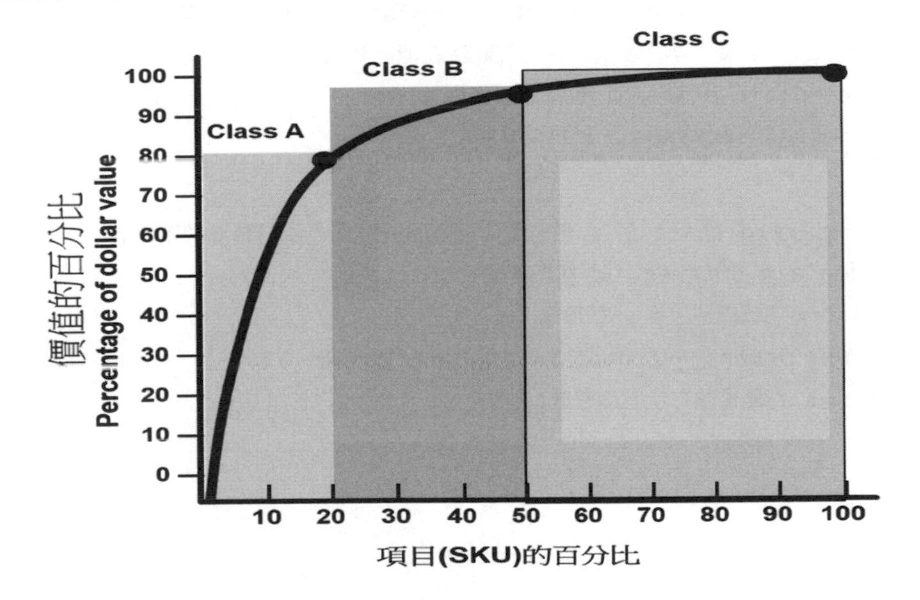

圖 8-4：物料管理的 ABC 分析

餐廳的經理關心餐廳最常面臨的品質問題的柏拉圖分析如下：

R 軟體的應用

R 環境需已安裝外掛套件 qcc

1. 使用內建 base 套件的 c 函式，以 vector 建構抱怨項目、抱怨次數資料，再使用 data.frame 建構並依抱怨次數值排序。
2. 使用 qcc 外掛套件的 pareto.chart 函式，繪出柏拉圖

R Script

```
library (qcc)  # 載入 qcc 套件
complain.freq <- c( # 建立抱怨次數資料
  12,42,5,20,10)
complain.item <- c( # 建立抱怨項目
  "服務生粗魯" , "服務緩慢",  "冷餐點" , "餐桌狹窄", "氣氛不佳")
complain.df<- data.frame(freq=complain.freq,item=complain.item)
row.names(complain.df) <- complain.item
complain.df <- complain.df[ # complain.df 排序後回存
  order(  # 使用排序函式，函式說明請參閱附錄 A
    complain.df$freq, # 排序欄位依據
    decreasing=TRUE   # 降冪排序
  ),
  ]
par<-pareto.chart (  # 柏拉圖分析圖函式，函式說明請參閱附錄 A
  complain.df$freq,  # 給予繪圖資料
  ylab ="缺點數", # y 軸標籤
  names =rownames(complain.df), # x 軸標籤
  las=2 # 座標軸文字方向整數(0~3)
)
```

RStudio Plots

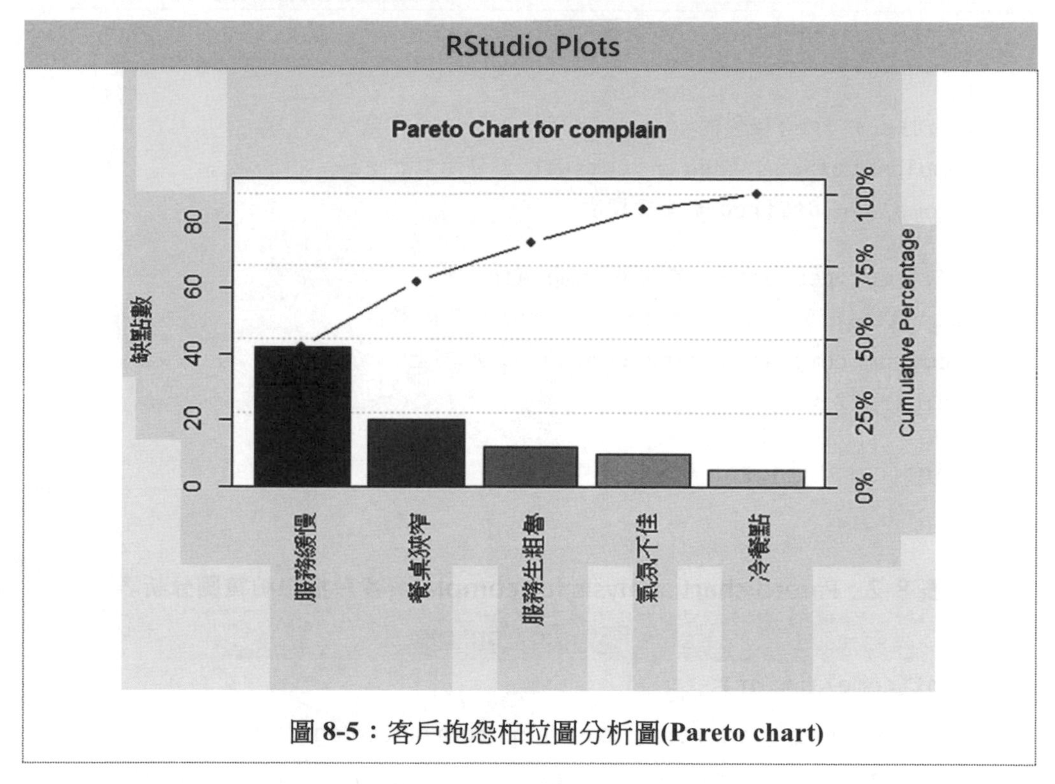

圖 8-5：客戶抱怨柏拉圖分析圖(Pareto chart)

此表不需外掛套件 qcc

R Script

```
complain.freq <- c( # 建立抱怨次數資料
  12,42,5,20,10)
complain.item <- c( # 建立抱怨項目
  "服務生粗魯" , "服務緩慢",  "冷餐點" , "餐桌狹窄", "氣氛不佳")
complain.df <- data.frame( # 建立 data frame 物件
  item=complain.item,  # 給予欄位資料
  freq=complain.freq,  # 給予欄位資料
  percentage=complain.freq/sum(complain.freq)*100 # 使用 sum 函數以
計算百分佔比
)
complain.df <- complain.df[ # complain.df 排序後回存
  order(  # 使用排序函式
    complain.df$freq, # 排序欄位依據
```

```
    decreasing=TRUE   # 降冪排序
  ),
]
# 增加 cum.freq 欄位於 complain.df
complain.df$cum.freq <- cumsum( # 使用累計函數
  complain.df$freq # 對象欄位
)
# 增加 cum.percentage 欄位於 complain.df
complain.df$cum.percentage <- round( # 數字
  cumsum(complain.df$percentage), # 同上
  digits=2 # 取小數兩位
)
print(complain.df) # 列印結果
```

表 8-2：Pareto chart analysis for complain(客戶抱怨柏拉圖分析表)

RStudio Console

```
> print(complain.df)
```

	item	freq	percentage	cum.freq	cum.percentage
2	服務緩慢	42	47.191011	42	47.19
4	餐桌狹窄	20	22.471910	62	69.66
1	服務生粗魯	12	13.483146	74	83.15
5	氣氛不佳	10	11.235955	84	94.38
3	冷餐點	5	5.617978	89	100.00

其中第二欄”Frequency”表示出現頻率，第四欄”Cum.Freq.” 表示累積出現頻率，第三欄 ”Percentage”為出現相對百分比， 第五欄”Cum.Percent.” 表示累積出現百分比。

四. 直方圖(histogram)

直方圖為連續性尺度資料的彙整，顯示出某些品質特性的次數分配，經常會將資料的平均值顯示出來。是另一種形式的長條圖。

它可用來檢驗變數的分配，提供品質管理中製程變動的訊息，這是由於直方圖可直接看出平均數和變異性。

[實例二] 連接器(Connector)製程能力樣本檢測數據。

連接器(connector) 為電子傳輸介面裡，最核心的中樞。因此品質的好壞與性能的穩定，都會影響產品的使用壽命。尤其連接器是最常接觸頻繁插拔與長時間的固定，因此在連接器的製造過程中，需要非常嚴格的品質測試與控管！一模 4 穴；每穴取 5PCS；合計 100PCS 了解製程能力及尺寸的分布表給客人；樣本檢測數據見第 11 章 表 11-8：連接器樣本檢測數據。

R 軟體的應用

方法一 ： 用 R 內建的 hist 函式繪圖

1. 使用內建 base 套件的 c 函式，將檢測值建構成 vector 物件。
2. 使用 graphics 外掛套件的 hist 產生直方圖，再以 text 函式標示出各組直徑的出現頻率疊加其上。

R Script

```
diameter <- c(  # 抽驗 100 件檢測值
  1.38,1.377,1.376,1.376,1.377,1.372,1.371,1.377,1.372,1.373,
  1.376,1.379,1.382,1.37,1.376,1.375,1.379,1.38,1.37,1.376,
  1.375,1.381,1.379,1.376,1.382,1.382,1.385,1.374,1.377,1.376,
  1.381,1.38,1.378,1.374,1.376,1.372,1.373,1.369,1.371,1.375,
  1.37,1.381,1.377,1.379,1.378,1.381,1.378,1.379,1.378,1.378,
  1.375,1.375,1.377,1.377,1.376,1.378,1.375,1.386,1.373,1.384,
  1.377,1.373,1.378,1.374,1.381,1.379,1.371,1.375,1.376,1.377,
  1.385,1.383,1.372,1.382,1.376,1.384,1.379,1.367,1.372,1.372,
  1.371,1.38,1.375,1.375,1.37,1.37,1.384,1.378,1.372,1.385,
  1.377,1.378,1.38,1.369,1.382,1.374,1.383,1.375,1.375,1.378)
h <- hist(  # 用 R 內建的 hist 函式繪圖
  diameter,  # 給予檢測資料
  breaks='Sturges', # 組距依據
  main= "直方圖(hist)" , # 圖標題
  xlab= "直徑",    # x 軸標籤
  ylab= "個數",    # y 軸標籤
  ylim=c(0,30)     # 指定 y 軸的範圍
)
print(h) # 列出這 list 之各 component(於下列引用)
```

```
text( # 新增文字量加於圖(利用 histogram 這 list 物件之各值)
  x = h$mids,  # 於座標 x 軸位置
  y = h$counts,     # 於座標 y 軸位置
  labels = h$counts, # 標示文字
  adj=c(0.5, -0.3) # 標示位置調整(對於 x、y 軸)
)
```

RStudio Plots

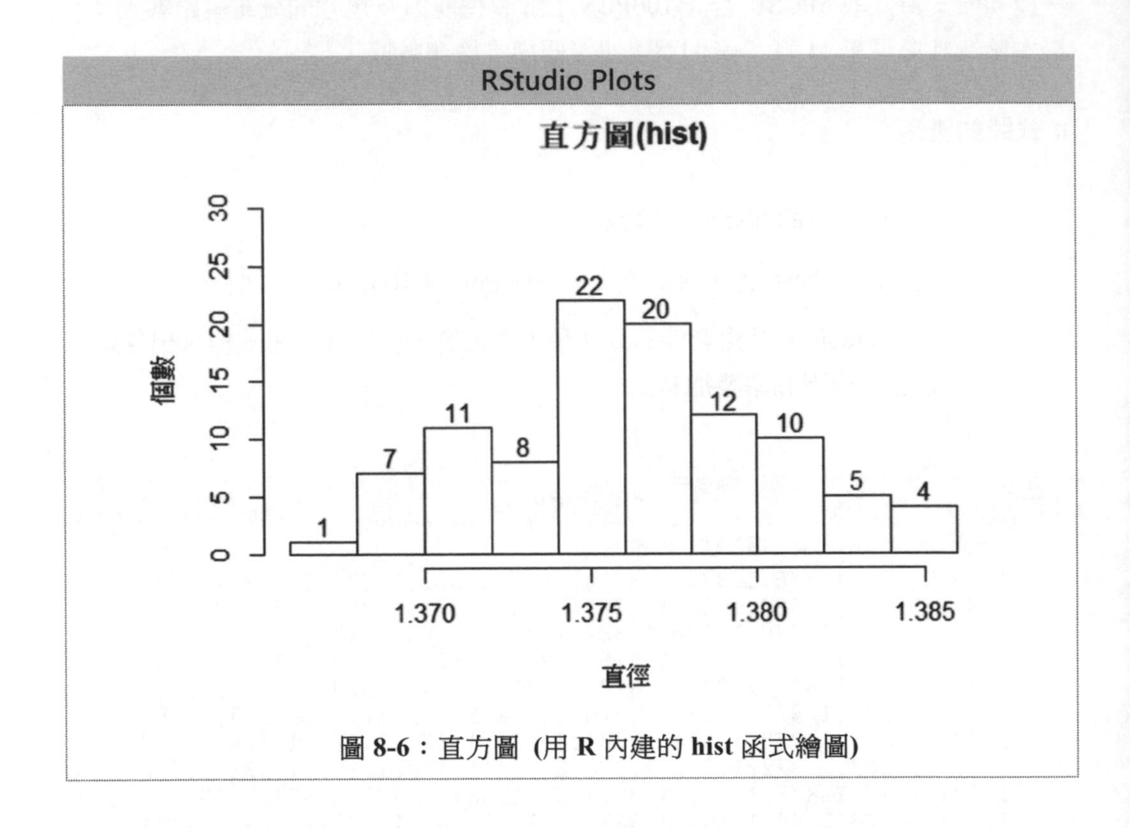

圖 8-6：直方圖 (用 R 內建的 hist 函式繪圖)

RStudio Console

```
> print(h) # 列出這 list 之各 component(於下列引用)
$breaks
 [1] 1.366 1.368 1.370 1.372 1.374 1.376 1.378 1.380 1.382 1.384 1.386


$counts
 [1]  1  7 11  8 22 20 12 10  5  4
```

```
$density
 [1]   5  35  55  40 110 100  60  50  25  20

$mids
 [1] 1.367 1.369 1.371 1.373 1.375 1.377 1.379 1.381 1.383 1.385

$xname
[1] "diameter"

$equidist
[1] TRUE

attr(,"class")
[1] "histogram"
```

上述說明了，hist 函式產生的物件 class 為 histogram，其$breaks 的 value 從 1.366 ~ 1.386，亦即，其分群聚數據(grouped data)從 1.366 到 1.368，有 1 筆；1.368 到 1.370，有 7 筆，依此類推，1.384 到 1.386 有 4 筆。

其 y 軸個數計算可印證如下：

RStudio Console

```
> diameter[diameter<=1.368 & diameter>1.366]
[1] 1.367
```

共 1 筆。

RStudio Console

```
> diameter[diameter<=1.370 & diameter>1.368]
[1] 1.370 1.370 1.369 1.370 1.370 1.370 1.369
```

共 7 筆；其它依此類推。

方法二： 用 **R** 外掛套件 **ggplot2** 的 **ggplot** 函式繪圖

以下相關 ggplot2 各函式說明請參閱附錄 B。

1. 將上述方法一的檢測資料轉成 data frame 物件。
2. 以 Sturges 公式在檢測資料範圍(最大、最小兩端)計算建議組數，再經 pretty 函式據以計算 10 的次方的組數。
3. 使用 ggplot2 之 geom_histogram 的函式使 ggplot 繪出依上述組數之直方圖。
4. 使用 ggplot_build 將 ggplot 的繪圖物件轉成繪圖資料物件。
5. 讀取繪圖資料物件之各組直方圖塊高度，並據以疊加文字圖層標示於直方圖塊上。

R Script

```
# 承解法一之環境變數
diam.df <- data.frame(diameter) #將 diameter 轉換成 data frame 物件
breaks <- base：：pretty( # 將 diameter 分組
  range(diam.df$diameter),  # 分組依據的範圍(最大值與最小值)
  n = nclass.Sturges(diam.df$diameter), # 用 Sturges 公式計算間隔數
  min.n = 1 #最小間隔
)
library(ggplot2) # 載入 ggplot2 程式庫
p <- ggplot(  # 產生繪圖物件
  diam.df,    # 繪圖資料
  aes(x=diameter)) +  # 指定 x 軸資料
  geom_histogram( # 繪製直方圖
    color="black", # 直方圖塊外框顏色
    fill="white",  # 直方圖塊填入顏色
    breaks=breaks  # x 軸組距各邊界點
  )+
  ggtitle('直方圖(ggplot)')+ # 圖標題
  xlab('直徑')+ # x 軸標籤
  ylab('個數')+ # y 軸標籤
  ylim(0,30)  # 指定 y 軸的範圍
```

```
pg <- ggplot_build(p) # 將繪圖物件轉成 ggplot_built 繪圖資料物件
pg.df <- pg$data[[1]] # 從繪圖資料物件取其一圖層(layer)data frame
p+
  geom_text( # 疊加文字標示於直方圖塊上
    data=pg.df, # 文字資料來源
    mapping = aes(x=x,y=y, # xy 軸對應於文字資料來源
                  label=y  # 標示的文字
    ),
    color= 'blue', # 文字的顏色
    size =4,       # 文字的大小(mm)
    vjust = -1    # 文字位置垂直向上調整幾個字高
  )+
  scale_x_continuous(breaks=pg.df$xmax) # x 軸標示各組邊界
```

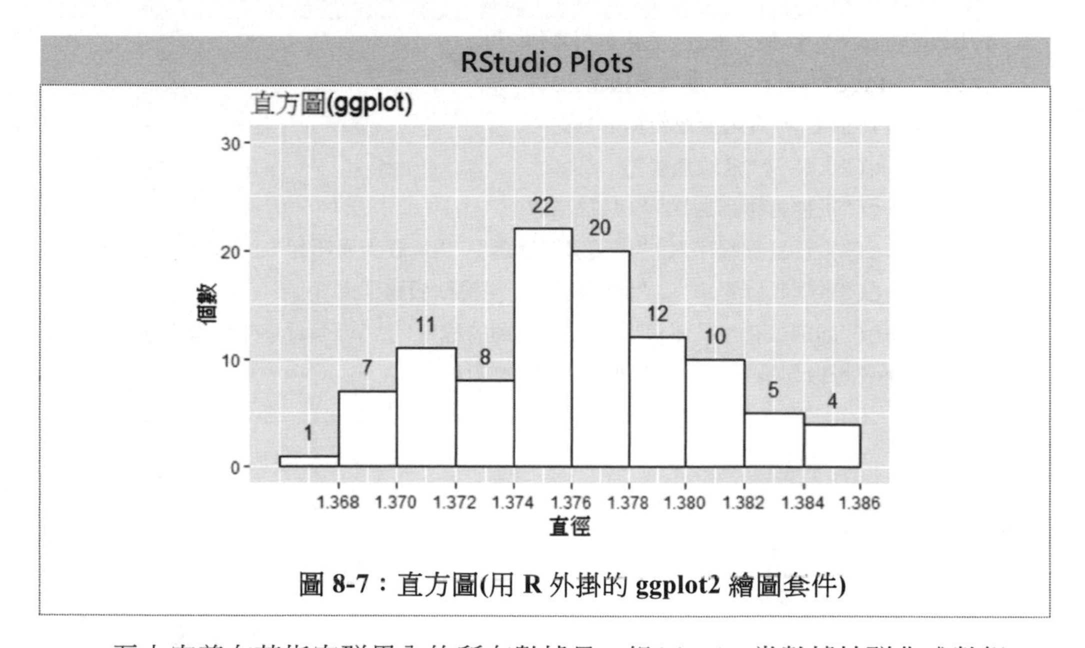

圖 8-7：直方圖(用 R 外掛的 ggplot2 繪圖套件)

吾人定義在某指定群界內的所有數據是一組(class)。當數據被群化成數組，吾人可繪出數據的頻率分配(frequency distribution)。這樣的頻率圖稱為直方圖。

直方圖是由不同高度的直條(bar)構成，每直條的高度代表該組數據的頻率。

[實例三] 班機起飛延遲分析(Analysis of Flight Departure Delays)

分析可能造成問題的要因，管理者可繪製特性要因圖，如下**圖** 8-8。此班機起飛延遲的主要問題在圖的頭部部分。藉由與員工進行腦力激盪法，列出所有可能的要因，並定義出幾個主要的類別，與其他因素來管理控制，並將所有要因分別歸入不同的類別。

班機起飛延遲特性要因圖(Cause-and-Effect Diagram for Flight Departure Delays)

R 軟體的應用

使用 R 語言外掛套件 qcc 之 cause.and.effect 繪製要因圖。

R Script

```
library(qcc) # 載入 qcc 品管分析套件
cause.and.effect( # 繪製要因圖函式
  cause=list( # 要因清單及其下分支
    其他=c("天氣","飛航延遲"),
    設備=c("班機延遲到達", "機械故障"),
    人員=c("乘客登機程序", "機艙清潔延遲", "駕駛人員不足", "機員遲到"),
    原料=c("行李延遲送達", "燃料延遲", "餐飲服務延遲"),
    方法=c("起飛公布系統不良", "延遲報到的程序", "等候延遲的乘客")),
  effect="班機起飛延遲" # 影響之名稱(文字)
)
```

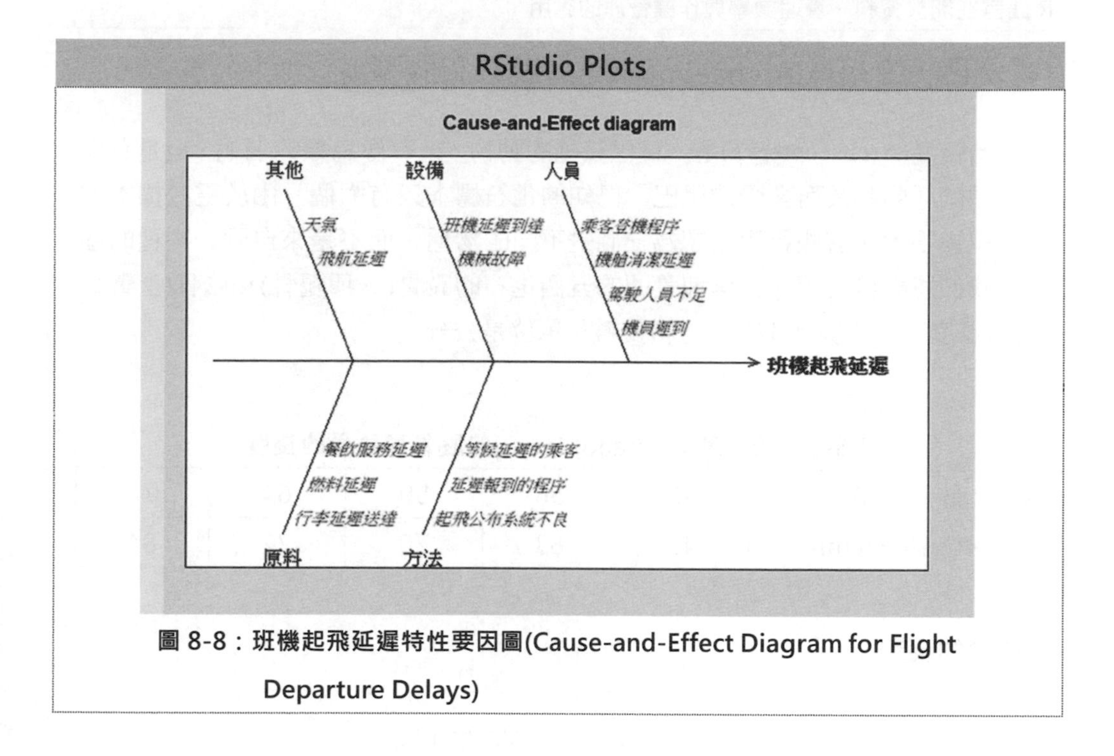

圖 8-8：班機起飛延遲特性要因圖(Cause-and-Effect Diagram for Flight Departure Delays)

特性要因圖由於其外型酷似魚骨，所以也稱為魚骨圖(fishbone diagram)。主要的問題標示為魚的頭部。要因類別為結構「骨頭」(bones)，而特定要因為「肋骨」(ribs)。繪製時，分析者需定義潛在要因問題的主要類別，可分為人員、設備、原料與方法等類別。可幫助管理者與員工關注影響產品或服務品質的主要因素。

五. 散布圖(scatter chart)

散布圖顯示兩個變數間是否具有相關性，此相關性可決定此懷疑是否需要考慮或排除。

[實例四] 始祖鳥(Archaeopteryx)的股骨和肱骨(2)

始祖鳥(Archaeopteryx)是一種已滅絕的動物，牠有像鳥類的羽毛，但是有像爬行類的牙齒和長而多骨的尾巴。已知的化石標本只有六個。由於這些標本的大小差異很大，有些科學家認為它們是不同的物種，而不是來自同一物種的個體。我們將舉例說明保存兩塊骨頭的五個化石的股骨(一種腿骨)和肱骨(上臂骨頭)的長度，以下**表 8-3** 就是這組資料，單位是公分：

表 8-3：始祖鳥(Archaeopteryx)的股骨和肱骨的長度

Femur 肱骨(cm)	38	56	59	64	74
Humerus 股骨(cm)	41	63	70	72	84

R 軟體的應用

1. 使用內建 plot 函式繪出 x 軸、y 軸的散布圖。
2. 使用 R 語言內建套件 stats 之 cor 函式分析 x、y 各對應資料之 pearson 相關係數。

R Script

```
肱骨 <- c(38,56,59,64,74)
股骨 <- c(41,63,60, 72,84)
plot( # plot 繪圖函式，預設為散布圖，函式說明請參閱附錄 A
  x=肱骨, # x 軸各值，軸標籤同變數名
  y=股骨  # y 軸各值，軸標籤同變數名
)
x <- cor( # 資料組相關性(correlation )分析，函式說明請參閱附錄 A
  x=肱骨,y=股骨,
  method ='pearson'  # 以皮爾森法
)
print(x)  # 印出本例相關係數之結果
```

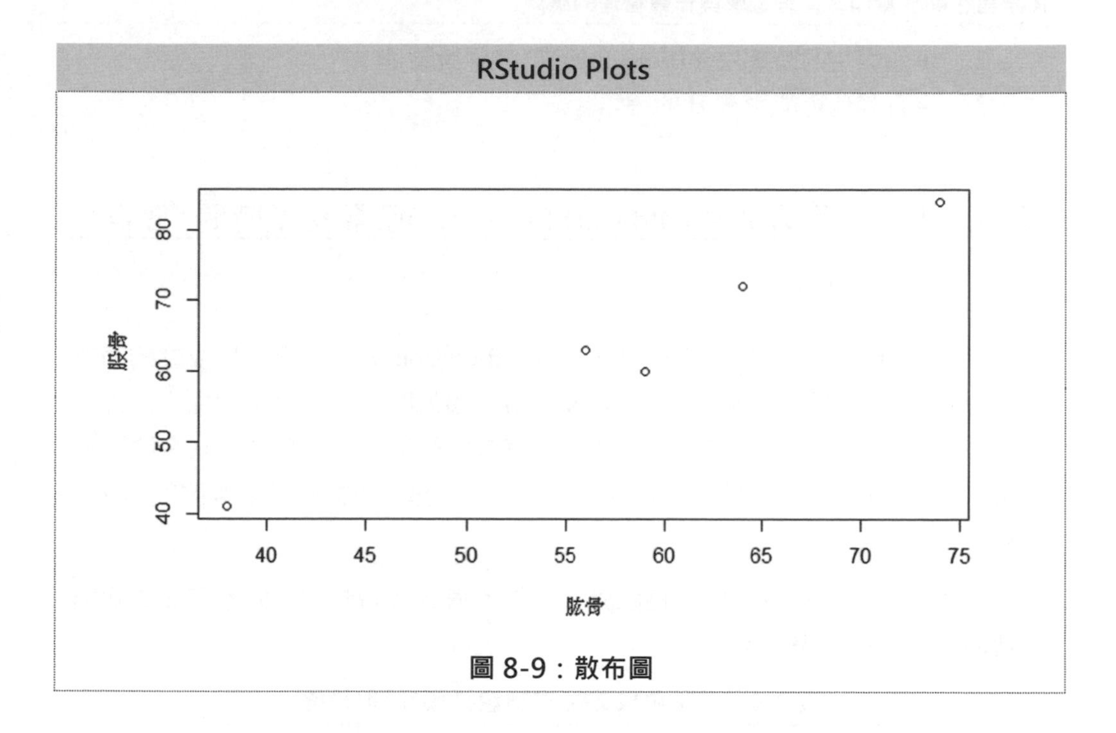

圖 8-9：散布圖

Rstudio Console

```
> print(x)
[1] 0.9846124
```

兩個隨機變數有相關性(correlated)，即 Cov (X,Y) $\neq \mathbf{0}$，並不意謂兩個變數之間有「因果關係」 (causation)。例如，「教育水準」與「每分鐘脈搏次數」可能有相關性，教育水平愈高的人，脈搏愈慢(負相關)，但不意謂讀書愈多「造成」脈搏愈慢，這中間可能存在第三個因素：「運動」，因為教育水平愈高的人可能比較注重運動，而運動導教脈搏愈慢。(4) 在此的第三個因素：「運動」即所謂中介變數(intervening variable)。(3)

研究乃在尋找「事情的真相」(to know what is)，以了解、解釋、並預測現象。相較於上述的量化研究，另一種質化研究方法亦然，它在幫忙尋找現象背後的中介變數。

一般而言，為檢定 A 導致 B 的「因果關係」假說，有三種證據型式(4)：

1. A 與 B 之間存在共變異(covariation)情況。

2. 事件發生的時間次序(time order)符合假說預測。
3. 沒有其他可能影響 B 的因素。

[實例五] 老實間歇噴泉(Old Faithful geyser)噴發持續時間：雙群分布圖 (5)

世界地質景觀的瑰寶的黃石國家公園(Yellowstone) 是世界最早成立的國家公園,有一部分位於美國懷俄明州(Wyoming) - 懷俄明州是聯邦各州內人口最少的一州，也是世上擁有最多噴泉的地方，而其中最著名的噴泉就是老實間歇噴泉(Old Faithful geyser)，因為它的噴發時間很有規律，故被取名老實間歇噴泉，簡稱「老實噴泉」。

從 1985 年 8 月 1 日到 15 日觀察，搜集了噴發持續時間，觀察了 272 次噴發持續時間，如下表 **8-4**。

表 8-4：老實噴泉 272 次噴發持續時間(秒鐘)

216	258	134	132	157	302	113	143	249	109
108	268	270	260	244	240	275	282	141	268
200	202	105	112	255	144	255	112	296	
137	242	288	289	118	276	226	230	174	
272	230	109	110	276	214	122	205	275	
173	121	264	258	226	240	266	254	230	
282	112	250	280	115	270	245	144	125	
216	290	282	225	270	245	110	288	262	
117	110	124	112	136	108	265	120	128	
261	287	282	294	279	238	131	249	261	
110	261	242	149	112	132	288	112	132	
235	113	118	262	250	249	110	256	267	
252	274	270	126	168	120	288	105	214	
105	105	240	270	260	230	246	269	270	
282	272	119	243	110	210	238	240	249	
130	199	304	112	263	275	254	247	229	

105	230	121	282	113	142	210	245	235	
288	126	274	107	296	300	262	256	267	
96	278	233	291	122	116	135	235	120	
255	120	216	221	224	277	280	273	257	
108	288	248	284	254	115	126	245	286	
105	283	260	138	134	125	261	145	272	
207	110	246	294	272	275	248	251	111	
184	290	158	265	289	200	112	133	255	
272	104	244	102	260	250	276	267	119	
216	293	296	278	119	260	107	113	135	
118	223	237	139	278	270	262	111	285	
245	100	271	276	121	145	231	257	247	
231	274	130	109	306	240	116	237	129	
266	259	240	265	108	250	270	140	265	

噴發長度的變化涉及隨機性。透過探索資料集，吾人可能會了解這種隨機性。例如：我們想知道哪些持續時間比其他持續時間更可能發生；是否有「典型的噴發持續時間」之類的東西？持續時間是否圍繞資料集中心對稱變化等等。

為了檢索此類資訊，僅列出觀察到的持續時間對我們沒有太大幫助。我們必須彙總觀察到的資料。可以對老實噴泉資料從計算資料平均值開始，得到平均值為 209.3。我們要做的第一件事就是對資料進行重新排序，結果如表 **8-5**。按順序排列的元素已經提供了更多資訊。例如，現在清楚所有元素都位於 96 和 306 之間。

表 8-5：老實噴泉 272 次噴發持續時間排序(秒鐘)

96	112	124	145	230	246	260	270	282	304
100	112	125	149	230	246	260	270	282	306
102	112	125	157	230	247	260	270	282	
104	112	126	158	230	247	260	270	282	
105	112	126	168	231	248	260	270	282	
105	112	126	173	231	248	261	271	282	
105	113	128	174	233	249	261	272	283	
105	113	129	184	235	249	261	272	284	

105	113	130	199	235	249	261	272	285	
105	113	130	200	235	249	262	272	286	
107	115	131	200	237	250	262	272	287	
107	115	132	202	237	250	262	273	288	
108	116	132	205	238	250	262	274	288	
108	116	132	207	238	250	263	274	288	
108	117	133	210	240	251	264	274	288	
108	118	134	210	240	252	265	275	288	
109	118	134	214	240	254	265	275	288	
109	118	135	214	240	254	265	275	289	
109	119	135	216	240	254	265	275	289	
110	119	136	216	240	255	266	276	290	
110	119	137	216	242	255	266	276	290	
110	120	138	216	242	255	267	276	291	
110	120	139	221	243	255	267	276	293	
110	120	140	223	244	256	267	277	294	
110	120	141	224	244	256	268	278	294	
110	121	142	225	245	257	268	278	296	
111	121	143	226	245	257	269	278	296	
111	121	144	226	245	258	270	279	296	
112	122	144	229	245	258	270	280	300	
112	122	145	230	245	259	270	280	302	

地質學家相信有兩個不同噴發，但從資料集中無法看出清楚不對稱的圖形，最好能對資料集有圖形表示。其一可以直方圖表示，其二可以透過所謂的核密度估計(kernel density estimate,KDE)，以更多樣化的圖形方式表示資料。核密度估計的基本想法最早出現於 1950 年代初期。直到最近，由於其密集的計算特性，在從業者使用工具中它仍然不普及。

圖 8-10 顯示老實噴泉資料的核密度估計。圖形可以很快顯示出數據集的不對稱性，但它比直方圖(histogram)要平滑得多。現在更容易檢測在其周圍元素累積的兩個典型數值。

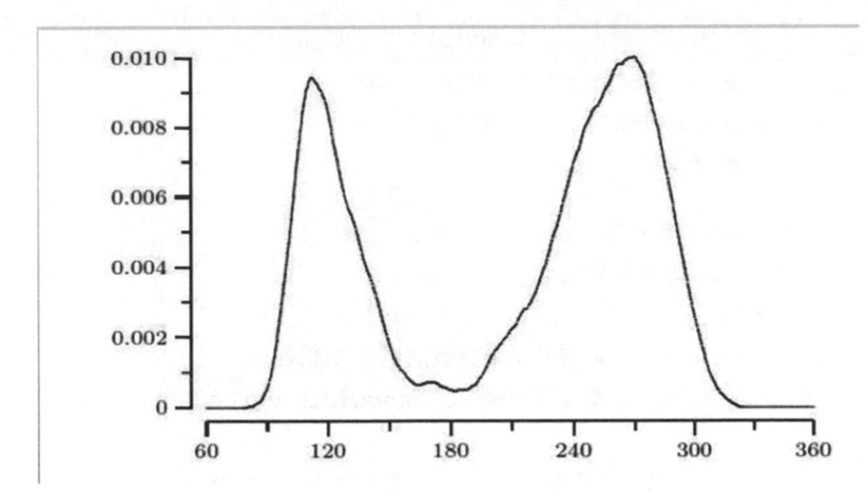

圖 8-10：老實噴泉資料的核密度估計

構建圖形背後的想法是：在數據集的每個元素周圍「放一堆沙子」。在元素堆積的地方，沙子會堆積。構建實際圖形是透過選擇核 K 和帶寬 h 來構建的。核 K 反映了沙堆的形狀，而帶寬是一個調整參數，它確定了沙堆的寬度。核 K 通常滿足以下條件：

(K1) K 是機率密度，即 K(μ) ≥ 0 且 $\int_{-\infty}^{\infty} K(u)du = 1$；

(K2) K 對於平均數 0 對稱，即 K(μ) = K(-μ)；

(K3) K(μ) = 0，對 $|\mu| > 1$.

在「非參數估計」的脈絡下，「核」是一個函數，用來提供權重。例如高斯函數（Gaussian function）就是一個常用的核函數(5)。

R 軟體的應用

1. 使用 R 語言內建 datasets 套件的 faithful，並自分鐘資料轉為秒鐘避免計算精度誤差與閱讀方便。
2. 使用內建 stats 套件下之 density 函式估計密度分布。
3. 使用內建 grapics 套件之 plot 函式繪製核心密度估計曲線。

R Script

```
f<-round(     # 依浮點運算捨入標準轉換為秒單位
  faithful$eruptions*60,    # 來源資料為分鐘
  digits=0    # 取整數
)
head(f)  # 列印前 5 筆資料
d <- density(  #  核心密度估計
  x=f,    # 資料
  kernel='gaussian',   # 使用高斯趨近法使曲線圓滑
  bw='SJ'  # 使用導引貼近實際資料變異的 bandwidth method
)
plot( # 列印核心密度估計曲線
  x=d,
  main='老實噴泉噴發持續時間核心密度估計'
)
```

RStudio Plots

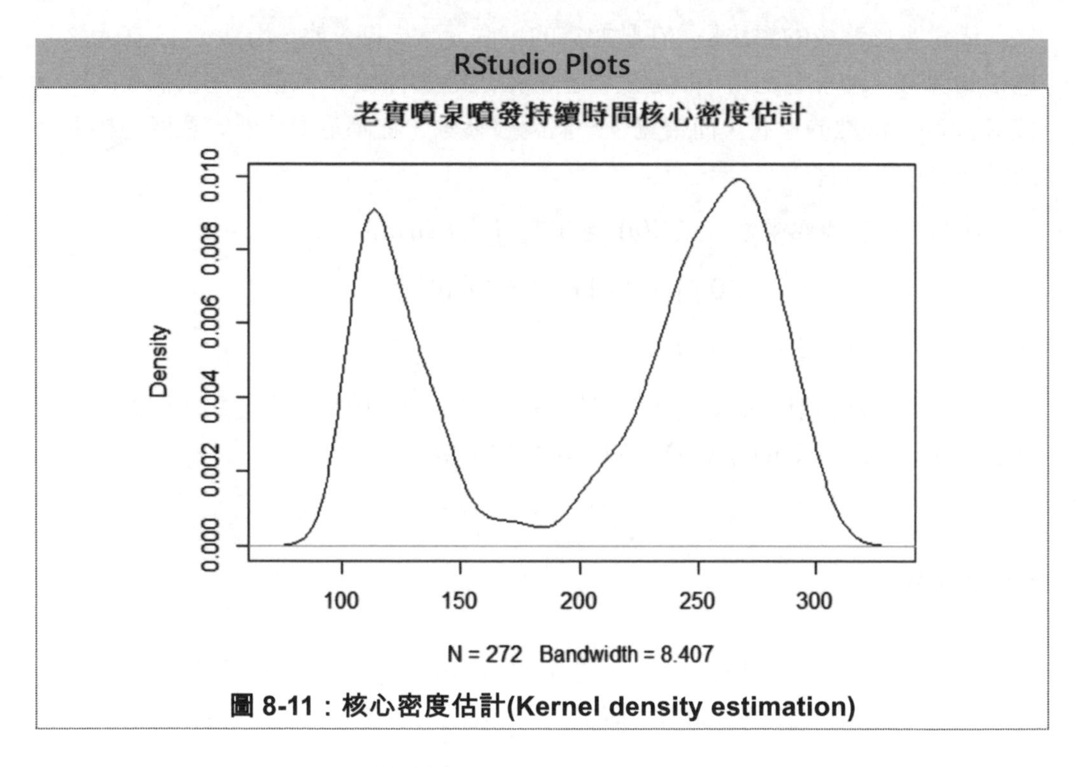

圖 8-11：核心密度估計(Kernel density estimation)

參考文獻

1. Krajewski, L. J. (2013). Operations management： Processes and supply chains with MyOMLab. Pearson Education Limited.
2. Moore, D. S., Notz, W. I., & Notz, W. (2006). Statistics： Concepts and controversies. Macmillan.
3. 楊維寧(2007)，統計學(二版)，台北：新陸書局。
4. Donald, R. C., & Pamela, S. S. (2003). Business research methods. *Mac Graw Hills*.
5. Dekking, F. M., Kraaikamp, C., Lopuhaä, H. P., & Meester, L. E. (2005). *A Modern Introduction to Probability and Statistics： Understanding why and how*. Springer Science & Business Media.

第9章 學習曲線(Learning Curve)

長期以來，人們一直認為大多數產品或服務的生產會隨著經驗的增長而提高。品質提高以及生產這些產品或服務有關的成本和時間減少。這種「邊做邊學」在 1930 年代的飛機工業，和 1940 年代戰時船艦建造方案中都有記載。估計和預測這種學習因素對生產成本的影響的方法已被納入大多數標準作業管理文件中。飛機產業的原始研究發現，當產量增加一倍時，平均而言，每單位勞動力的需求減少了約 20%。(1)

1939 年 T.P. Wright 首先發表學習曲線的理論與計算方式，他觀察到一個人重複做一件相同或相類似的工作，在經過一段時間後，會因熟練度的提昇而增進其工作效率，進而減少浪費、降低產品生產成本，以提昇產品的競爭能力。即所謂「熟能生巧」(practice makes perfect) 的假說。之後有關學習曲線研究的文獻陸續發表出來，且已成功的應用在傳統製造產業上。

學習曲線可以應用在工作衡量技術(Work measurement techniques)、重複性營建作業以及外科手術上。

假如沒有完成預估程序中每個步驟的作業時間，此程序/流程(process)的文件化便不算完成。預估各步驟的時間是必須的，不只是為了程序的改善，同時也為了產能規劃、限制條件管理(constraint management)、績效評估以及排程。

正式的衡量技術需要仰賴受過專業訓練的人來進行，技術包含了：時間研究（time study）、工作單元標準時間（elemental standard data）、預定動作時間法（predetermined data approach）及工作抽樣法。

前面的時間評估技術是假設作業程序已達穩定狀態 ，而學習曲線分析便是應用於持續改變的情況 例如，經常性導入新產品或服務，工作人員會因重複導入作業而更有效率，程序改善可更為明顯，也可找出較佳的管理方式，而這些學習效果皆可運用學習曲線加以預估。

學習曲線可呈現出處理時間與產品或服務產出累計量間的關係，某一程序的曲線可由學習率與完成第一件產品的實際值或預估值來決定。適用於新產品(如鼎泰豐因應非洲豬瘟，新研發出的羊肉蒸餃) 及新服務導入(如外科手術)那時每單位產出時間尚未穩定。

第1節 學習曲線的基本應用

[實例一] 單一學習曲線(2)

學習曲線的學習率為 80 %，完成第一批 10 件產品中的第一件完成時間是 120,000 小時，每增加一個倍數的產出量會有一次的學習效果，第二件完成時間是第一件的 80%(120,000 × 80%＝96,000 小時)，第四件是第二件的 80%(96,000 × 80%＝76,800 小時)，以此類推。試繪出學習曲線圖，預估累計件數達 100 件時，每件的完成時間？(2)

Learning Model

$Y = aX^b$

a ： time to produce the first unit　第一件完成時間

X ： cumulative Output　　累積產出量

b ： Log LC/ log 2

已知：

第一件完成時間：120,000 小時

LC－ 學習率為 80%

解法：

R 軟體的應用

方法一：使用內建計算元(**operator**)及曲線繪圖函式

1. 利用學習曲線函數，求第 100 件所需的完成時間：
   因 Learning Model $Y = aX^b$
   $b = \text{Log LC}/\log 2 = \log(0.8)/\log(2) = \frac{-0.2231436}{0.6931472}$
   $= -0.3219282 \approx -0.322$

RStudio Console

```
> 120000*100**-0.3219282 # 第 100 件所需完成之時間
[1] 27247.39
```

2. 再利用內建繪圖函數，在[from，to]間隔內繪製與函數相對應的曲線

RStudio Console

```
curve(  # R 語言內建套件 graphics 之曲線繪圖函式
120000*x**-0.3219282,  # y 值的計算公式
  from=0,   # 指定 x 值的起始值
  to=100,   # 指定 x 值的結束值
  ylab ='小時,每件完成時間',  # y 軸標籤
  xlab ='累積件數'  # x 軸標籤
)
```

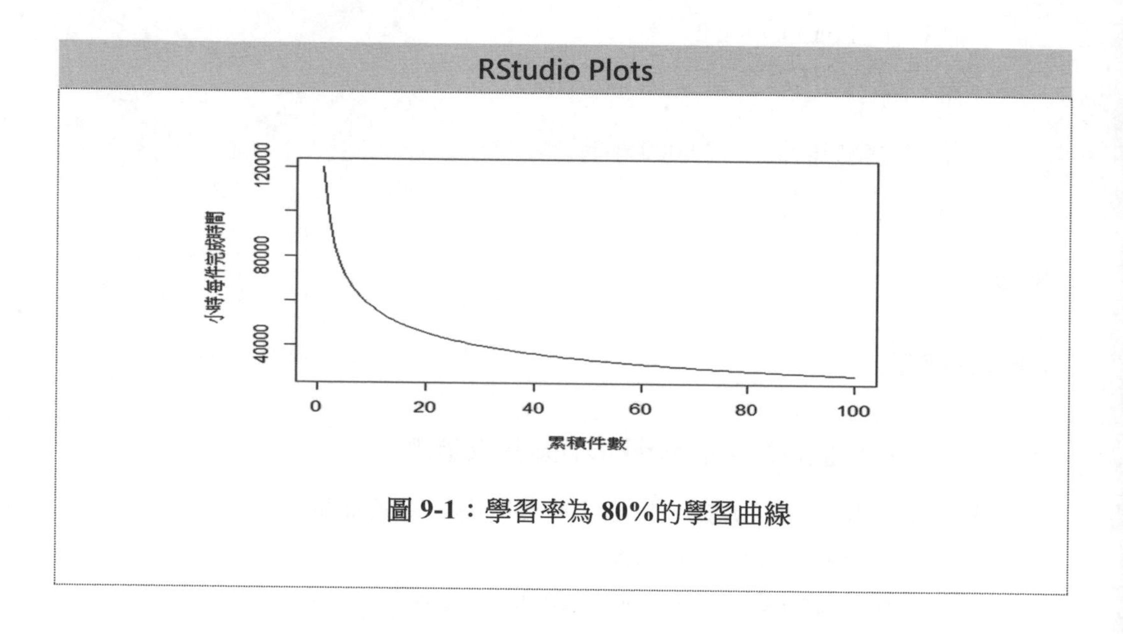

圖 9-1：學習率為 80%的學習曲線

方法二：使用套件 **ggplot2** 繪圖函式 **ggplot**，自訂學習曲線計算函式指定予 **stat_function**，使曲線呈現平滑。

R Script

```
# 宣告學習曲線計算函式
# x:  累計件數
y1.f <- function(x){
  120000*(x^-0.3219282)
}
print(y1.f(10))  # 印出第 10 件所需完成之時間
# 宣告本例相關常數
title <- "學習率為 80%的學習曲線" # 圖表標題
xy <- data.frame(x = c(0,100),y=c(0,0)) # xy 軸範圍
x.label <- '累計件數' # x 軸標籤
y.label <- '每件完成時間' # y 軸標籤
# 使用 ggplot 繪圖
library(ggplot2)
p<-ggplot(  # 產生繪圖物件
  data=xy,  # 繪圖資料
  mapping=aes(
    x=x,y=y) # 指定 x、y 軸資料
)+
  ggtitle(title)+ # 圖標題
  xlab(x.label)+ylab(y.label)+  # 給予 xy 軸標籤
  theme(   # xy 軸標籤的字體、顏色、大小等
    axis.title.x = element_text(color = "#56ABCD", size = 12, fa
ce = "bold"),
    axis.title.y = element_text(color = "#993333", size = 12, fa
ce = "bold")
  )+
  xlim(1,100)+  # 畫出 x 軸的範圍，本例為第 1 至第 100 件
  stat_function( # 使用統計函式 stat_function 令每一 x 軸上的值分別傳入
 fun 指定函式計算其 y 軸數值
    fun = y1.f,  # fun 對應上述宣告之自訂函式
    n = 1000      # 於 x 軸的資料範圍插入細分之點數
  )
print(p) # 印出本例學習曲線
```

RStudio Plots

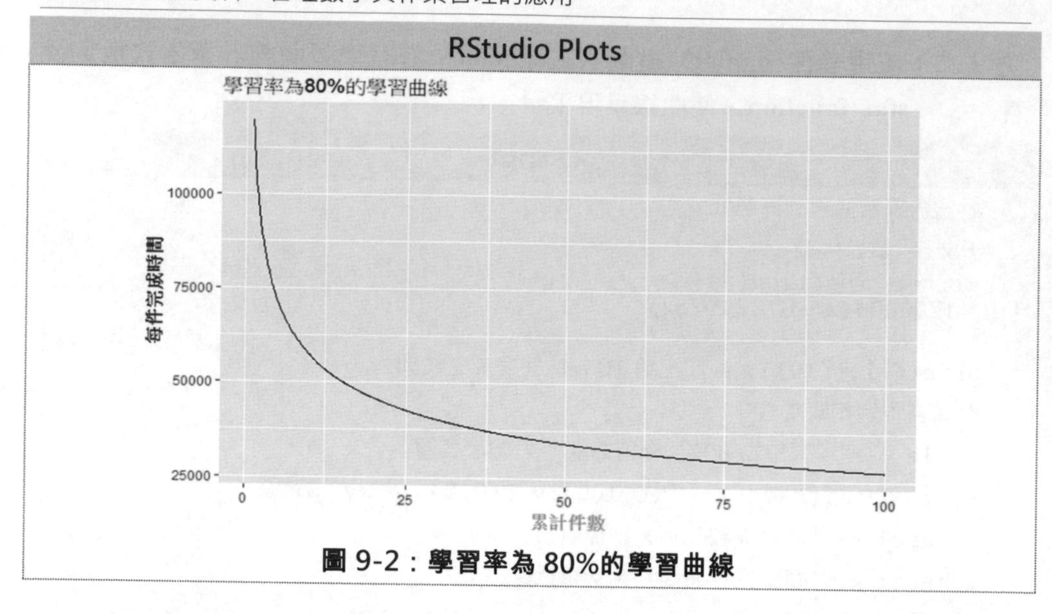

圖 9-2：學習率為 80%的學習曲線

方法三：使用 geom_point 及 geom_path 來構成點狀圖及其連線圖。

R Script

```
# 宣告學習曲線計算函式
# x:   累計件數
y1.f <- function(x){
  120000*(x^-0.3219282)
}
# 宣告本例相關常數
title <- "學習率為 80%的學習曲線" # 圖表標題
x.label <- '累計件數' # x 軸標籤
y.label <- '每件完成時間' # y 軸標籤
# 宣告本例點狀圖資料
p.df <- data.frame( # 點狀繪圖資料為 data frame 物件
  x=c(1,seq(2,10,by=2),20,40,60,80,100) # x 軸標示點
)
p.df$y <- y1.f( # 呼叫自訂函式計算 y 值
  p.df$x  # 以 p.df 的 x 欄資料依序傳入函式
) # 讀者執行至此可於 console 執行 print(p.df)指令視其結果

# 使用 ggplot 繪圖
library(ggplot2)
```

```
p<-ggplot( # 產生繪圖物件
  data=p.df, # 繪圖資料
  mapping=aes(x=x,y=y) # 指定 x、y 軸資料
)+
  ggtitle(title)+ # 圖標題
  xlab(x.label)+ylab(y.label)+  # 給予 xy 軸標籤
  theme(   # xy 軸標籤的字體、顏色、大小等
    axis.title.x = element_text(color = "#56ABCD", size = 12, face = "bold"),
    axis.title.y = element_text(color = "#993333", size = 12, face = "bold")
  )+
  theme(axis.text.x = element_text(size = 10))+  # 給予 x 軸字體大小
  geom_point()+ # 畫出各點點狀圖
  geom_path()+  # 疊加畫出各點連線
  scale_x_continuous(breaks=p.df$x)+  # 依 x 軸各值標示
  scale_y_continuous(breaks=p.df$y)   # 依 y 軸各值標示
print(p)  # 印出本例學習曲線
```

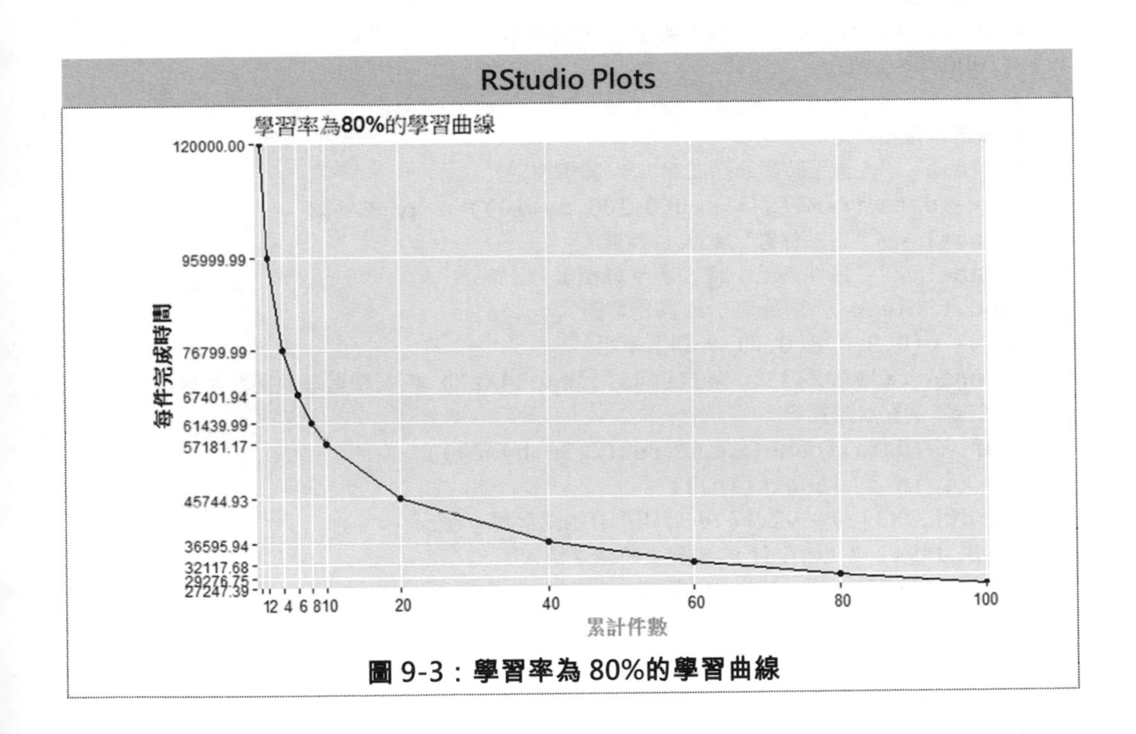

圖 9-3：學習率為 80%的學習曲線

第2節 學習曲線的進階應用

[實例二] 多學習率的比較

承上例，學習率為 70 %，80 %，90 %的學習曲線?

R 軟體的應用

1. 使用 ggplot2 套件之 ggplot 函式產生繪圖物件。
2. 於 ggplot 繪圖物件圖層上，依各學習率分層疊加 geom_point 及 geom_path 函式構成的點狀及其連線等圖層。

R Script

```
# 宣告學習曲線計算函式
y1.f <- function(x,b){  # x： 累計件數
  100000*(x^b)
}
# 宣告本例相關常數
title <- "人工工時與學習曲線" # 圖表標題
xy <- data.frame(x = seq(0,100,by=10)) # xy 軸範圍
x.label <- '累計件數' # x 軸標籤
y.label <- '每件人工小時' # y 軸標籤
lgnd.title <- '學習率' # 圖例標題
lr <- c(0.9,0.8,0.7) # 學習率組
colors= c('#FF2345','#34FF45','#AD34AE') # 各學習率線圖顏色對應
# 宣告本例點狀圖資料
p.df <- data.frame(x=c(1,seq(2,30,by=2)))
for (i in 1:length(lr)){
  p.df[,i+1] <- y1.f( # 呼叫自訂函式計算 y 值
    p.df$x, # 以 p.df 的 x 欄資料依序傳入函式
    log(lr[i])/log(2) # 學習曲線指數
  ) # 讀者執行至此可於 console 執行 print(p.df)指令視其結果
}
# 使用 ggplot 繪圖
library(ggplot2)
p<-ggplot(
  data=p.df,
```

```
  mapping=aes(x=p.df[,1],y=NULL))+ # 指定 x、y 軸資料(暫時為 NULL)
  ggtitle(title)+ # 圖標題
  xlab(x.label)+ylab(y.label)+  # 給予 xy 軸標籤
  theme(   # xy 軸標籤的字體、顏色、大小等
    axis.title.x = element_text(color = "#56ABCD", size = 12, face
= "bold"),
    axis.title.y = element_text(color = "#993333", size = 12, face
= "bold")
  )+
  theme(axis.text.x = element_text(size = 10))+  # 給予 x 軸字體大小
  scale_x_continuous(breaks=p.df$x) +  # 依 x 軸各值標示
  scale_colour_manual(lgnd.title,values =colors)  # 圖例依線圖顏色對
應標示於圖右上

# 宣告不同點狀圖及連線圖的疊加函數
s.f <- function(s,i){  # s： ggplot 物件 i： 對應學習率組
  # 使用 geom_point 及 geom_path 將線圖疊加於 plot 物件上
  # 自動將每一 x 軸值及 args 的參數值帶入 y1.f 函式計算出 y 軸值
  # 產生不同線圖的圖例文字標示
  s<- s+
    geom_point( # 點狀圖疊加於 plot 物件上
      data=data.frame(p.df[,i+1]), # 資料為 p.df 的 i+1 欄位資料
      aes(y=p.df[,i+1], # y 軸同上資料
          colour = as.character(lr[i]) # 圖例顏色對應之文字
      )
    )+ # 畫出各點點狀
    geom_path( # 線圖疊加於 plot 物件上
      data=data.frame(p.df[,i+1]), #同上述
      aes(y=p.df[,i+1], #同上述
          colour = as.character(lr[i]) # 圖例顏色對應之文字
      )
    ) # 疊加畫出各點連線
}
# 利用迴圈呼叫自訂函式 s.f 繪出疊加線圖
for (i in 1:length(lr)){
  p <-s.f(p,i)
}
print(p)  # 印出本例繪圖物件
```

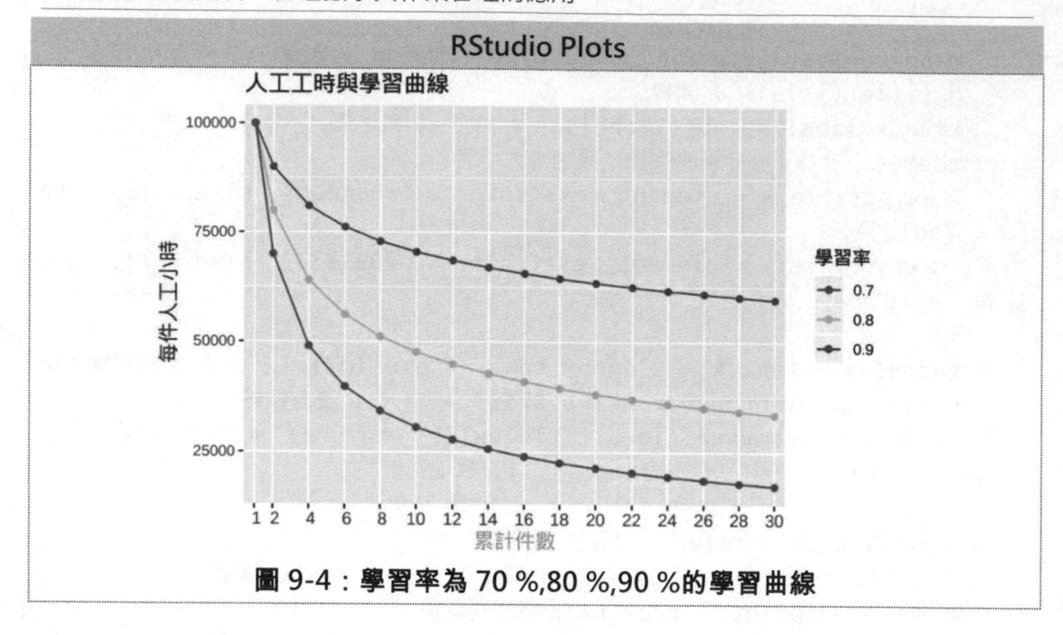

圖 9-4：學習率為 70 %,80 %,90 %的學習曲線

[實例三] 學習曲線應用到心臟移植死亡率(heart transplant mortality)(3)

在健康服務提供上，大多數注意力都集中在學習因素或體驗對品質的影響上。如果品質隨經驗而提高，那麼人們就不必擔心經驗對每次出院醫療成本或每個手術醫療成本的影響。已經發現較多的特定外科手術數量與嚴格調整較低的死亡率相關。這種關係已經被廣泛和一致地報導，以至已被納入一些醫院的廣告活動中。

為了確保在有限的器官捐助者資源獲得最佳結果，政策制定者一直依靠能夠最大化或獎勵移植經驗累積的策略。例如，Medicare 的心臟移植程序費用**給付政策**(reimbursement policy)要求醫學中心在可以認證之前進行 36 次移植。基於經驗的監管政策(Regulatory policies)與器官捐助者可以學習如何對移植結果產生有利影響的信念相一致。(4)

根據這種觀點，可以看到有更多患者的醫院，其工作人員和醫生有更多機會練習他們的技能。練習及實踐的機會增加，反過來又為患者帶來了更好的結果。

如果隨著實踐增加因而品質的提高，因而醫院和醫師在治療特定類型患者方面獲得更多經驗，人們也有望看到手術效率的提高以及相關成本的降低。

學習曲線為績效檢查提供了一種極好的方法。一個人的績效，最好是比較同行中，競爭對手的學習率(learning rates)。

即使標準或預期水準未知。透過簡單地以學習曲線的方式使用和繪製資料，仍然可以學到很多東西。為了說明這種了解個人績效的能力，我們介紹了醫院心臟移植設施的經驗。

學者 Smith, Larsson (1) 在 1988 年，使用 SAS 用帶有常數項(constant term)的非線性指數模型(nonlinear exponential model)去配適(fit)死亡率(Death rate)、住院時間(Length of stay)、計費單位(billing units)、調整後費用(adjusted charges)等 4 個平均資源消費量度，如下表表 **9-1**，建立的模型如心臟移植分析中的學習曲線模型是以下形式：

$$Yi = B_0+B_1\ x^{-B_2}$$

其中 Yi 是累積平均資源消耗（死亡、成本等總數除以移植數量），B_0 是漸近線（最小值），B_1 是最大可能減少量（第一個單位與最小 B_0 之間的差異），x 是生產的單位總數，B_2 是每個連續單位朝下限移動時的變化率。

表 9-1：從模型獲得的心臟移植學習模型的消耗係數

	B_0 (漸近線)	B_1 (範圍)	B_2(比率)	降低百分比
死亡率 **(Death rate)**	0.2329	0.8815	0.2362	21.04%
住院時間 (Length of stay)	28.26	23.76	0.0943	9.00%
計費單位 (Units of service)	1,282.84	593.311	0.0763	7.35%
調整後費用 (Adjusted charges)	$96,465.90	$53.015.80	0.0667	6.45%

心臟移植學習模型的消耗係數是根據心臟移植病人的資料，求得估計模型參數；以 Death rate 為例，求得估計值是 B_0 =0.2329，B_1 = 0.8815，B_2 =0.2326。

R 軟體的應用

1. 依本例已經研究提供之學習曲線迴歸模型，自訂心臟移植手術與死亡率函式。
2. 透過學習曲線迴歸模型之自訂函式計算每累計手術次數與死亡率之 data frame 結果資料。
3. 使用 ggplot2 套件之 ggplot 函式產生繪圖物件。
4. 於 ggplot 繪圖物件圖層上，疊加 geom_point 及 geom_path 函式構成的點狀及其連線等圖層。

R Script

```
# 列印學習曲線
# 心臟移植手術與死亡率模式(Model) Yi = B0+B1*EXP(-B2*X)
death_rate <- function(B0,B1,B2,X){  # 宣告計算死亡率函式 B0,B1,B2 同下述 b0,b1,b2，X 第幾次移植
  return (B0+B1*exp(-B2*X)) # 函式回傳值
}
# 實際死亡率資料, 根據原作者的在 1984 年 - 1987 年搜集的「移植次序與死亡率的記錄」資料
death.a <- c(1,1,0,0,0,1,0,0,0,1,
             0,0,0,1,0,0,0,0,0,0,
             1,0,1,0,0,0,0,0,0,0,
             0,0,1,0,1,0,0,0,0,1,
             0,0,0,0,0,0,1,0,0,0,
             0,0,0,0,0,0,0,0,0,0,
             0,0)

# 宣告本例常數
b0 <- 0.2329  # Model 的 B0 值
b1 <- 0.8815  # Model 的 B1 值
b2 <- 0.2362  # Model 的 B2 值
xs <- c(seq(1,62,by=1)) # 依序第 1 次至第 62 次心臟移植
x.scale <- c(1,seq(5,62,by=5)) # x 座標標示
y.scale <- c(0,seq(0.15,1,by=0.2))  # y 座標標示
title <- "心臟移植手術死亡率的學習曲線" # 圖表標題
x.label <- '累計心臟移植次數' # x 軸標籤
```

```
y.label <- '一年內死亡率' # y 軸標籤
lgnd.title <- '死亡率' # 圖例標題
colors= c(實際='#FF2345',模式預測='#34FF45') # 各學習率線圖顏色命名對
應
ys.m <- death_rate(b0,b1,b2,xs) # model 下的死亡率
ys.a <- cumsum(death.a)/xs # 實際累計死亡率
p.df <- data.frame(x=xs,y=ys.m,actual=ys.a)  #繪圖資料源
library(ggplot2)  # 載入繪圖函式庫
p<-ggplot(
  data=p.df,  # 繪圖資料
  mapping=aes(x=p.df$x,y=p.df$y))+ # 指定 x、y 軸資料
  ggtitle(title)+ # 圖標題
  xlab(x.label)+ylab(y.label)+  # 給予 xy 軸標籤
  theme(   # xy 軸標籤的字體、顏色、大小等
    axis.title.x = element_text(color = "#56ABCD", size = 12, face
 = "bold"),
    axis.title.y = element_text(color = "#993333", size = 12, face
 = "bold")
  )+
  theme(axis.text.x = element_text(size = 10))+  # 給予 x 軸字體大小
  geom_point( # 疊加畫出 Model 各點點狀圖
    data=data.frame(p.df$y), # 點狀圖資料
    mapping=aes(y=p.df$y,  # y 軸資料
                colour = '模式預測'  # 點狀圖圖例文字
    )
  )+
  geom_path( # 疊加畫出 Model 各點連線
    data=data.frame(p.df$y), # 各點連線資料
    mapping=aes(y=p.df$y,colour = '模式預測') # 連線圖圖例文字
  )+
  geom_point(data=data.frame(p.df$actual), # 疊加畫出實際各點點狀圖
             mapping=aes(y=p.df$actual,colour = '實際'))+  # 同上
  geom_path(data=data.frame(p.df$actual),  # 疊加畫出實際各點連線
            mapping=aes(y=p.df$actual,colour = '實際'))+   # 同上
  scale_colour_manual(lgnd.title,values =colors)+ # 圖例標題及顏色
  scale_x_continuous(breaks=x.scale) +  # x 軸依 x.scale 各值標示
  scale_y_continuous(breaks=y.scale)   # y 軸 y.scale 各值標示
print(p)  # 印出本例學習曲線
```

RStudio Plots

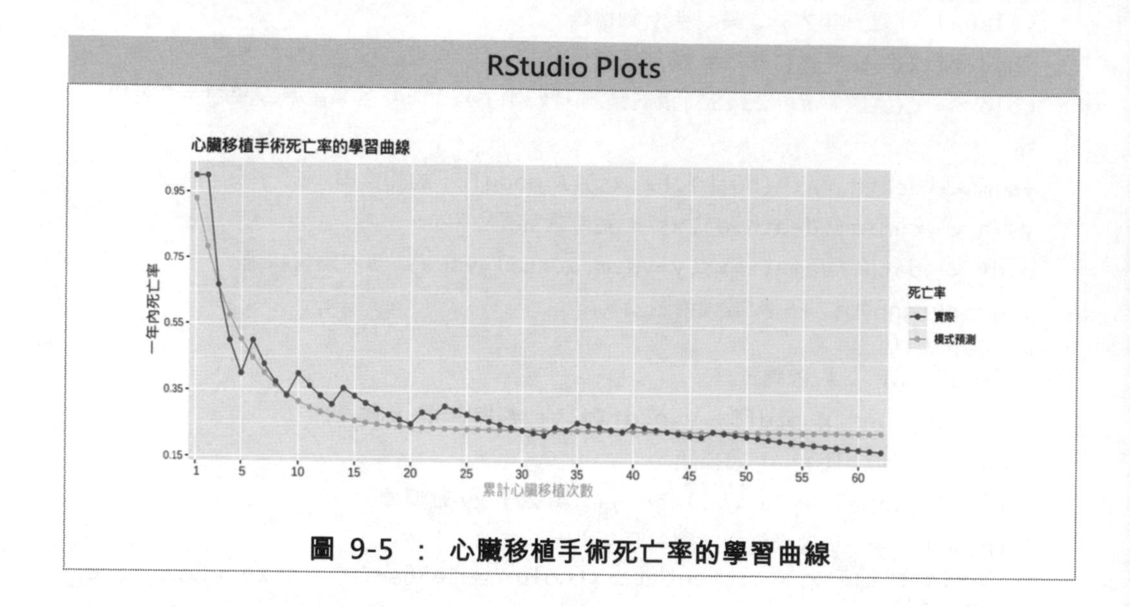

圖 9-5 ： 心臟移植手術死亡率的學習曲線

R Script

```
# 列印學習曲線內手術後一年內的死亡率
library(gridExtra) # 載入表格函式庫
library(grid)        # 同上
grid.newpage()
d <- data.frame(x1=xs[c(1 : 31)],y1=ys.a[c(1 : 31)],x2=xs[c(32 : 62)],y2=ys.a[c(32 : 62)]) # 使用上述資料分成多欄
colnames(d) <- c(
  '累計心臟移植次數\n(1~31)',
  '一年內死亡率\n(1~31)',
  '累計心臟移植次數\n(32~62)',
  '一年內死亡率\n(32~62)')
# 繪出表格，rows=NULL 表示不顯示 row number，format 可給予數字的小數點及千位數等符號 ，theme 可給予標題及行列資料的字體大小等
t <- tableGrob( # 繪出表格
  d=format(
    d, # 繪表資料
    decimal.mark = ".", # 給予數字的小數點符號
    big.mark = ","       # 給予數字的千位數符號
```

```
  ),
  rows=NULL ，#表示不顯示 row number
  theme=ttheme_default( # 表格主題設定
    padding = unit(c(1, 1), "mm"), # 資料方格邊界與文字間之間隔
    colhead = list( # 欄位標題，fg_params 參數用來指定字型、顏色及大小等
      fg_params=list(cex = 0.8) # col：表顏色, fontface： 字型, cex： 大小(相對
於 base_size)
    ), # 欄位標題
    base_size = 8 # 預設字體大小(pixls)
  )
)
grid.draw(t) # 印出表格，函式說明請參閱附錄 A
```

RStudio Plots

累計心臟移植次數 (1~31)	一年內死亡率 (1~31)	累計心臟移植次數 (32~62)	一年內死亡率 (32~62)
1	1.0000000	32	0.2187500
2	1.0000000	33	0.2424242
3	0.6666667	34	0.2352941
4	0.5000000	35	0.2571429
5	0.4000000	36	0.2500000
6	0.5000000	37	0.2432432
7	0.4285714	38	0.2368421
8	0.3750000	39	0.2307692
9	0.3333333	40	0.2500000
10	0.4000000	41	0.2439024
11	0.3636364	42	0.2380952
12	0.3333333	43	0.2325581
13	0.3076923	44	0.2272727
14	0.3571429	45	0.2222222
15	0.3333333	46	0.2173913
16	0.3125000	47	0.2340426
17	0.2941176	48	0.2291667
18	0.2777778	49	0.2244898
19	0.2631579	50	0.2200000
20	0.2500000	51	0.2156863
21	0.2857143	52	0.2115385
22	0.2727273	53	0.2075472
23	0.3043478	54	0.2037037
24	0.2916667	55	0.2000000
25	0.2800000	56	0.1964286
26	0.2692308	57	0.1929825
27	0.2592593	58	0.1896552
28	0.2500000	59	0.1864407
29	0.2413793	60	0.1833333
30	0.2333333	61	0.1803279
31	0.2258065	62	0.1774194

圖 9-6：累計心臟移植次數一年內死亡率

圖 9-6 顯示了從 1984 年至 1985 年，以及 1986 年至 1987 年會計年度（截至 1987 年 6 月 30 日）的前 62 名患者於接受心臟移植手術後一年內死亡計 11 例，其中 7 例則發生於最初的 23 名患者。(第一個手術病患的實際死亡率為 1，依預測模式死亡率為 0.9289524)。

因為 Y23 代表第 23 名接受心臟移植的患者的累積一年死亡率； Y62 代表第 62 名接受心臟移植的患者的累積一年死亡率。

$Y23 = B_0+B_1*\exp(-B_2*23)$

$Y62 = B_0+B_1*\exp(-B_2*62)$

由表 9-1 得知 $B_0 = 0.2329$, $B_1 = 0.8815$, $B_2 = 0.2362$

R 軟體的應用

RStudio Console

```
# Y1= B0+B1*exp(-B2*1) 第一個手術病患的死亡率
> 0.2329 + 0.8815 * exp (-0.2362 *1)
[1] 0.9289524



# Y23= B0+B1*exp(-B2*23) 第 23 個手術病患的死亡率
> Y23 = 0.2329 + 0.8815 * exp (-0.2362 *23)
[1] 0.2367537
```

0.2367537= 7/23，即前 23 名接受心臟移植的患者的累積一年死亡率。截至 1987 年 6 月 30 日，一年內有 7 例死亡。(依預測模式死亡率為 0.2367537，實際為 0.3043478)

RStudio Console

```
# Y62= B0+B1*exp(-B2*62) 第 62 個手術病患的死亡率
> 0.2329 + 0.8815 * exp (-0.2362 *62)
[1] 0.2329004
```

0.2329004 = 11/62，即前 62 名接受心臟移植的患者的累積一年死亡率。截至 1987 年 6 月 30 日，一年內有 11 例死亡。(依預測模式死亡率為 0.2329004，實際為 0.1774194)

參考文獻

1. Smith, D. B., & Larsson, J. L. (1989). The impact of learning on cost： the case of heart transplantation. Hospital & health services administration, 34(1), 85-98.

2. Krajewski, L. J. (2013). Operations management： Processes and supply chains with MyOMLab. Pearson Education Limited.或見白滌清(2015) 。作業管理。台中市：滄海書局。

3. Chase, R. B., Aquilano, N. J., & Jacobs, F. R. (1998). Production and operations management. Irwin/McGraw-Hill,.

4. Laffel, G. L., Barnett, A. I., Finkelstein, S., & Kaye, M. P. (1992). The relation between experience and outcome in heart transplantation. New England Journal of Medicine, 327(17), 1220-1225.

第10章 敘述統計學(Descriptive Statistics)與機率分配(Probability Distribution)

敘述統計學關注的是如何彙整(summarize)資料，也就是用幾個簡單的數字，把資料的大致趨勢或分配作出統整，常見的方法就是平均值、中位數、標準差等等。

如果我們的興趣只限於手頭現有的數據，而不準備把結果用來推論群體則稱為敘述統計。

本章除介紹敘述統計學外，還介紹下一章品質管理用得到的連續型分配的常態分配、以及二項分配、卜瓦松分配等離散型分配。

第1節 敘述統計學

[實例一] 依 1994 美國人口普查局：

教育程度每人平均年度所得，含 18 歲以上，分別是：

表 10-1

簡稱			年收入
專業人才(professional)	Prof	專業	$ 74,560
博士學位(doctorate)	Docr	博士	$ 54,904
碩士學位(master's)	Mstr	碩士	$ 40,368
學士學位(bachelor's)	Bchl	學士	$ 32,629
副學士(associate)	Assc		$ 24,398
沒有學位的大專(Some college, no degree)	Scnd	大專	$ 19,666

僅高中畢業生(High school graduate only)	Hsgo	高中	$ 18,737
不是高中畢業生(Not a high school graduate)	Nhsg	皆非	$ 12,809

Source ： U.S. Bureau of the census, 1994. More Education Means Higher Earnings.

R 軟體的應用

介紹常用於敘述統計：

平均數、中位數、標準差、變異數、變異係數、全距、四分位。

RStudio Console

```
> salary.edu <- c(
74560,54904,40368,32629,24398,19666,18737,12809
)
#平均數
> mean (salary.edu)
[1] 34758.88

#中位數
> median(salary.edu)
[1] 28513.5

#標準差
> sd(salary.edu)
[1] 21042.79

#變異數
> var(salary.edu)
```

```
[1] 442799194
> sd(salary.edu) ^ 2
[1] 442799194

#變異係數
> cv <- 100 * sd(salary.edu) / mean (salary.edu)
> cv
[1] 60.53934

#全距(最大值減最小值)
> range(salary.edu)[2] - range(salary.edu)[1]
[1] 61751

#四分位：把資料切分為四等分，中間的三條線就是四分位，Q1=P25,Q2=P50,Q3
=P75
> Q1 <- quantile(salary.edu, 1/4)
> Q1
     25%
19433.75

> Q2 <- quantile(salary.edu, 2/4)
> Q2
    50%
28513.5

> Q3 <- quantile(salary.edu, 3/4)
> Q3
  75%
44002
```

```
#IQR  =  Q3-Q1
> Q3  -  Q1
     75%
24568.25

> quantile(salary.edu)
      0%         25%         50%         75%        100%
12809.00    19433.75    28513.50    44002.00    74560.00
```

第2節 常態分配(Normal Distribution)

常態分配是描述連續隨機變數最重要的機率分配，科學測量降雨量等隨機變數，其值大都集中在中間，少數分佈在兩端，如此的隨機變數，皆適合以常態分配來描述。

常態分配摘要如下：

常態分配(Normal Distribution)定義

設 X 為一連續隨機變數，其服從常態分配，則其機率密度函數(p.d.f.)為

$$f(x)=\frac{1}{\sqrt{2\pi\sigma}}\, e^{-(x-\mu)^2/2\sigma^2} \qquad -\infty < x < \infty$$

其中，$\mu =$ 平均數(期望值)

$\sigma =$ 標準差

$\pi =$ 3.14159

e = 2.71828

記作 $X \sim N(\mu,\sigma^2)$

常態分配曲線對稱於中心點μ。

f(x) 滿足機率密度函數的兩性質：

1. f(x) $> \mathbf{0}$

2. $\int_{-\infty}^{\infty} \boldsymbol{f(x)dx} = \int_{-\infty}^{\infty} \frac{1}{\sqrt{2\pi\sigma^2}}\, e^{-(x-\mu)^2/2\sigma^2}$

因常態分配曲線對稱於中心點，所以平均數 = 中位數 = 衆數 =μ。

68–95–99.7 原則(68- 95-99.7 rule)

有許多常態曲線，每條曲線均由其平均值和標準偏差來描述。所有常態曲線均具有許多特性。特別地，標準差是**常態分配**的自然度量單位。以下規則反映了這一事實：

(1) 任一常態隨機變數落入離平均值一個標準差的機率是 0.6826，或大概是 68 %

(2) 任一常態隨機變數落入離平均值二個標準差的機率是 0.9544，或大概是 0.95 %

(3) 任一常態隨機變數落入離平均值三個標準差的機率是 0.9974，或大概是 99.7 %

68–95–99.7 原則，如下**圖 10-1**：

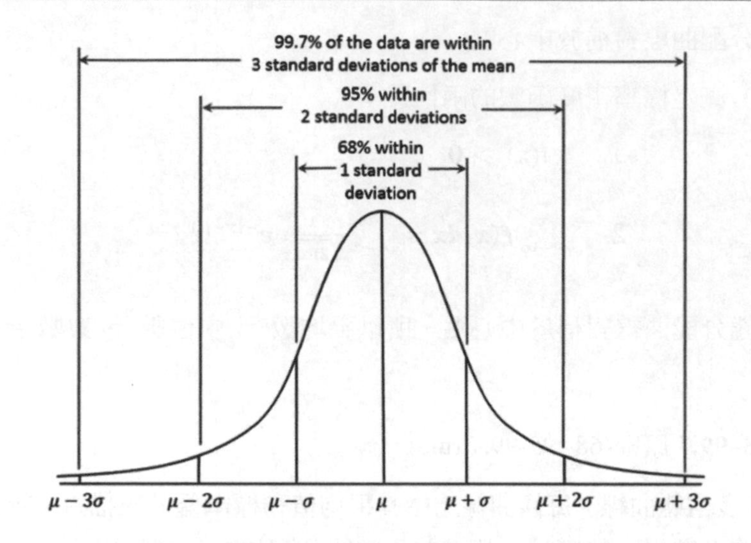

圖 10-1：常態分配 68–95–99.7 原則

由於**中心極限定理**(central limit theorem)，常態分配具有顯著的地位。它廣泛用於模擬自然現象，例如身高或體重的變化以及噪音和誤差。中心極限定理乃是一堆具有相同機率分配的「獨立」隨機變數的和會具有近似「常態分配」的機率分配。

在統計上，68–95–99.7 原則（68–95–99.7 rule）是在常態分布中，距平均值小於一個標準差、二個標準差、三個標準差以內的百分比，更精確的數字是 68.27%、95.45%及 99.73%。若用數學用語表示，其算式如下，其中 X 為常態分布隨機變數的觀測值，μ 為分布的平均值，而 σ 為標準差：

$$\Pr(\mu - 1\sigma \le X \le \mu + 1\sigma) \approx 0.6827$$

$$\Pr(\mu - 2\sigma \le X \le \mu + 2\sigma) \approx 0.9545$$

$$\Pr(\mu - 3\sigma \le X \le \mu + 3\sigma) \approx 0.9973$$

標準常態分配(Standard Normal Distribution)定義

設 Z 為服從平均數為 0，標準差為 1 之常態分配，則其服從標準常態分配，記作 $Z \sim N(0,1)$，其 p.d.f.為 $f(z) = \frac{e^{-\frac{z^2}{2}}}{\sqrt{2\pi}}$

R 軟體的應用

1. 使用 R 語言內建套件 base 之 c 函式建構 1 個標準差範圍之資料物件
2. 使用 R 語言內建套件 stats 之 dnorm 函式，依 1 個標準差範圍之資料產生對應之密度函數值
3. 使用 R 語言內建套件 grapics 之 plot 函式繪出標準常態分佈之密度函數圖

RStudio Console

```
> x <- seq(-3,3,0.1)  # 產生自-3 至 3 之間固定 0.1 間距之數字序列
> plot(   #  內建繪圖函數
+   x=x,  #  x 軸資料
+   y=dnorm(x, mean=0, sd=1),  # 藉機率密度函數產生 y 軸資料，函式說明請參閱
附錄 A
+   type='l'  # 圖類型為線圖
+ )
```

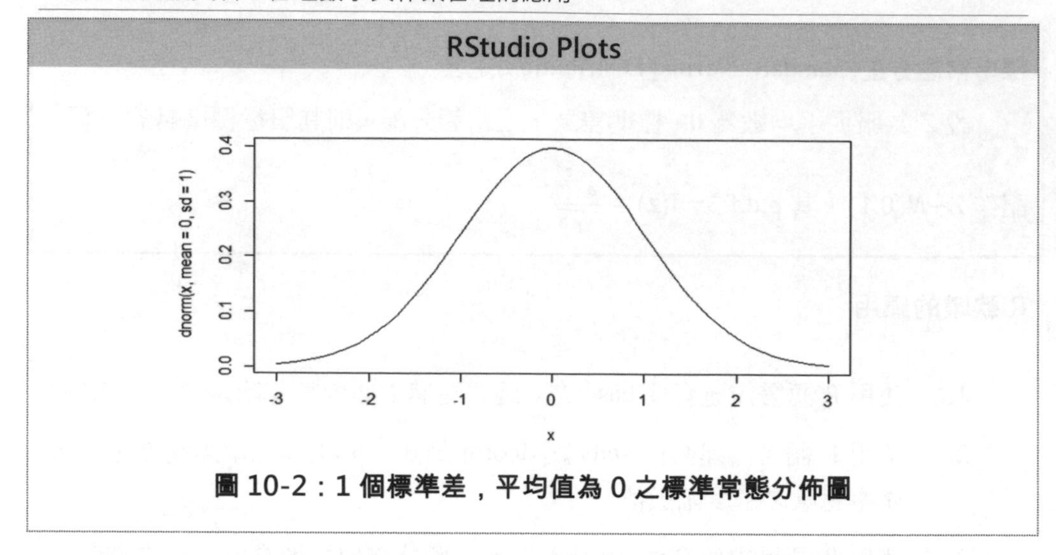

圖 10-2：1 個標準差，平均值為 0 之標準常態分佈圖

標準常態分配的重要性，源自於**任意常態隨機變數**皆可轉換(transform)成為**標準常態**隨機變數。

吾人想轉換隨機變數 X，其中 X~N(μ, σ^2)，標準常態隨機變數 Z~N(0,1)。在數學上將曲線壓縮使其寬度為 1，就是將隨機變數除以自己的標準差。如此一來，曲線下面的總面積維持不變，且所有機率也跟著調整。於是，先將 X 減去μ，接著將結果除以σ，則由 X 到 Z 的數學轉換於焉完成。

由 X 到 Z 的數學轉換 ：

$$Z = \frac{X-\mu}{\sigma} \quad (1)$$

吾人亦可以轉過來(inverse)，將標準轉換成平均數是μ，標準差是σ的隨機變數 X。轉換方程式如下 ：

由 Z 到 X 的數學轉換 ：

$$X = \mu + Z\sigma \quad (2)$$

方程式(2)是方程式(1)的**逆轉換**(inverse transformation)。

[實例二] 電子公路收費站(Electronic Turnpike Fare)。假設車內電子儀器對收費站訊號的反應時間，是一個平均 160 微秒(microseconds)，標準差 30 微秒的常態隨機變數。
該儀器對訊號的反應時間介於 100 至 180 微秒的機率是多少？(2)

解法一：

分別用原尺度及轉換後的 z 尺度，其機率陳述如下 ：

$$P(100 < X < 180) = P(\frac{100-\mu}{\sigma} < \frac{X-\mu}{\sigma} < \frac{180-\mu}{\sigma})$$

$$= P(\frac{100-160}{30} < Z < \frac{180-160}{30})$$

經查一般統計書籍的「標準常態分配面積」附表，得知：，

$$= P(-2 < Z < 0.6666) = 0.4772 + 0.2475 = 0.724$$

解法二：

R 軟體的應用：可不經由查表，本例使用函式 pnorm，其說明請參閱附件 A

方法一：使用 R 語言內建套件 stats 之累計分佈函數 pnorm 計算，同解法一求 $P(\frac{100-160}{30} < Z < \frac{180-160}{30})$之標準常態分布下之面積。

RStudio Console

```
> pnorm((180-160)/30,0,1)-pnorm((100-160)/30,0,1) # pnorm 函式說明請參閱附件 A
[1] 0.7247573
```

方法二：依據本例題意利用 R 語言內建套件 stats 之累計分佈函數 pnorm 計算常態分布下之面積

RStudio Console
> pnorm(180,mean=160,sd=30)-pnorm(100,mean=160,sd=30) # pnorm 函式請參閱附件 a
[1] 0.7247573

[實例三] 電腦微處理器半導體內的雜質(impurities)濃度，是一個平均數 127 ppm(parts per million)，標準差 22 的常態隨機變數。能被客戶接受的半導體，其雜質濃度必須低於 150ppm。請問有多少比率的半導體可以被接受?(2)

解法一：

$$P(X < 150) = P(\frac{X-\mu}{\sigma} < \frac{150-\mu}{\sigma}) = P(Z < \frac{150-127}{22})$$

$$= P(Z < 1.045) = 0.5 + 0.3520 = 0.8520$$

也就是說，隨機選出一個半導體，被接受機率是 0.8520

解法二：

R 軟體的應用

方法一：使用累計分佈函數 pnorm 計算，$P(Z < \frac{150-127}{22})$之常態分布下之面積

RStudio Console

```
> pnorm((150-127)/22,0,1) # pnorm 函式說明請參閱附件 A
[1] 0.8520935
```

方法二：同實例二方法二說明

RStudio Console

```
> pnorm(150,mean=127,sd=22)  # pnorm 函式說明請參閱附件 A
[1] 0.8520935
```

第3節 二項分配(Binomial Distribution)

二項分配的隨機變數是由二項實驗產生的，二項實驗的四大特性如下：

1. 此實驗是可重複進行 n 次相同獨立的(independent)試驗(trial)。
2. 每次試驗只有二種可能結果，不是「成功」，就是「失敗」
3. 每次試驗出現「成功」的機率 P 均相同，
4. 每一試驗是彼此隨機獨立的。

則此實驗稱為二項實驗。令 X 為 n 次試驗中「成功」的次數，則 X 有二項分配，記為 X ~b(n, p)。

此一試驗，也定義為「百努利試驗」(Bernoulli trial)

二項分配摘要如下：

二項分配 b(n, p)之機率分配函數為

$$f(x) = C_p^n \; p^x(1-p)^{n-x},\ x=0,1,2,\ldots,n,\ \ C_p^n = \frac{n!}{x!(n-x)!} \qquad (3)$$

其中

f(x) = n 次試驗中 x 次成功的機率

n　= 試驗的次數

p　= 成功的機率

1-p　= 失敗的機率。

吾人可以利用「卜瓦松分配」去趨近 n 大 p 小的「二項分配」，其中 n 與 p 分別代表「百努利程序」中的「試驗次數」與「成功機率」。對 n 大以及 p 接近 0.5 的「百努利程序」，吾人可以用「常態分配」去趨近「二項分配」。當 $np \geq 15$ 及 $n(1-p) \geq 15$ 時，利用「常態分配」去趨近「二項分配」有不錯的趨近效果。說明如下：

二項分配的型態

當 n=20, p=0.2, 0.5, 0.8 時二項分配的機率分配如下**圖 10-3**、**圖 10-4**、**圖 10-5**。

情境一：n=20，p=0.2 時的機率分配

RStudio Console

```
> n =20
> p = 0.2
> x = 1 : 20
> plot(   #  內建繪圖函數
+   x,    #  x 軸資料
+   dbinom(x=x,size=n,prob=p),  # 藉二項分配下的機率密度函數產生 y 軸資料，函式說明請參閱附錄 A
+   type="h",  #  繪出直方圖
+   lwd =2,  # 直方圖粗細，參閱?par 之 HELP 說明
+   ylab="probability"  # y 軸文字標籤
+ )
```

RStudio Plots

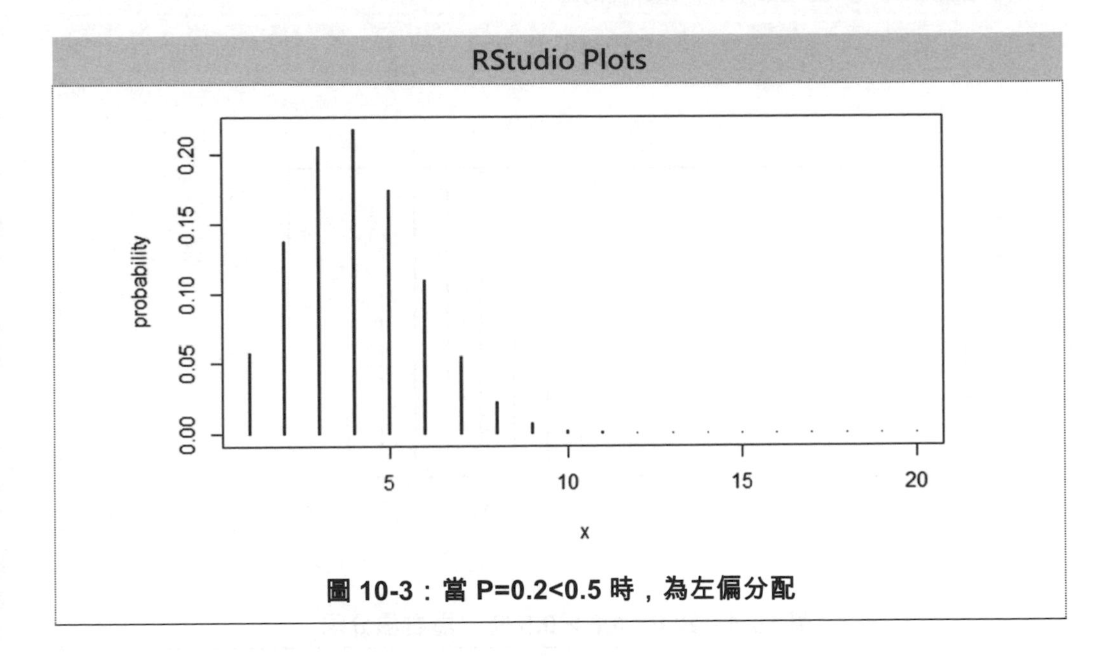

圖 10-3：當 P=0.2<0.5 時，為左偏分配

情境二：n=20，p=0.8 時的機率分配

RStudio Console

```
> n =20
> p = 0.8
> x = 1 : 20
> plot(x,dbinom(x,n,p),type="h",lwd =2,ylab="probability")
```

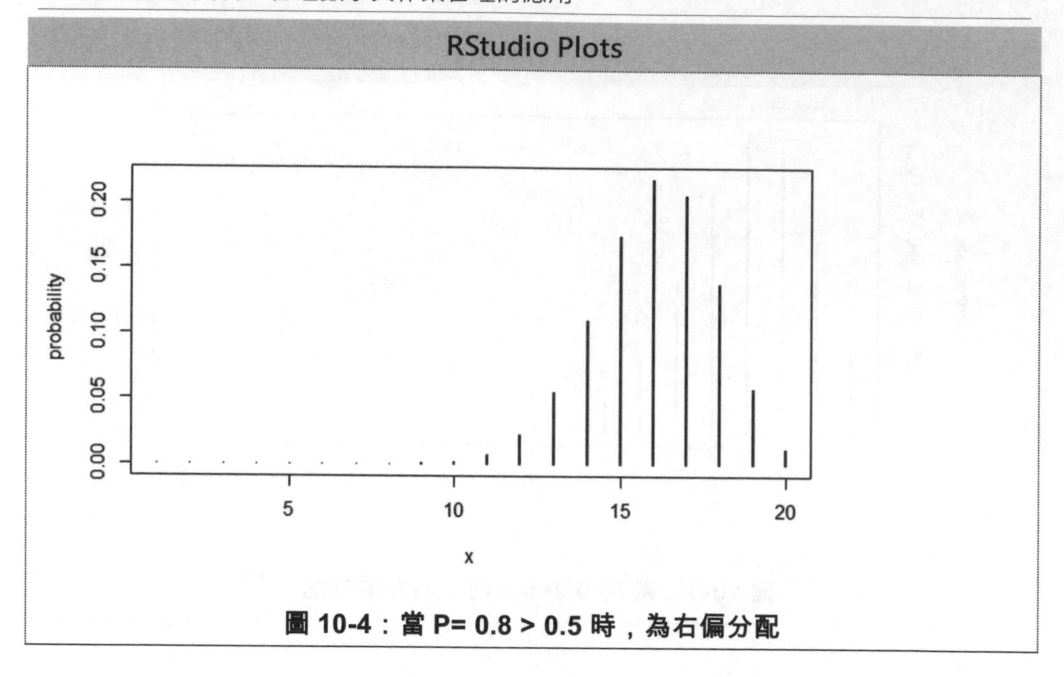

圖 10-4：當 P= 0.8 > 0.5 時，為右偏分配

情境三，n=20，p=0.5 時的機率分配

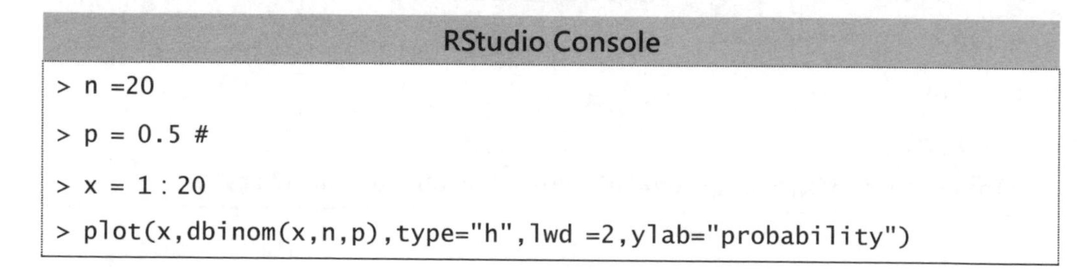

RStudio Console

```
> n =20
> p = 0.5 #
> x = 1 : 20
> plot(x,dbinom(x,n,p),type="h",lwd =2,ylab="probability")
```

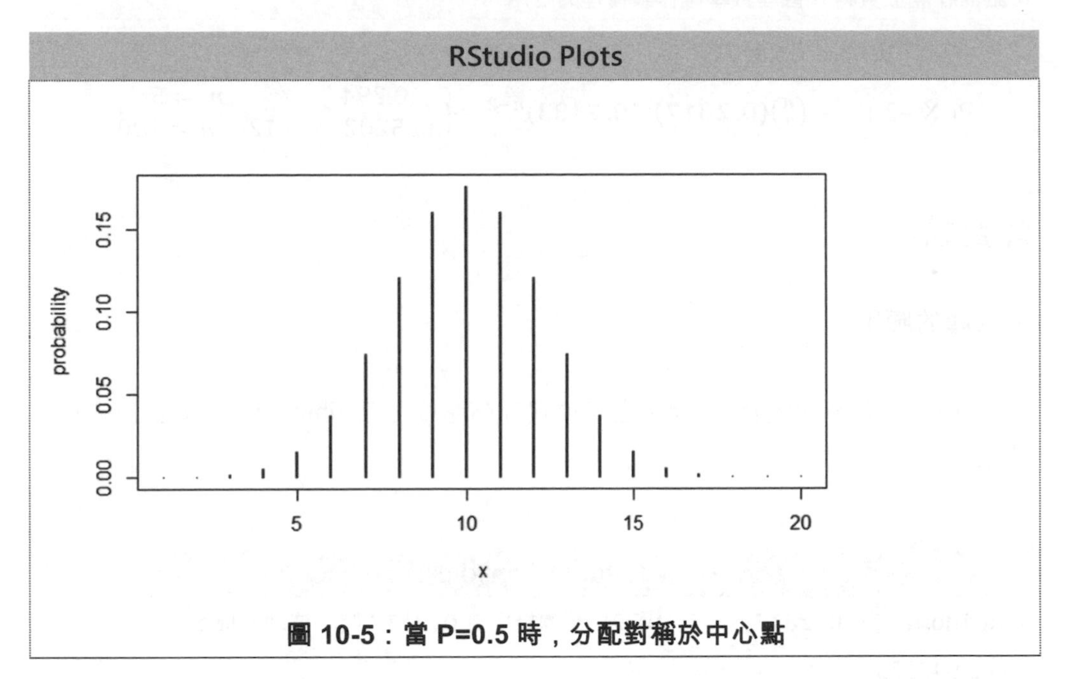

圖 10-5：當 P=0.5 時，分配對稱於中心點

對 n 大以及 p 接近 0.5 的「百努利程序」，吾人可以用「常態分配」去趨近「二項分配」。

[實例四] 根據 WHO 2012 資料

全球已有 20 億人感染 B 型肝炎，較 HIV 高 50-100 倍，超過 2 億 4 千萬為慢性感染，且每年造成 60 萬人死亡。B 型肝炎為中國大陸及亞洲其他地區的地方流行病，已知 2012 年全球有 71 億人口。0.2817(20/71) 有五分之一的比例的人患有 B 型肝炎，求算：

1. 隨機抽取 5 人中，會發現有 2 人患有的機率。
2. 隨機抽取 100 人中，會發現有 2 人患有的機率。

解法一：

定義「隨機變數」X 為所抽 n 人患有 B 型肝炎的人數，則 X 具有「參數」n 及 $p = 0.2817$ 的「二項分配」，有興趣的「事件」為 $X = 2$，其機率為

$\mu = 20/71 = 0.2817$

$$P(X=2) = \binom{n}{2}(\mathbf{0.2817})^2(\mathbf{0.7183})^{n-2} = \begin{cases} 0.294 & ,n = 5 \\ 3.252024e-12 & ,n = 100 \end{cases}$$

解法二：

R 軟體的應用

使用 R 語言內建套件 stats 之二項式分布密度函數 dbinom，計算各自成功的機率。

RStudio Console

```
> dbinom(2,5,0.2817) # 5 中取 2，平均機率為 0.2817 時，成功的機率
[1] 0.2940975

> dbinom(2,100,0.2817) # 100 中取 2，平均機率為 0.2817 時，成功的機率
[1] 3.252024e-12
```

第4節 卜瓦松分配(Poisson distribution)

卜瓦松分配是假設在連續區間或時間內事件發生的次數，進一步假設在特定時間與位置發生兩個以上缺點的機率是可被忽視的。

卜瓦松分配是卜瓦松實驗產生的，有以下三個特性：

1. 任意兩個等長區間發生事件的機率是一樣的。
2. 事件發生的次數和區間長度成正比。
3. 各區間發生事件的機率是獨立的。

卜瓦松分配主要應用在探討一般時間或特定區域內，某事件發生次數的問題，其可能值為 0,1,2,…。

例如：

1. 某保險公司一個月內防癌險的理賠件數。
2. 高速公路上一天發生車禍的次數。

卜瓦松分配摘要如下：

1. 卜瓦松分配 X $\sim \boldsymbol{P(\mu)}$

$$f(x) = \frac{e^{-\mu}\mu^{x}}{x\,!}\ ,\ x=0,1,2,\ldots \quad (4)$$

$$E(X) = \boldsymbol{np = \mu}$$

$$V(x) = np = \boldsymbol{\mu}$$

其中

f(x) = 一段時間(或一區域)內某事件發生 x 次的機率

μ = 一段時間(或一區域)內發生次數的期望值或平均數

e = 2.71828

2. 如果平均值夠大，則卜瓦松分配會近似常態分配。

當 n 夠大，且 p 很小時，二項分配趨近於卜瓦松分配。

[實例五] 承上[實例四]：假設世界人口中，有 0.2817 的比例的人患有 B 型肝炎，求算：(1)隨機變數抽取 5 人中，會發現有兩人患有 B 型肝炎的機率。(2)隨機變數抽取 100 人中，會發現有兩人患有 B 型肝炎的機率。

解法一：

如以「平均數」為 n、p 的「卜瓦松分配」求算這些機率的近似值，可以得到

$P(X = 2) = \binom{n}{2}(\mathbf{0.2817})^{2}(\mathbf{0.7183})^{n-2}$

代入公式(4)　$f(x) = \frac{e^{-\mu}\mu^{x}}{x\,!}$

$$\approx \begin{cases} \frac{e^{-(5)(0.2817)}[(5)(0.2817)]^2}{2!} = 0.2425381 \quad , \boldsymbol{n = 5} \\ \frac{e^{-(100)(0.2817)}[(100)(0.2817)]^2}{2!} = 2.3145581\mathrm{e}-10\,, \mathbf{n = 100} \end{cases}$$

在此例中，當 p 不小而且 n 小時，近似的效果很差。而 n 雖大, 但 p 不小時 ，近似效果也不好。

解法二：

R 軟體的應用

使用 R 語言內建套件 stats 之 Possion 分配密度函數 dpois，計算各自成功的機率

RStudio Console

```
> dpois(2, 1.4085) # 第一個參數為非負整數的向量； 第二個參數為 lambda =平均數= np = 5 x 0.2817 = 1.4085
[1] 0.2425381
> dpois(2, 28.17) # 第一個參數為非負整數的向量； 第二個參數為 lambda=平均數 = np = 100 x 0.2817 = 28.17
[1] 2.314558e-10
```

在此例中，p 小且 n 大時，利用「卜瓦松分配」，可以得到很好的近似機率。但是 p 小而 n 不大時，近似效果並不好。

[實例六] Caesar 公司客服中心平均一天會處理 460 通電話，假設一天內電話的通數，會服從卜瓦松分配，試問明天公司接到的電話通數為 500 或 500 以上爆量之機率為何？

解法一：

平均值=460，標準差=$\sqrt{\mathbf{460}}$= 21.44761，因為平均值 460 夠大，所以可以利用常態近似的方法，由於常態分配為連續的分配，這裡必須將 500 修正為 499.5，其標準化值為：

$$Z = \frac{499.5-460}{21.44761} = 1.84$$

利用機率表，答案為 1-0.967 = 0.033，所以，明天電話爆量的機率其實不大，大約才 3%而已。

解法二：

R 軟體的應用

方法一：使用常態累計分布函式 **pnorm**。

RStudio Console

```
> 1-pnorm(500,460,21.44761) # 1 減去 500 通以下之機率
[1] 0.03109002
```

方法二：使用卜瓦松累計分布函式 **ppois**。

RStudio Console

```
> p <- ppois(q=500,lambda=460) # 500 通以下之機率，函式說明請參閱附件 A
> 1- p   # 500 通以上之機率
[1] 0.03079433
```

我們每天都會面對各種選擇與決策。有時這些是獨立且隨機發生的出象(outcome)。正如同從袋子取出 1 顆球一樣。袋子中有非常稀少的紅球，(表示一旦抽到，形同發生某件事情)，和數量非常多的白球(拿到的話，什麼都不會發生)。遭遇事故的機率，就有如從袋子裡拿到紅球。

[實例七] 史上第一個卜瓦松(Poisson)分布應用：著名的普魯士軍隊(Prussian Army)遭馬踢導致死亡的例子(3)

表 10-2 是 1875~1894 這 20 年間，針對普魯士軍隊(Prussian Army)每年因遭馬踢死而喪命的士兵人數，累積調查兩百個部隊的結果。這是個古典實例。這個案例，不是以個人，而是以一個部隊為單位，由袋中取出球。取到紅球，就意味有人被馬踢到而死亡。二十年間，平均一個部隊共有 12 人死亡，相當於一個部隊每年(表示此例的單位時間為 1 年)有人死亡。因此，此時的理論值(預測)就用 $\mu = 0.6$。以這個表來看，一年有兩個人死亡的部隊數，實際上有 22 個，而預測值是 19.7 個。(4)

表 10-2：平均一個軍團一年間的死亡人數

X	0	1	2	3	4	合計
實際的部隊數	109	65	22	3	1	200
理論值	109.8	65.9	19.7	3.9	0.6	199.9

平均一個部隊數一年間的死亡人數內有兩人死亡的機率：

$$f(x) = \frac{e^{-\mu}\mu^{x}}{x!} = \frac{e^{-(0.6)}[(0.6)]^2}{2!} = \frac{2.71828^{-(0.6)}[(0.6)]^2}{2!} = 0.0988$$

解法一：

有 2 人死亡的部隊數=200x0.0988=19.7，如表 10-2 所示；同樣地，有 0 人死亡的部隊數 f(0)=0.5488119，亦即有 0 人死亡的部隊數=200x0.5488119=109.7624 。

依此類推，一年從 0 個到 4 個人死亡的部隊數為 199.9，理論值與實際的部隊數 200，十分接近。

解法二：

R 軟體的應用

1. 使用卜瓦松密度分布函式 dpois，在總數 200 人及平均機率 μ **=0.6** 下的密度分布。
2. 將離散的密度分布加總與實際作為比較

RStudio Console

```
> 200 * dpois(0 : 4, 0.6)  # x 值分別為 0 ~ 4，每年平均值為 0.6
[1] 109.7623272   65.8573963   19.7572189    3.9514438    0.5927166

> sum(200*dpois(0 : 4,0.6))  # 合計
[1] 199.9211
```

如上所述，卜瓦松分布「適合用來分析鮮少發生的獨立隨機事件的分配模式」。人生是一連串的選擇，而每個選項都存在某種機率。這個例子，就是人生受機率支配的證據。(4)

參考文獻

1. Calhoun, C., Light, D, Keller, S. (1997). *Sociology*. The McGraw-Hill Companies, Inc.
2. Aczel, A. D., & Sounderpandian, J. (1999). *Complete business statistics*. Boston, MA： Irwin/McGraw Hill.
3. G., & Paine, B. (2002). Horse kicks, anthrax and the Poisso model for deaths. *Chronic diseases in Canada*, *23*, 77.
4. 森岡毅, 今西聖貴 , 確率思考の戦略論 USJ でも実証された数学マーケティングの力 ,江裕真, 梁世英 , 機率思考的策略論：從消費者的偏好，邁向精準行銷，找出「高勝率」的策略。經濟新潮社, 2019/11/09

第11章 品質管理(Quality Management)

> 木受繩則直，金就礪則利，君子博學而日參省乎己，則知明而行無過矣。
>
> 荀子‧勸學

管制圖（control charts）由貝爾實驗室的 W.A. Shewhart 在 1920 年間發明。Shewhart 在 1939 年對華盛頓 D.C. 農學院研究生演說時說：「統計的長期貢獻不僅取決於使許多訓練有素的統計學家進入業界，還取決於創造出一批具有統計學頭腦的物理學家、化學家、工程師以及其他將以某種方式參與開發的人，並指導明天的生產製程。」(1)

品質的存在是當企業的商品或勞務能達到或超過消費者的預期。有證據認為品質可能是滿足企業顧客最重要的組成要件。

在全球化經濟下，品質已經成眾所皆知的議題，且是競爭成功的必要而非充分條件。若缺乏品質，企業的產品就沒有可信度，亦即顧客不會視其為所想要的選擇。(2)

管制圖是為了確定所觀察的產品或服務變異是否異常，吾人衡量並依時序將樣本的績效測量值繪製成圖表。

表 11-1：管制圖公式(a)

管制圖之管制界限是建立在中心值，加、減三倍標準差，即(3,4)

$\bar{X}$管制圖

中心線($CL_{\bar{X}}$)為 $\bar{\bar{X}} = \frac{\sum_{i=1}^{m} \overline{X_i}}{m}$

管制上限($UCL_{\bar{X}}$)為 $\bar{\bar{X}} + z\sigma_{\bar{x}}$ (4)

管制下限($LCL_{\bar{X}}$)為 $\bar{\bar{X}} - z\sigma_{\bar{x}}$

$\bar{R}$**管制圖**

中心線(CL_R)為 $\frac{\sum_1^m R_i}{m}$

管制上限(UCL_R)為 $\bar{R} + 3\sigma_R$

管制下限(LCL_R)為 $\bar{R} - 3\sigma_R$

其中，

$\bar{X}_i$ 為第 i 樣組的平均數

$\overline{\overline{X}}$ 為樣組平均數的平均數

z 已知信賴水準下之標準常態分配值

(95.44%信賴水準時，z=2，99.74%信賴水準時，z=3)

m 為樣組數目

$\bar{R}$ 是樣組全距的平均數

R_i 是第 i 個樣組的全距

$\sigma_{\bar{X}}$ 是樣組平均數分配的標準差 $= \frac{\sigma}{\sqrt{n}}$ (4)

σ_R 是樣組全距的標準差

表 11-2：管制圖公式(b)(5)

根據表 11-1：管制圖公式(a)，設 z=3：

$\bar{X}$**管制圖**

中心線($CL_{\bar{X}}$) 同上表 11-1(a)

管制上限($UCL_{\bar{X}}$) 同上表 11-1(a) $=\overline{\overline{X}} + 3/(d2\sqrt{n})\bar{R} = \overline{\overline{X}} + A_2\bar{R}$

管制下限($LCL_{\bar{X}}$) 同上表 11-1(a) $=\overline{\overline{X}} - 3/(d2\sqrt{n})\bar{R} = \overline{\overline{X}} + A_2\bar{R}$

$\bar{R}$管制圖

中心線(CL_R)　同上表 11-1(a)

管制上限(UCL_R) 同上表 11-1(a)= $\bar{R}+\ 3(d3)w\ = D_4\bar{R}$

管制下限(LCL_R) 同上表 11-1(a)= $\bar{R}-\ 3(d3)w\ = D_3\bar{R}$

其中，

$\overline{\overline{X}}$ 為樣組平均數的平均數

$\bar{R}$ 是樣組全距的平均數

n　為樣本大小(sample size)必需小於 12

w　樣組相對全距(Relative Range) = $\frac{\bar{R}}{d2}$

d2　為在個別 sample size 下的常數= $\bar{R}/w$，用來推估 w

d3　群體全距平均值標準差，用以推估σ_R如下 σ_R說明

σ_R　是全距的標準差 = d3w

$A_2 = \frac{3}{d2\sqrt{n}}$

$D_3 = (1\text{-}3\frac{d3}{d2})$

$D_4 = (1+3\frac{d3}{d2})$

第1節 計量值管制圖(control chart for variables)

包括以平均數和全距管制圖衡量績效變異和屬性衡量管制圖，如直徑的觀測值、銲道的化學成份、強度等。

[實例一] 使用平均數($\overline{X}$)和全距(R)管制圖來監控製程(6)

West Allis Industries 的管理者擔心公司的一些最大顧客的特殊金屬螺絲生產。螺絲的直徑對顧客而言是關鍵。取自 5 個樣本的數據呈現在下表 **11-3**。樣本大小是 4(the sample size is 4)。試問此程序在統計製程管制中嗎？

表 11-3：平均數和全距管制圖的數據：螺絲直徑的觀測值(英寸)

樣本數	1	2	3	4
1	0.5014	0.5022	0.5009	0.5027
2	0.5021	0.5041	0.5024	0.5020
3	0.5018	0.5026	0.5035	0.5023
4	0.5008	0.5034	0.5024	0.5015
5	0.5041	0.5056	0.5034	0.5047

解法一：

使用查因子係數表，求全距、平均數管制圖界限

實務上，為了容易計算的考量，常使用全距、平均數及其因子係數，乃作成如下表 2 就不同樣本大小之因子係數(factor)，以查表方式便於計算，例如，以全距平均數($\overline{R}$) 及其因子係數之乘積來代替三倍標準差。(3)

表 11-4：計算平均數($\bar{X}$)和全距(R)管制圖的 3 個標準差上下限因子(factor)

Size of sample (n)	Factor for UCL and LCL for $\bar{X}$-Chart (A_2)	Factor for LCL for R-Chart (D_3)	Factor for UCL for R-Chart (D_4)
2	1.880	0	3.267
3	1.023	0	2.575
4	0.729	0	2.282
5	0.577	0	2.115
6	0.483	0	2.004
7	0.419	0.076	1.924
8	0.373	0.136	1.864
9	0.337	0.184	1.816
10	0.308	0.223	1.777

步驟 1. 蒐集數據，

步驟 2. 計算每個樣本的全距與全距平均數，將每個樣本的最大值減去最小值可計算出全距。例如，樣本 1 的全距為 0.5027- 0.5009 =0.0018。

$\bar{R}$ = (0.0018 +0.0021 +0.0017 +0.0026 + 0.0022)/5 = 0.0021

一併求得 R、$\bar{R}$、 $\bar{X}$ 、$\bar{\bar{X}}$ 值如下表 **11-5**：

表 11-5：螺絲直徑的觀測值(英寸)及求算平均數和全距

觀測值						
樣本數	1	2	3	4	R	$\bar{x}$
1	0.5014	0.5022	0.5009	0.5027	0.0018	0.5018
2	0.5021	0.5041	0.5024	0.5020	0.0021	0.5027
3	0.5018	0.5026	0.5035	0.5023	0.0017	0.5026
4	0.5008	0.5034	0.5024	0.5015	0.0026	0.5020
5	0.5041	0.5056	0.5034	0.5047	0.0022	0.5045
				平均數	$\bar{R}$ = 0.0021	$\bar{\bar{X}}$ = 0.5027

步驟 3. 查表 **11-4**，決定全距管制圖的上下管制界限，從 4 個樣本量的表中選擇合適的值。D3，D4 是隨樣本大小變化之常數，如表 **11-4** 所示。上下管制界限為：

$UCL_R = D_4\bar{R}$ = 2.282 (0.0021) = 0.00479 英寸

$LCL_R = D_3\bar{R}$ = 0 (0.0021) = 0 英寸

步驟 4. 繪製樣本全距管制圖。

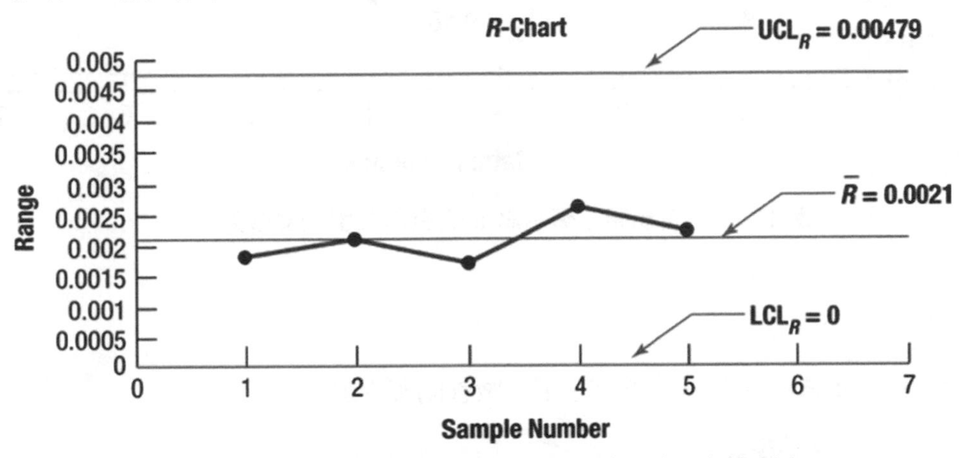

圖 11-1：樣本全距管制圖，表示製程變異在管制中

步 驟 5. 求得樣本的平均數，例如，樣本 1 的平均數為(0.5014+0.5022+0.5009+0.5027)/4 =0.5018，依此類推，樣本 23，4，5 的平均數分別為 0.5027，0.5026，0.5020，0.5045 英寸，顯示在表 2，$\bar{\bar{x}}$ = 0.5027。

步驟 6. 建立製程平均數$\bar{X}$ 管制圖。平均螺絲直徑為 0.5027 英寸，以及從表 2 中 A_2 樣本大小 4 中選出值並建立上下管制界限，

$UCL_{\bar{x}} = \bar{\bar{x}} + A_2\,\bar{R} = 0.5027 + 0.729\,(0.0021)$ = 0.5042 英寸

$LCL_{\bar{x}} = \bar{\bar{x}} - A_2\,\bar{R} = 0.5027 - 0.729\,(0.0021)$ = 0.5012 英寸

步驟 7. 繪製 $\overline{X}$管制圖樣本平均數。

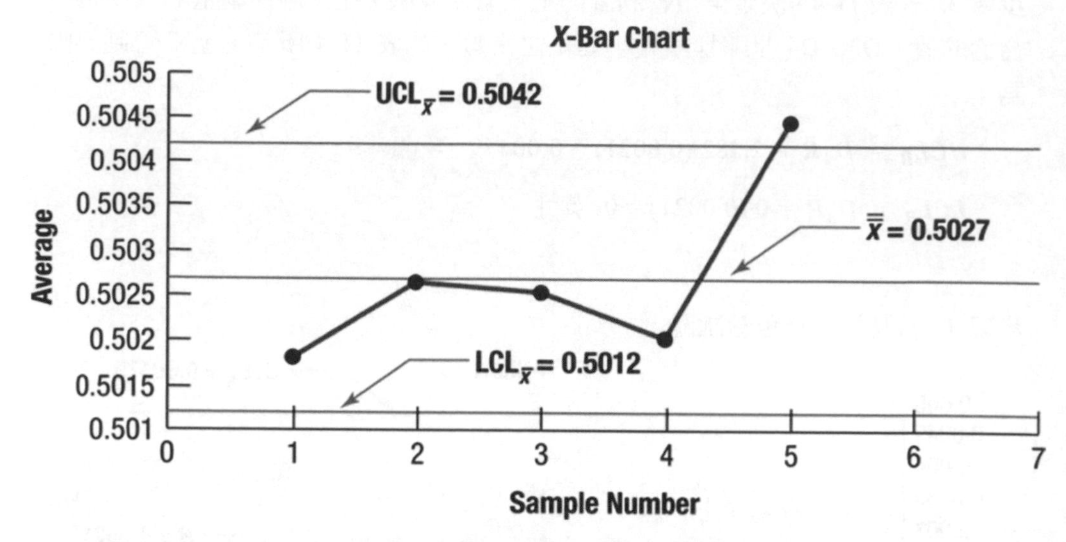

圖 11-2：$\overline{X}$管制圖，顯示第 5 個樣本在管制界限外

解法二：

使用電腦(捨棄傳統查表)求算全距、平均數管制圖界限

方法一：不使用外掛套件

依據**表 11-2：管制圖公式(b)**，以下步驟 1 以樣本大小為 4 模擬在 1 萬筆數字做為群體觀測值的假設下，於程式中求得 A_2、D_3及 D_4的值，因此與上表 11-4 不盡相同，實乃為使下述程式迅速執行，僅以 1 萬筆權充群體觀測值，若將之增加其值則結果更趨於精準，例如 100 萬筆，則將如下表，唯模擬筆數越多將使 CPU、Memory 耗用提高也使程式執行時間拉長，依筆者之經驗 100 萬筆的模擬，每次將耗費半小時以上，故最好執行一次並將結果存放資料庫供重複使用：

n	d2	d3	A_2	D_3	D_4
4	2.058816	0.8797445	0.728574	0	2.281918
5	2.325626	0.8643986	0.576894	0	2.115053
6	2.533656	0.8481412	0.48339	0	2.00425

1. 常態分布下 X-bar 圖及全距管制圖在樣本大小為 n=4 的上下限因子

2. 抽樣蒐集數據
3. 求得每組樣本的全距與樣本全距平均數及其管制圖上下限
4. 求得 X-bar 平均數(各樣本組平均數再平均)及管制圖上下限

R Script

```
# 步驟 1.模擬常態分布下平均數及全距管制圖在樣本大小為 n 的上下限因子(factor)
# 產生在常態分佈平均值=0，標準差=1，1 萬筆數字做為群體觀測值
gd<-rnorm(n=1e4, mean=0, sd=1)  # 函式說明如本書附錄 A
gd.mean<-mean(gd)     #  計算群體平均值
gd.sd<-sd(gd) # 計算群體標準差

n=4  # 本實例的樣本大小(sample size)
# 模擬隨機抽樣 size=n ，subgroup=1e4(1 萬筆)
sample<-lapply(rep(n,each=1e4),FUN=function(x) {sample(gd, size=
x)})
# 產生隨機抽樣全距結果 vector
sample.R<-c()  # 產生隨機抽樣(size=n)全距值 100 萬筆
for (i in 1: length(sample)){
  sample.R<- c(sample.R,range(sample[i])[2]-range(sample[i])[1])
}
sample.R.mean<-mean(sample.R) # 模擬隨機抽樣全距平均值
sample.R.sd <- sd(sample.R) # 模擬隨機抽樣全距標準差
d3<-sample.R.sd  # 群組全距標準差
print(d3) # 印出模擬群組之全距標準差
d2<- sample.R.mean/gd.sd # 請參閱表 11-1(b)公式定義及說明
print(d2) # 印出模擬群組之推估標準差之因子
D4<- 1+3*d3/d2  # 計算在樣本數 n 的 R chart 上限因子(factor)
print(D4) # 印出樣本數 n 的 D4
D3<- max(0,1-3*d3/d2)  # 計算在樣本數 n 的 R chart 下限因子(factor)
print(D3) # 印出樣本數 n 的 D3
A2<-3/(d2*sqrt(n)) # 計算在樣本數 n 的 X-bar chart 上、下限因子(factor)
print(A2) # 印出樣本數 n 之下的 A2

# 步驟 2. 蒐集數據
s.1 <- c(0.5014,0.5022,0.5009,0.5027) # 樣本組 1
```

```
s.2 <- c(0.5021,0.5041,0.5024,0.5020) # 樣本組 2
s.3 <- c(0.5018,0.5026,0.5035,0.5023) # 樣本組 3
s.4 <- c(0.5008,0.5034,0.5024,0.5015) # 樣本組 4
s.5 <- c(0.5041,0.5056,0.5034,0.5047) # 樣本組 5
s.df<- data.frame( # 整理樣本組資料為 data frame 物件各欄
  s1=s.1,
  s2=s.2,
  s3=s.3,
  s4=s.4,
  s5=s.5
)

# 步驟 3. 計算每個樣本的全距與全距平均數
min.max<- lapply(s.df,range) # 以內建函式 range 計算各欄之最大與最小
值，回傳 list
range.vector<- sapply( # 計算各欄之全距值，回傳 vector
  min.max,
  FUN=function(x){x[2]-x[1]}
)
print(range.vector)  # 5 subgroup 的全距值
mean.R<- mean(range.vector) # 求全距平均數

# 步驟 4. 決定全距管制圖的上下管制界限
R.sd.estimated <- mean.R*d3/d2  # 在 sample size 下的推估全距標準差
print(R.sd.estimated) # 印出推估全距圖標準差
UCL.R <- mean.R+3*R.sd.estimated  # 依定義計算管制圖上限
UCL.D4 <- D4*mean.R # 同上 UCL.R, UCL.D4 為解法一，採查表方式
LCL.R <- max(0,mean.R-3*R.sd.estimated)  # 依定義計算管制圖下限
LCL.D3 <- D3*mean.R  # 同上 LCL.R, LCL.D3 為解法一，採查表方式, 結果是殊
途同歸
print(UCL.R) # 印出本批 R chart 抽樣管制圖上限
print(UCL.D4) # 為解法一，採查表方式，結果是殊途同歸
print(LCL.R) # 印出本批 R chart 抽樣管制圖下限
print(LCL.D3) # 為解法一，採查表方式，結果是殊途同歸

# 步驟 5.求得樣本的平均數及管制圖上下限
mean.sample <- sapply( # 計算各欄之平均值，回傳 vector 物件
  s.df,
  mean)
mean.X<- mean(mean.sample) # 求各抽樣樣本的平均數的再平均
```

```
X.sd.estimated <- mean.R/d2 # sample size=n 之下推估標準差同表 11-1
(b)之 w
UCL.X <- mean.X + 3*X.sd.estimated/sqrt(n)  # X-bar 的管制圖上限
UCL.A2 <- mean.X + A2*mean.R   # 為解法一，採查表方式，結果是殊途同歸
LCL.X <- mean.X - 3*X.sd.estimated/sqrt(n)   # X-bar 的管制圖下限
LCL.A2 <- mean.X - A2*mean.R   # 為解法一，採查表方式，結果是殊途同歸
print(UCL.X)  # 印出本批 X-bar chart 抽樣管制圖上限
print(UCL.A2)  # 為解法一，採查表方式，結果是殊途同歸
print(LCL.X)  # 印出本批 X-bar chart 抽樣管制圖下限
print(LCL.A2)  # 為解法一，與採查表方式，結果是殊途同歸
```

RStudio Console

```
> print(d3) # 印出模擬群組之全距標準差
[1] 0.8687618
> print(d2) # 印出模擬群組之推估標準差之因子
[1] 2.064098
> print(D4) # 印出樣本數 n 的 D4
[1] 2.262675
> print(D3) # 印出樣本數 n 的 D3
[1] 0
> print(A2) # 印出樣本數 n 之下的 A2
[1] 0.7267096
> print(range.vector)  # 5 subgroup 的全距值
    s1      s2      s3      s4      s5
0.0018  0.0021  0.0017  0.0026  0.0022
> print(R.sd.estimated) # 印出推估全距圖標準差
[1] 0.0008754548
> print(UCL.R) # 印出本批 R chart 抽樣管制圖上限
[1] 0.004706364
> print(UCL.D4) # 同上
[1] 0.004706364
> print(LCL.R) # 印出本批 R chart 抽樣管制圖下限
[1] 0
```

```
> print(LCL.D3) # 同上
[1] 0
> print(UCL.X)  # 印出本批 X-bar chart 抽樣管制圖上限
[1] 0.5042066
> print(UCL.A2) # 同上
[1] 0.5042066
> print(LCL.X)  # 印出本批 X-bar chart 抽樣管制圖下限
[1] 0.5011834
> print(LCL.A2)  # 同上
[1] 0.5011834
```

分析者在建立平均數管制圖前使用全距管制圖，以確定程序變異在控制內。其優點是使用平均數管制圖分析可以判斷管制界線的分布，這個方法可以平衡型 I 和型 II 誤差(注 1)的值。

管制圖的樣本數，為了經濟及易於計算，多半用 4 或 5 個，選取樣本數的方法，要儘量使組內的變異小，組間與組間的變異大，管制圖才易生效。

注 1：**使用管制圖時可能會有兩種誤差：**

1. 型 I 誤差（type I error）為依觀測值超出管制界限而斷定程序已失去控制，然而實際上卻是純屬隨機現象。(即錯誤地棄切虛無假設 H_0)

   表示生產者所生產的產品多數為良品，但經抽樣檢驗後，卻誤判為不良品，因而被拒收的機率，稱之為生產者風險，以 $\boldsymbol{\alpha}$表示。

   當送驗批不合格率低於允收品質水準時，買方理應允收該送驗批，但由於是否允收是由樣本決定，故買方仍可能誤判為拒收，此時型 I 誤差（α = 1 -允收機率）或稱為偽陽性 (false positive)就會存在，α 最常使用的值約為 0.05。

2. 型 II 誤差（type II error）為斷定程序在控制內且只是隨機現象發生，然而實際上，程序已經偏離統計管制。(即錯誤地接受虛無假設 H_0)

   表示生產者所生產的產品大多數為不良品，但經抽樣檢驗後，卻誤判為良品，因而被接受的機率，稱之為消費者風險，以 $\boldsymbol{\beta}$表示。

   當送驗批不合格率高於拒收品質水準時，買方理應拒收該送驗批，但由於是否允收是由樣本決定，故買方仍可能誤判為允收，此時型 II 誤差（β=允收機率），或稱為偽陰性(false negative ）就會存在，β 最常使用的值約為 0.10。

方法二：使用外掛套件 qcc

產生與**圖 11-1**、**圖 11-2** 幾乎雷同的**圖 11-3** 以及**圖 11-4**，如下：

1. 依樣本大小 n=4 收集 5 組觀測值。
2. 使用 R 語言外掛套件 qcc 之 qcc.groups 函式建構分組的陣列物件。
3. 使用 R 語言外掛套件 qcc 之 qcc 函式產生 R chart 及 X-bar chart 物件，並分別繪出。

R Script

```
library(qcc) # 載入 qcc 程式庫
value <-c(   # 螺絲的直徑量測值
  0.5014,0.5022,0.5009,0.5027,
  0.5021,0.5041,0.5024,0.5020,
  0.5018,0.5026,0.5035,0.5023,
  0.5008,0.5034,0.5024,0.5015,
  0.5041,0.5056,0.5034,0.5047)
group <-c(   # 將量測值依序分組
  1,1,1,1,
  2,2,2,2,
  3,3,3,3,
  4,4,4,4,
  5,5,5,5)
# qcc.groups： 根據樣本指標對數據進行分組；此一功能，可以輕鬆地將數據分組
diameter <- qcc.groups( # 分組的陣列(R 物件 matrix)
  data=value,    # 觀察值
  sample=group) # 分組序碼
r.chart <- qcc( # 產生管制圖的繪圖物件
  diameter,  # data 為第一個參數，可省略參數指定(data=)
  type="R",  # 產生 R(全距)圖
  nsigmas=3, # 管制線依據 3 個標準差計算
  ylab='R(全距)值',  # y 軸標籤
  xlab='樣本組',      # x 軸標籤
  plot=TRUE)          # 於 console 繪製出管制圖
```

```
x.bar <- qcc(  # 同上
  diameter,     # 同上
  type="xbar", # 產生 X-bar 圖
  nsigmas=3,    # 同上
  ylab='平均值',  # 同上
  xlab='樣本組',  # 同上
  title='X-Bar Chart \n (螺絲的直徑)', # 自訂管制圖標題 \n 為換行符號
  plot=TRUE)       # 同上
```

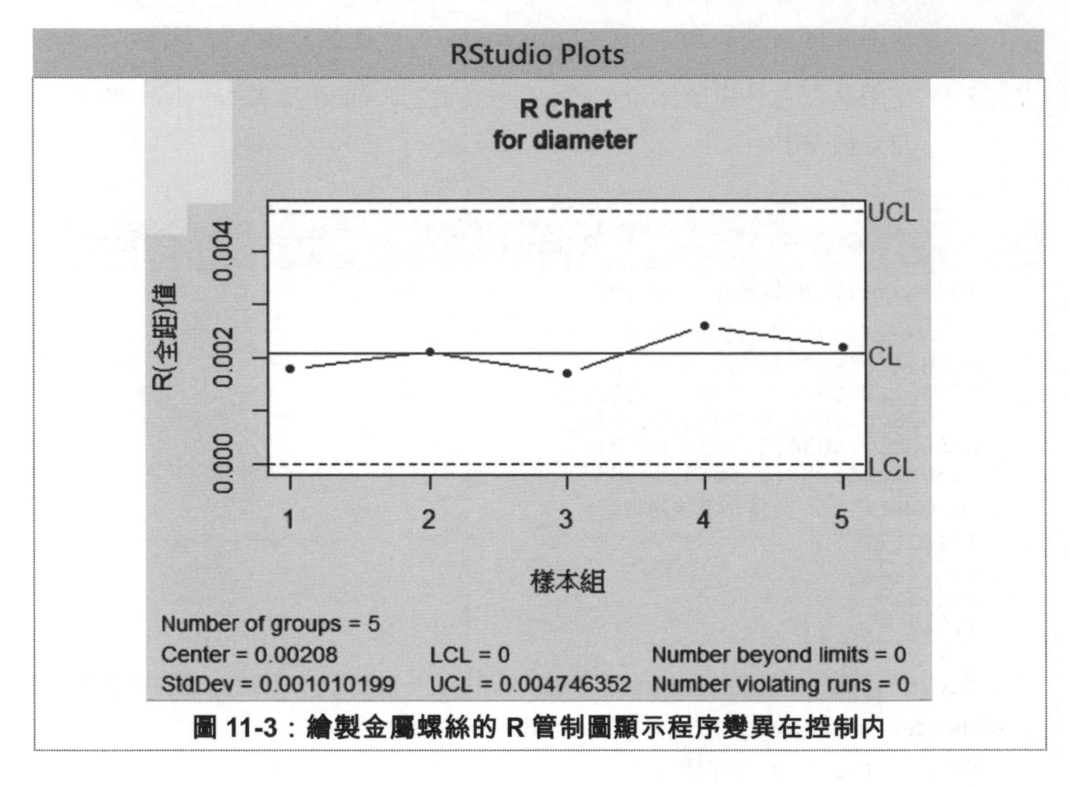

圖 11-3：繪製金屬螺絲的 R 管制圖顯示程序變異在控制內

RStudio Plots

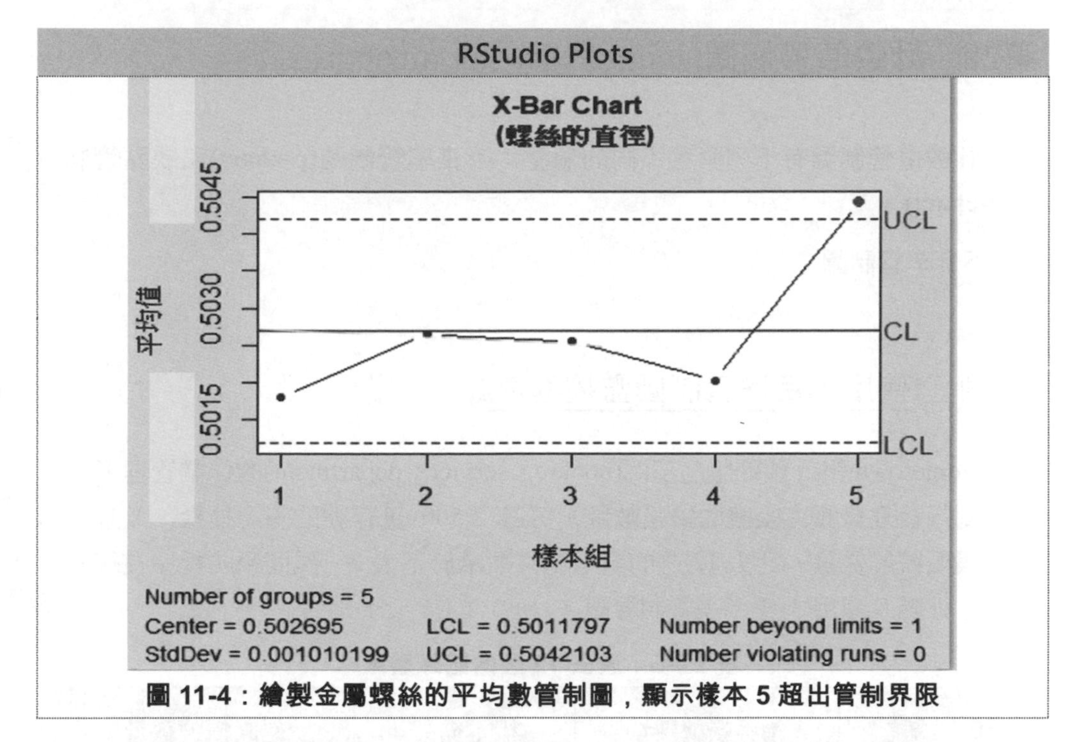

圖 11-4：繪製金屬螺絲的平均數管制圖，顯示樣本 5 超出管制界限

從**圖 11-4** 可清楚看到紅點(粗)的樣本 5 高於 UCL 的平均數，顯示程序平均數失去控制且必須找出可歸因的變異 (assignable causes of variation)，或許使用如第 9 章所介紹的**特性要因圖(Cause-and-Effect Diagram)**。

在敘述統計中，平均值受極端值的影響很大。如果數據出現全距 R 很大的現象，其實也等於影響到$\bar{X}$管制圖 的表現；但反過來說，如果數據的$\bar{X}$制圖上下限很大，則全距(R) 管制圖並沒有相對應的因果關係。

所以吾人就先觀察 R 管制圖，等 R 管制圖在統計管制之內，我們才看$\bar{X}$管制圖的趨勢。

第2節 計數值管制圖(control chart for attributes)

計數值管制圖有下列兩種不同的類型：不良率管制圖**(p-chart)**和缺點管制圖**(c-chart)**。

一. 不良率管制圖

[實例二]使用不良率管制圖監控程序(6)

Hometown 銀行預約服務部門(booking services department)的作業管理者，注意到行員登錄顧客帳號的錯誤數量。每週 2,500 筆存款的隨意抽樣，並且記錄錯誤帳號的數量。過去 12 週的記錄結果顯示於下表 2。試問預約程序在統計控制之外嗎？使用 3-標準差管制界限。

表 11-6：過去 12 週的記錄結果

樣本編號	錯誤帳號數量	樣本編號	錯誤帳號數量
1	15	7	24
2	12	8	7
3	19	9	10
4	2	10	17
5	19	11	15
6	4	12	3
			總計 147

解法一：

步驟 1，計算不良率管制圖樣本數據。

$$\bar{p} = \frac{\text{缺點總數量}}{\text{觀測值總數量}} = \frac{147}{12(2{,}500)} = 0.0049$$

$$\sigma_p = \sqrt{\bar{p}(1-\bar{p})/n} = \sqrt{0.0049(1-0.0049)/2500} = 0.0014$$

$$UCL_p = \bar{p} + z\sigma_p = 0.0049 + 3(0.0014) = 0.0091$$

$$LCL_p = \bar{p} - z\sigma_p = 0.0049 - 3(0.0014) = 0.0007$$

步驟 2，計算樣本缺點。對樣本 1 來說，不良率是 $15/2{,}500 = 0.006$。

步驟 3，在圖表上繪製每樣本的比例，如下圖：

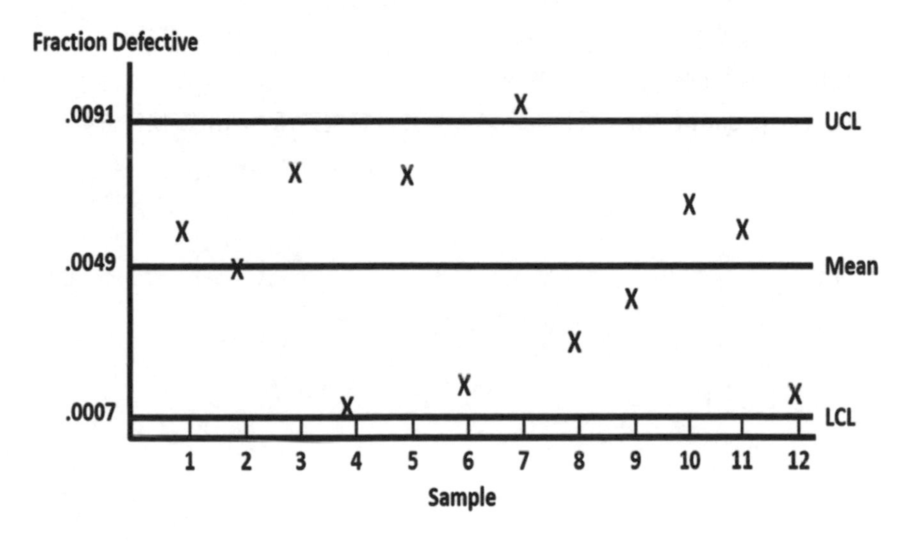

解法二：

R 軟體的應用

使用外掛套件 qcc，產生 p chart 管制圖，如**圖 11-6**：

R Script

```
library(qcc) # 載入 qcc 程式庫
nod <- c(      # 各週(共 12 週)錯誤帳號數量
  15,12,19,2,19,4,24,07,10,17,15,3)
group <- rep(  # 各週(共 12 週)樣本數，重複 12 週每週抽樣數 2500
  2500 : 2500,each=12)
p.chart <-qcc(
  nod,                # 觀察值
  type='p',           # 產生 p chart
  sizes=group,        # 各樣本組數量
  #nsigmas=3,         # 此參數不設定，同預設值 3
  ylab = '錯誤率',    # y 軸標籤
  xlab = '樣本(週別)',      # x 軸標籤
  title='p Chart \n (帳號錯誤)'  # 自訂管制圖標題 \n 為換行符號
)
```

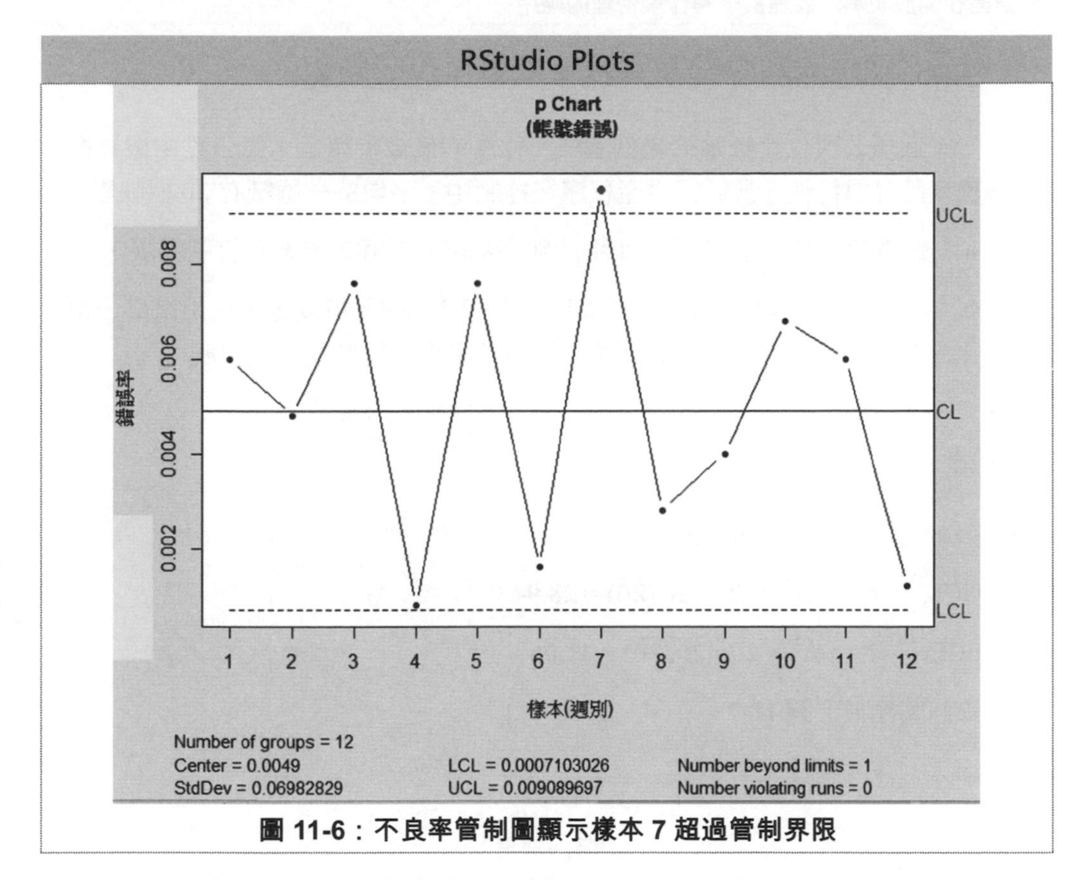

圖 11-6：不良率管制圖顯示樣本 7 超過管制界限

樣本 7 超過 UCL，因此，程序失去控制且必須確認該週不良績效的原因。

二. 缺點數管制圖(c-chart)

有時候服務或產品不只有一個缺點。可能存在不止一個缺點的其他情況，包括在十字路口的事故，電視面板上的氣泡，餐廳的客人抱怨。當管理者要降低每個產品的缺點數或服務的缺點時，c-chart 將很有幫助。

c-chart 的基本抽樣分配為卜瓦松分配(Poisson distribution)。卜瓦松分配是假設在連續區間或時間內事件發生的次數，進一步假設在特定時間與位置發生兩個以上缺點的機率是可被忽視的。卜瓦松分配的平均數是$\bar{c}$，標準差是$\sqrt{\bar{c}}$，有效的策略是使用近似常態分配法取得中心線$\bar{c}$和上下管制界限 ：

$UCL_c = \bar{c} + z\sqrt{\bar{c}}$ 和 $LCL_c = \bar{c} - z\sqrt{\bar{c}}$

[實例三] 使用缺點數管制圖來監控每單位缺點數(6)

一家造紙公司生產紙張給報紙產業。程序的最後步驟是，紙張經由機器衡量各種產品品質特性。當紙張生產程序在控制中，平均每一捲紙有 20 個缺點。

a. 每捲建立缺點管制圖。對這個例子來說，使用 2-標準差管制界限。

b. 5 捲紙有下列缺點數：16、21、17、22、24。第 6 捲，使用來自一位不同的供應商，有 5 個缺點。試問紙張生產程序在控制中嗎？

解法一：

(a) 平均缺點數每捲是 20。因此

$UCL_c = \bar{c} + z\sqrt{\bar{c}} = 20 + 2(\sqrt{20}) = 28.94$

$LCL_c = \bar{c} - z\sqrt{\bar{c}} = 20 - 2(\sqrt{20}) = 11.06$

管制圖類似下**圖 11-7**：

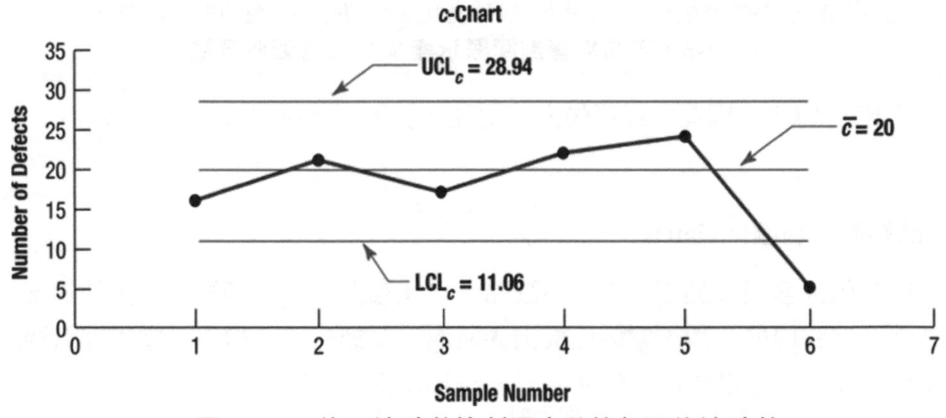

圖 11-7：使用缺點數管制圖來監控每單位缺點數

(b). 前 5 捲紙的缺點數仍在管制界限內，故程序仍然在控制中。然而，第 6 個樣本有 5 個缺點低於 LCL，製程技術上是「失去控制」，但卻有好現象出現。這個是「缺點數」的管制。前五件是在管制圖之內還沒有失控，所以是在控制中，品管上是可以被接受的，但是沒有進步，因為缺點數是越少越好，到第六件的時候，缺點數是低於 LCL，雖然看起來是失控，但是往好的方向在進步，所以是好的現象，應該追查原因為什麼會變好，若找出好現象的原因，那麼整個品質會進步。品質基本上是要做到能夠控制，但是要能進步更為重要。

一般而言，偏離管制圖的時候要追查原因，不管是好的，還是壞的都要去了解。

解法二：

使用外掛套件 qcc

R 軟體的應用

使用外掛套件 qcc，產生 c chart 管制表，平均每一捲紙有 20 個缺點數是給定的，可在 qcc 函式加入 center=20 參數值

R Script

```
library(qcc) # 載入 qcc 程式庫
cc <- c(16,21,17,22,24,5) #每捲缺點數
c.chart <-qcc( # 產生管制圖的繪圖物件
  cc,type="c", # 產生 c chart
  nsigmas =2,  # 以 2 個標準差建立 c chart 管制線
  center=20,  # 依本題給定的平均數為基準
  ylab = '缺點數', # y 軸標籤
  xlab = '樣本(捲筒紙編號)', # x 軸標籤
  title='c Chart \n (缺點管制圖)'  # 自訂管制圖標題 \n 為換行符號
)
```

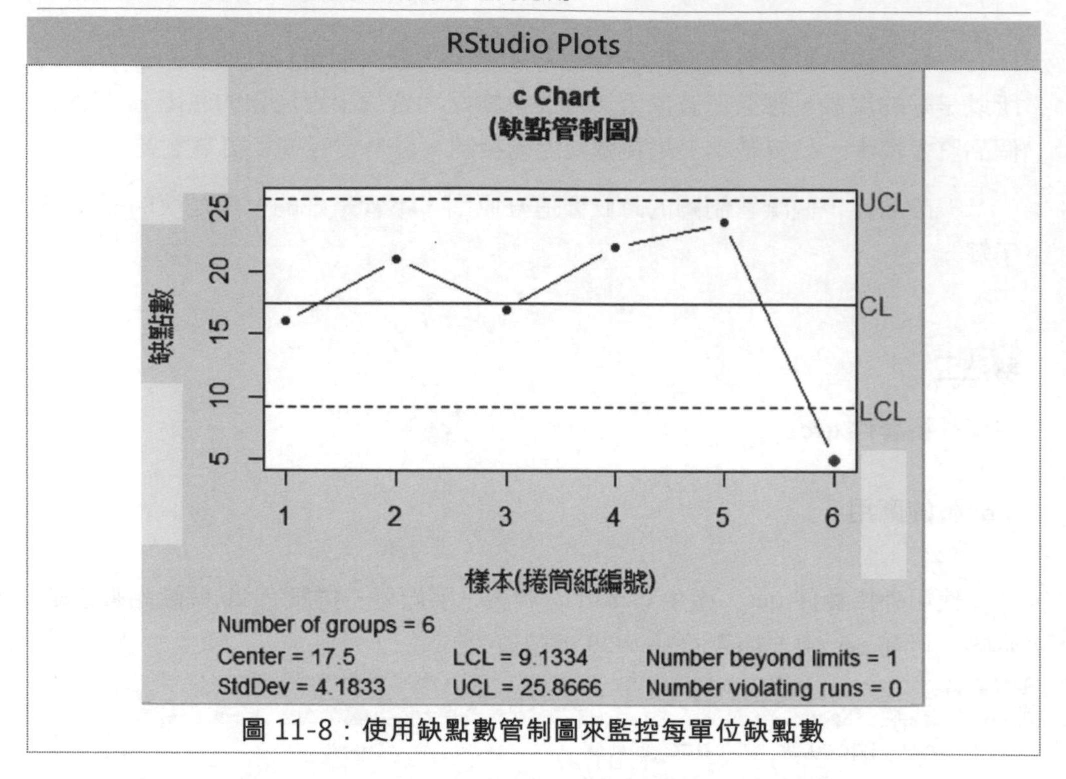

圖 11-8：使用缺點數管制圖來監控每單位缺點數

[實例四] 缺點數管制圖(c-chart)：豪華酒店套房檢查(7)

一家豪華酒店設有五間套房，供來訪貴賓和其他 VIP 使用。作為 TQM 計劃的一部分，房務主管在執行房務的職責後，立即實施對這五間套房的日常檢查程序。主管助理輪流檢查職責，並記錄其與既定的卓越標準的任何偏差，例如若有皺紋的毛巾、枯萎的花朵、吧台和冰箱無補貨等記為缺點。每天檢查員在管制圖上，記錄五間套房檢查期間發現的缺點數目(c)。

階段 1：與往常一樣，有關資料收集主要根據情況來決定。在這種情況下，套房可能僅在客人方便時才打掃，檢查員必須在此後不久跟進。缺點總數適用於整個五間套房檢查，**表 11-7** 列出了 26 天的缺點總數。

表 11-7：豪華酒店套房檢查 - 發現的缺點數

日期	缺點數	日期	缺點數	日期	缺點數
1	2	10	4	19	1
2	0	11	2	20	1
3	3	12	1	21	2
4	1	13	2	22	1
5	2	14	3	23	0
6	3	15	1	24	3
7	1	16	3	25	0
8	0	17	2	26	1
9	0	18	0	Total	39

階段 2：計算中心線和管制界限。中心線（$\bar{c}$）是發現的缺點數之和除以檢查次數（k，應至少為 25）

$$\bar{c} = \frac{\sum c}{k} = \frac{39}{26} = 1.50$$

為了獲得管制界限，主管需要知道標準差。由於 c 管制圖表的基礎是卜瓦松分配，而不是二項分配或是常態分配，卜瓦松分配標準差的公式非常簡單：

$$\sigma = \sqrt{\bar{c}}$$

3σ 管制界限為 ：

$$UCL = \bar{c} + 3\sqrt{\bar{c}}$$

$$= 1.50 + 3(1.22) = 5.16$$

$$LCL = \bar{c} - 3\sqrt{\bar{c}}$$

$$= 1.50 - 3(1.22) = -2.16 \text{ 或 } 0$$ (注 1)

注 1： 計數值管制圖 (attribute control charts) 上不能有負管制界限

接下來，客房服務人員編繪製程管制圖。他們繪製了中心線和管制圖界限並標出 26 個資料點，**圖 11-9** 顯示了完整的 c 管制圖。該製程在界限之內，因此該小組將得出結論認為該製程處於控制之中。房務主管和他的員工對控制並不滿意；他們要追求完美。

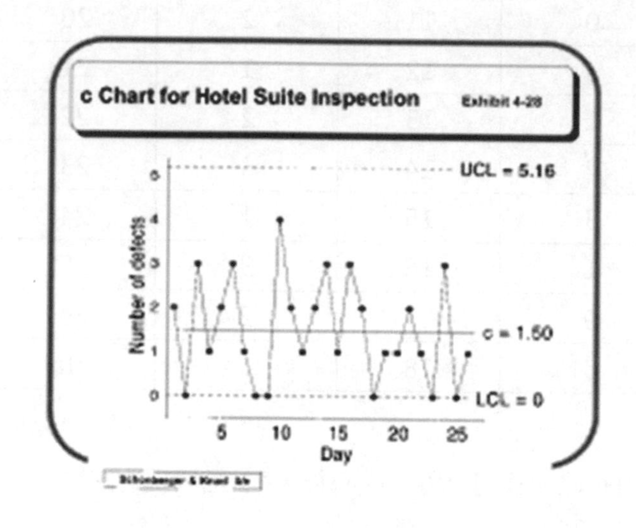

圖 11-9：酒店套房檢查 c 管制圖

R 軟體的應用

產出缺點數(c)管制圖如下**圖 11-10**：平均缺點數(引數 center)、上下管制線(引數 limits)由函式依提供之資料(引數 data)自動算出來的，請讀者特別留意。

R Script

```
library(qcc) # 載入 qcc 程式庫
cc <- c(2,0,3,1,2,3,1,0,0,  #每天缺點數
        4,2,1,2,3,1,3,2,0,
        1,1,2,1,0,3,0,1)
c.chart <-qcc( # 產生管制圖的繪圖物件
  data= cc,   # 觀察值 vector 物件
  type="c", # 產生 c chart
  nsigmas =3,  # 以 3 個標準差建立 c chart 管制線
  # center= 1.5,  #若省略則函式依 data 自動算出
  # limits= c(0,3),  # 若省略則函式依 data 自動算出
```

```
    ylab = '缺點數', # y 軸標籤
    xlab = '日期', # x 軸標籤
    title='c Chart \n (缺點管制圖)' # 自訂管制圖標題 \n 為換行符號
  )
print(c.chart)  # 印出 qcc 物件之數據，也是繪圖過程資料
```

RStudio Plots

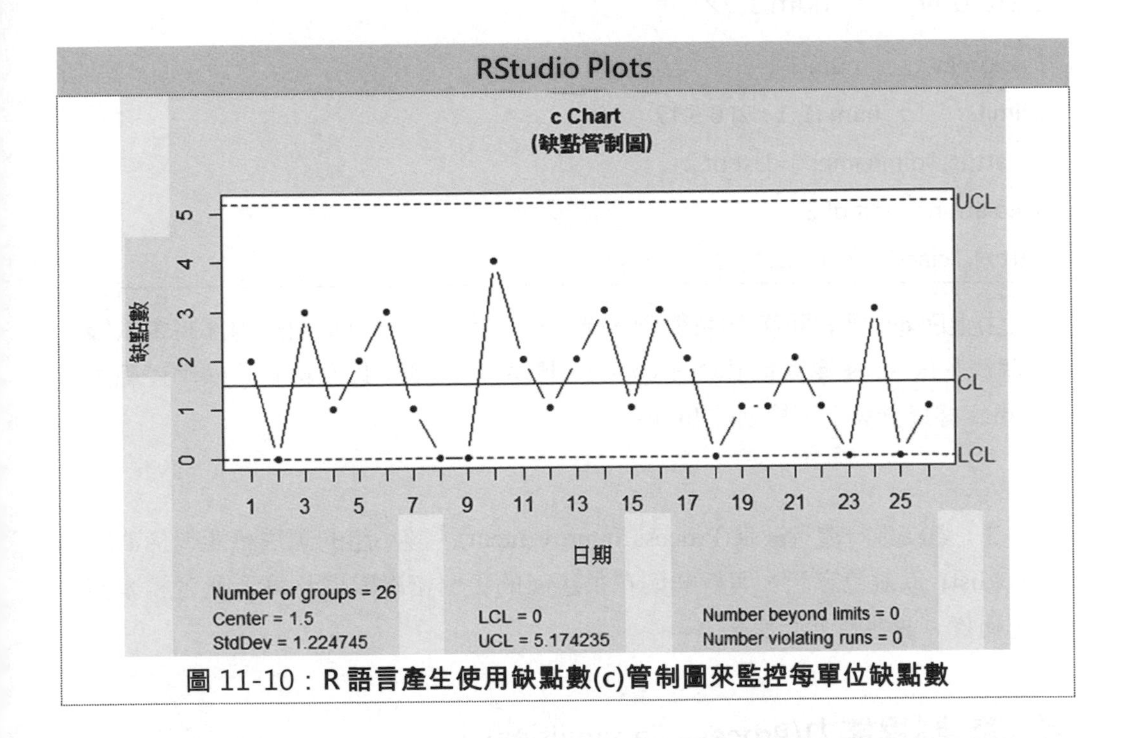

圖 11-10：R 語言產生使用缺點數(c)管制圖來監控每單位缺點數

RStudio Console

```
> print(c.chart)  # 此處同 str(c.chart)
List of 11
 $ call        :  language qcc(data = cc, type = "c", nsigmas = 3, ylab = "缺點數", xlab
= "日期",       title = "c Chart \n (缺點管制圖)")
 $ type         :  chr "c"
 $ data.name  :  chr "cc"
 $ data         :  num [1 : 26, 1] 2 0 3 1 2 3 1 0 0 4 ...
  ..- attr(*, "dimnames")=List of 2
```

```
$ statistics :  Named num [1 : 26] 2 0 3 1 2 3 1 0 0 4 ...
  ..- attr(*, "names")= chr [1 : 26] "1" "2" "3" "4" ...
$ sizes       :  int [1 : 26] 1 1 1 1 1 1 1 1 1 1 ...
$ center      :  num 1.5
$ std.dev     :  num 1.22
$ nsigmas     :  num 3
$ limits      :  num [1, 1 : 2] 0 5.17
  ..- attr(*, "dimnames")=List of 2
$ violations : List of 2
- attr(*, "class")= chr "qcc"
```

由上面 qcc 函式回傳物件(變數 c.chart)之結構可看出 qcc 函式內部將會依據 26 個觀察值 sizes 運算其平均值 center、標準差 std.dev 以及給定的標準差範圍 nsigmas 據以計算上下控制線 limits。

階段 3：繼續進行流程改進(Process Improvement)。該小組的想法可能包括清單(checklist) 以避免忘記、與新鮮切花供應商的更緊密聯繫以及每天吧台和冰箱預先補貨，並在晚上再補充。

第3節 製程能力(Process Capabilities)

然而利用上述的管制圖來訂定管制標準及評估結果則需要花較長的時間。因此，有必要利用較快速的方法來求得製程標準，而不透過 $\bar{X}$-R，$\bar{X}$-S 管制圖。這種較快速求得製程能力的方法，即是製程能力分析(Process Capability Analysis)。在 1980 年代初期即被廣泛應用在工業界。

管理者如何以量化工具來衡量一個程序是否有能力？實務上通常有兩個指標，製程能力指標和製程能力比率。

製程能力是指程序符合服務或產品設計規格的能力。通常是以目標值(Nominal value)和公差表示。不同於根據平均數和變異數統計製程管制界限。

管理者關注於降低程序的變異，變異小代表標準差低，亦即生產不好的產出頻率減少。下**圖 11-11** 顯示降低變異平均值，程序分配為常態機率分配。公司使用二標準差品質的缺點或一百萬個有 45,600 個缺點。公司使用四標準差品質生產 0.0063%的缺點或一百萬個有 63 個缺點。公司使用六標準差品質的 0.0000002 缺點或一百萬個有 0.002 個缺點。

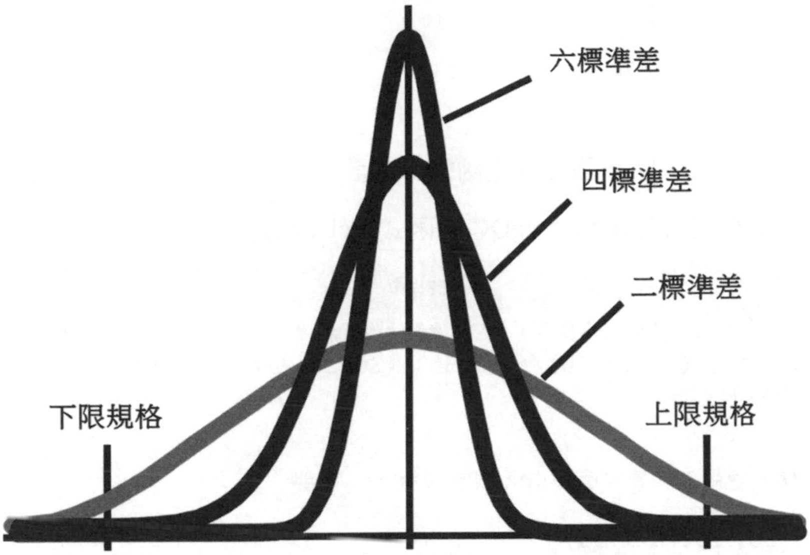

目標值(Nominal value)
六標準差
四標準差
二標準差
下限規格
上限規格
平均數
(Mean)

圖 11-11：常態分佈圖

[實例五] 評估加護病房實驗室的製程能力(Assessing the process Capability of the Intensive Care Unit Lab)[6]

加護病房裡有 26.2 分鐘平均周轉時間(average turnaround time)和 1.35 分鐘的標準差平均周轉時間。此服務的目標值是 25 分鐘，其中上限 30 分鐘和下限 20 分鐘。加護病房的管理者想要有 4-標準差的績效。加護病房製程能力該如何達到這個績效？

$$公式：Cpk = \min\left[\frac{\bar{\bar{x}} - 規格下限}{3\sigma}, \frac{規格上限 - \bar{\bar{x}}}{3\sigma}\right] \quad (1)$$

其中　$\sigma =$ 製程分配的標準差

將 $\bar{\bar{x}} = 26.2,\ \sigma = 1.35$ 及規格上、下限的值代入公式 (1)

$$Cpk = \min\left[\frac{26.2-20}{3(1.35)}, \frac{30-26.2}{3(1.35)}\right]$$

R 軟體的應用

1. 依 Cpk 公式以 R 語言內建函式 min 計算
2. 使用 R 語言外掛套件 ggQC 之函式 Cpk 計算

R Script

```
######### 使用內建函式直接帶入公式 ##########
cpk.b <- min(c((26.2-20)/(3*1.35),(30-26.2)/(3*1.35)))
print(cpk.b)


######### 使用外掛套件使用 Cpk 函式 ##########
library(ggQC)
Cpk(20, 30, 26.2, 1.35)
```

RStudio Console

```
> print(cpk.b) # Cpk 公式計算結果
[1] 0.9382716


> Cpk(20, 30, 26.2, 1.35) # Cpk 函式傳回結果
[1] 0.9382716
```

由於 4-標準差的績效為 1.33，製程能力指標顯示出程序沒有能力。然而，管理者不知道問題是程序的變異、中心位置的改變或者兩者皆有。程序改善的可行方案取決於問題的原因。

下一步以製程能力比率檢查程序變異量：

程序變異沒達到 1.33 的 4 個標準差的目標。因此，進行一項研究來探討程序產生的變異。檢驗報告準備和檢體準備等兩項作業，被發現程序有不一致的現象。修改這些程序提供一致性的績效。蒐集新數據，平均 26.1 分鐘，標準差 1.20 分鐘。

現在程序變異量在 4 個標準差水準績效，像製程能力比率(process capability ratio)：

$$C_p = \left[\frac{\text{規格上限}-\text{規格下限}}{6\sigma}\right]$$

R 軟體的應用

1. 依 Cp 公式以 R 語言內建運算子計算
2. 使用 R 語言 ggQC 外掛套件之函式 Cp 計算

R Script

```
######### 使用內建函式直接帶入公式 ##########
cp <- (30.0 - 20.0)/ (6 * 1.20)
cp    # Cp 公式計算結果


######### 使用外掛套件使用 Cp 函式 ##########
library(ggQC)
Cp(20,30,1.2) # Cp 函式傳回結果
```

RStudio Console

```
> cp      # Cp 公式計算結果
[1] 1.388889


> Cp(20,30,1.2) # Cp 函式傳回結果
[1] 1.388889
```

然而，製程能力指標(process capability index)表明要解決的附加問題，因為 Cpk 仍小於 4 標準差水準績效 1.33。

R 軟體的應用

R Script

```
######### 新數據下，使用外掛套件使用 Cpk 函式 ##########
library(ggQC)
Cpk(20, 30, 26.1, 1.2) # 新數據下 Cpk 函式傳回結果
```

RStudio Console

```
> Cpk(20, 30, 26.1, 1.2) # 新數據下 Cpk 函式傳回結果
[1] 1.083333
```

實驗室程序仍然不在 4 個標準差績效水準內。實驗室管理者尋找偏離中心點的原因。她發現定期積壓的工作(backlogs)是在檢驗設備。在獲得第 2 台儀器後，可降低周轉時間達到 4 個標準差能力。

[實例六] 連接器(connector)製程能力樣本檢測數據。

連接器(Connector)為電子傳輸介面裡，最核心的中樞。因此品質的好壞與性能的穩定，都會影響產品的使用壽命。尤其連接器是最常接觸頻繁插拔與長時間的固定，因此在連接器的製造過程中，需要非常嚴格的品質測試與控管！一模 4 穴；每穴取 25 pcs；合計 100 pcs 了解製程能力及尺寸的分布表給客人；樣本檢測數據如下：

表 11-8：連接器樣本檢測數據

組別	樣本檢測數據				
	X1	X2	X3	X4	X5
1	1.380	1.377	1.376	1.376	1.377
2	1.372	1.371	1.377	1.372	1.373
3	1.376	1.379	1.382	1.370	1.376
4	1.375	1.379	1.380	1.370	1.376
5	1.375	1.381	1.379	1.376	1.382
6	1.382	1.385	1.374	1.377	1.376
7	1.381	1.380	1.378	1.374	1.376
8	1.372	1.373	1.369	1.371	1.375
9	1.370	1.381	1.377	1.379	1.378
10	1.381	1.378	1.379	1.378	1.378
11	1.375	1.375	1.377	1.377	1.376
12	1.378	1.375	1.386	1.373	1.384
13	1.377	1.373	1.378	1.374	1.381
14	1.379	1.371	1.375	1.376	1.377
15	1.385	1.383	1.372	1.382	1.376
16	1.384	1.379	1.367	1.372	1.372
17	1.371	1.380	1.375	1.375	1.370
18	1.370	1.384	1.378	1.372	1.385
19	1.377	1.378	1.380	1.369	1.382
20	1.374	1.383	1.375	1.375	1.378

本題求連接器端子關鍵尺寸(mm)的平均數管制圖及製程能力分析程式流程 如下**圖 11-12**：

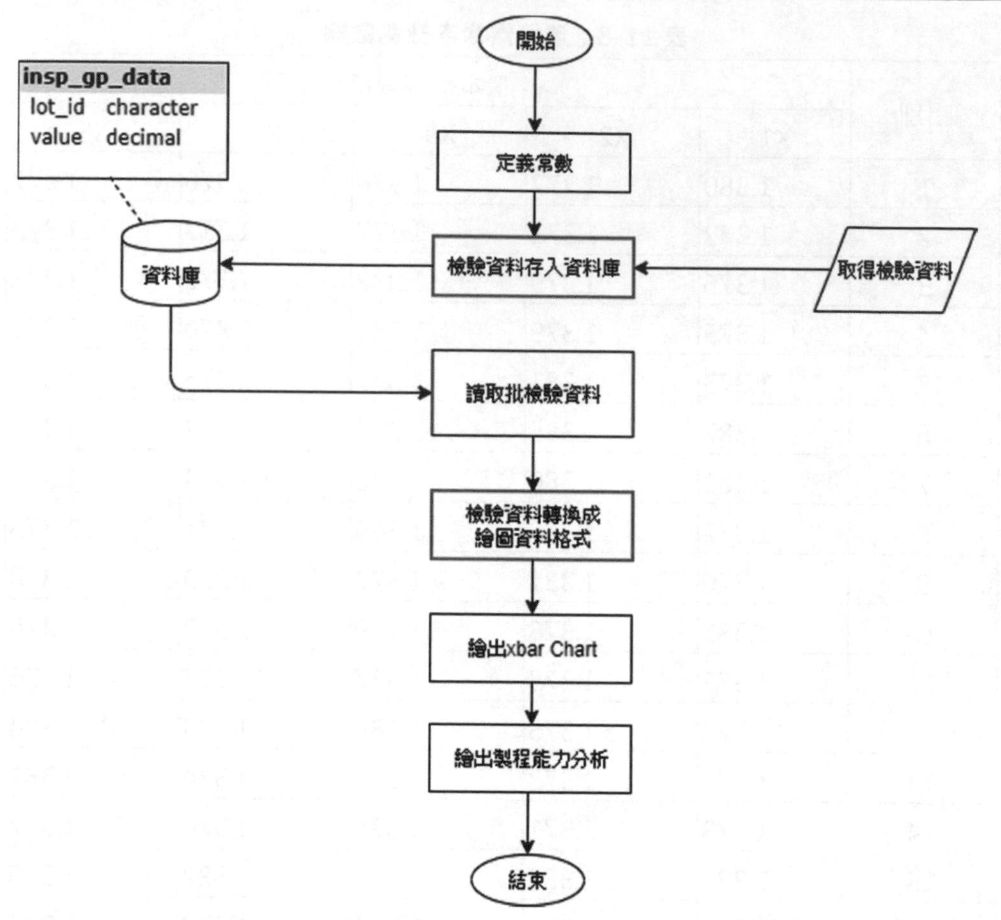

圖 11-12：連接器端子關鍵尺寸(mm)的平均數管制圖及製程能力分析程式流程

R 軟體的應用

本例示範資料先存入資料庫再應用，本例需安裝 RSQLite，qcc 等套件

R Script

```
# 宣告本例常數
lot_id <- '0001' # 檢驗批號
gpnum <- 20 # 群組數
diameter <- c(  # 抽驗 100 件檢測值
  1.38,1.377,1.376,1.376,1.377,
  1.372,1.371,1.377,1.372,1.373,
  1.376,1.379,1.382,1.37,1.376,
  1.375,1.379,1.38,1.37,1.376,
  1.375,1.381,1.379,1.376,1.382,
  1.382,1.385,1.374,1.377,1.376,
  1.381,1.38,1.378,1.374,1.376,
  1.372,1.373,1.369,1.371,1.375,
  1.37,1.381,1.377,1.379,1.378,
  1.381,1.378,1.379,1.378,1.378,
  1.375,1.375,1.377,1.377,1.376,
  1.378,1.375,1.386,1.373,1.384,
  1.377,1.373,1.378,1.374,1.381,
  1.379,1.371,1.375,1.376,1.377,
  1.385,1.383,1.372,1.382,1.376,
  1.384,1.379,1.367,1.372,1.372,
  1.371,1.38,1.375,1.375,1.37,
  1.37,1.384,1.378,1.372,1.385,
  1.377,1.378,1.38,1.369,1.382,
  1.374,1.383,1.375,1.375,1.378
)
group <- rep(1:20,each=5) # 產生 20 組每組 size 為 5 的 vector
group.sample <- as.data.frame(  # 將分組後之 matrix 轉成 data frame 物件
  qcc.groups(  # 此函式將觀察值分為 20 組
    data=diameter,
    sample=group
  )
)
group.sample$lot_id<-rep(lot_id,20) # 在 data frame 物件上增加一 lot_id 欄位
library(DBI) # 載入 DBI 函式庫
con <- DBI::dbConnect( # 透過 DBI 函式庫的 dbConnect 函式建立資料庫連結
  RSQLite::SQLite(),  # 連線的資料庫為本機的 RSQLite 函式庫的 SQLite 資料庫
  dbname = ":memory:" # 以暫存資料庫示範本例,若給予實際名稱則屬永久資料庫
)
dbWriteTable( # 透過 DBI 函式庫的 dbWriteTable 函式依資料建立資料表及資料
```

```
  conn=con,   # 利用前述建立的連線物件 con
  name='insp_lot_data',  # 命名建立的資料表
  value=group.sample    # 資料表內容資料
)
read.sql <- dbSendQuery( # 透過 DBI 函式庫的 dbSendQueryt 產生讀取資料
的 SQL 指令物件
  con, # 同前述
  paste0(  # 依 lot_id 讀取之 SQL 指令
    'SELECT * FROM insp_lot_data
     WHERE lot_id = \'',
          lot_id,'\''
  )
)
lot.df <- dbFetch(read.sql) # 執行讀出資料表之資料存入指定變數
dbDisconnect(con) #關閉資料庫連結(暫存資料庫也隨即消失)
gp.data <- rowMeans(  # data frame 依列平均得出 vector，函式說明請參閱附
錄 A
  x = lot.df[,1 : 5]
)
library(qcc) # 載入 qcc 函式庫
# 繪出 xbar Chart
q <- qcc(           # 產生管制圖的繪圖物件
  data=gp.data,      # 資料來自平均後之資料
  type='xbar.one'    # 模擬平均值即為唯一個抽樣(one-at-time)的 xbar ch
art
)
# 繪出 Process Capability Analysis
p <- process.capability( # 產生製程能力的繪圖物件
  q,   # xbar 的 qcc 物件
  spec.limits=range(1.36,1.40) # 產品規格高低範圍限制值
)
```

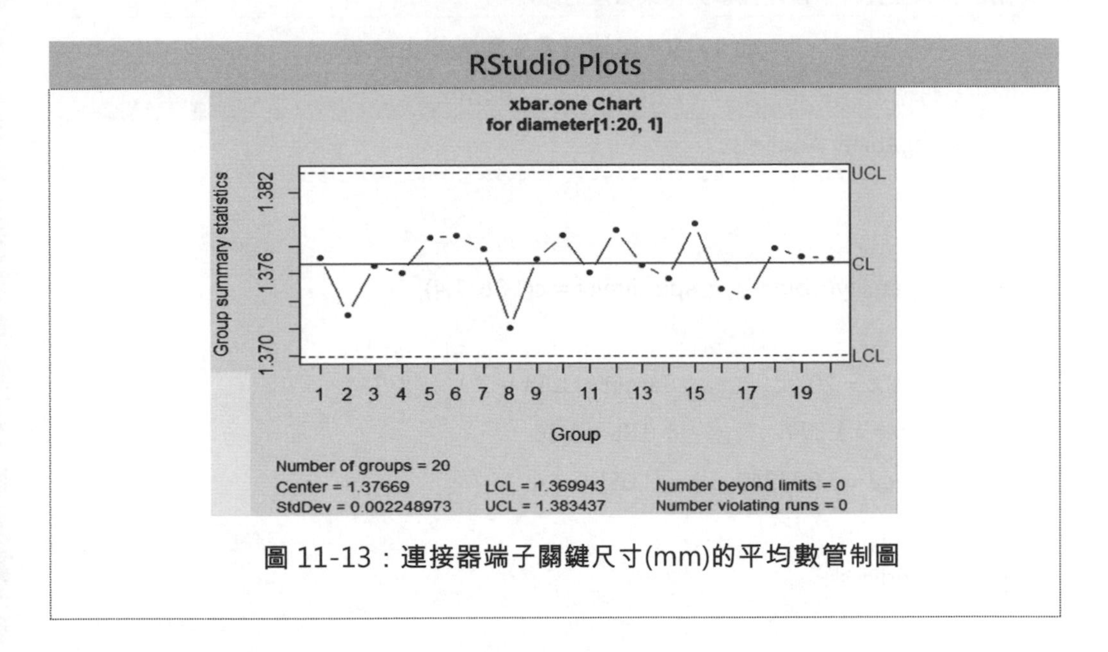

圖 11-13：連接器端子關鍵尺寸(mm)的平均數管制圖

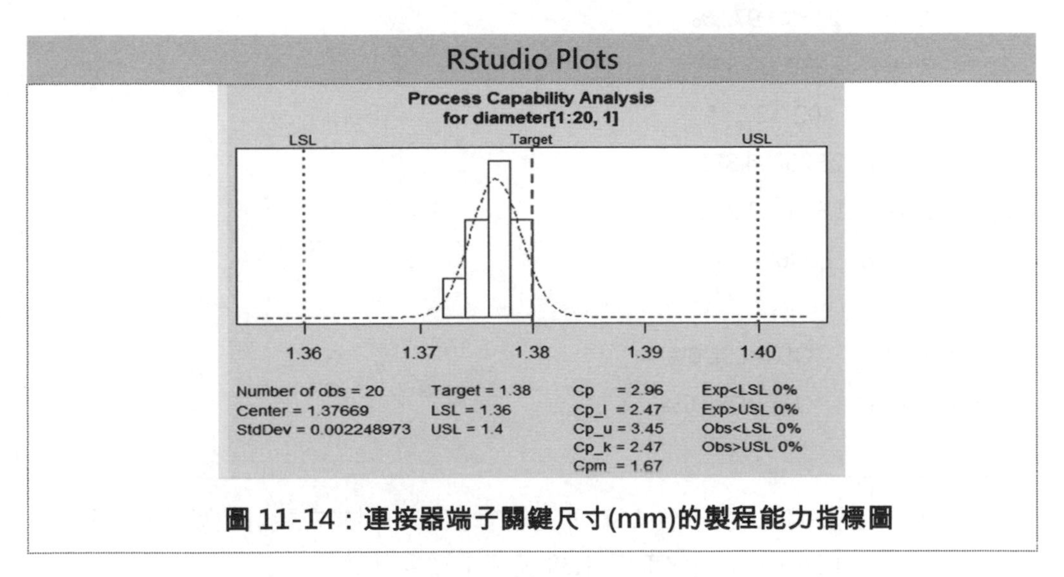

圖 11-14：連接器端子關鍵尺寸(mm)的製程能力指標圖

process.capability()除了具備繪圖功能，預設引數 print 亦會產生製程能力分析如下表 **11-9**：

表 11-9：連接器產生製程能力分析

RStudio Console

```
Process Capability Analysis

Call：
process.capability(object = q, spec.limits = c(1.36, 1.4))

Number of obs = 20          Target = 1.38
       Center = 1.377          LSL = 1.36
       StdDev = 0.002249       USL = 1.4

Capability indices：

      Value   2.5%   97.5%
Cp    2.964   2.030  3.898
Cp_l  2.474   1.802  3.145
Cp_u  3.455   2.525  4.385
Cp_k  2.474   1.674  3.274
Cpm   1.666   1.006  2.327

Exp<LSL 0%     Obs<LSL 0%
Exp>USL 0%     Obs>USL 0%
```

規格的上限 USL 跟下限 LSL 不是計算出來的，是在設計上要求的上限是 1.40，下限是 1.36，中間值 CL 是 1.38 就都不需要計算。

針對 95%信賴區間所作的計算方式，這個跟 CPK 沒有很直接的關係。

規格的上下限，是設計者根據他的需要規定的，製造者依據規格要求進行生產，品保人員只能依據他的需要來做管制，分析製程能力的好壞，規格上下限不會在品保的討論範圍內，因此不會詳細做介紹。

如果規格上下限訂得很小，那就是很精密，製造的難度就增加，成本就上升。

至於設計者為何要這樣製定上下限只有設計者根據產品的性能才知道，所以在設計圖(**圖 11-15**、**圖 11-16**)上都必須標示每一個尺寸的規格及上下限，對非常重要的尺寸就會標示 CPK，加嚴管制。以連接器為例，有那些屬性(attribute)特別關鍵，可能某個尺寸有些特殊要求，一般在設計時發行的圖面就有了，這個尺寸可能跟他組裝或功能有特別相關性。

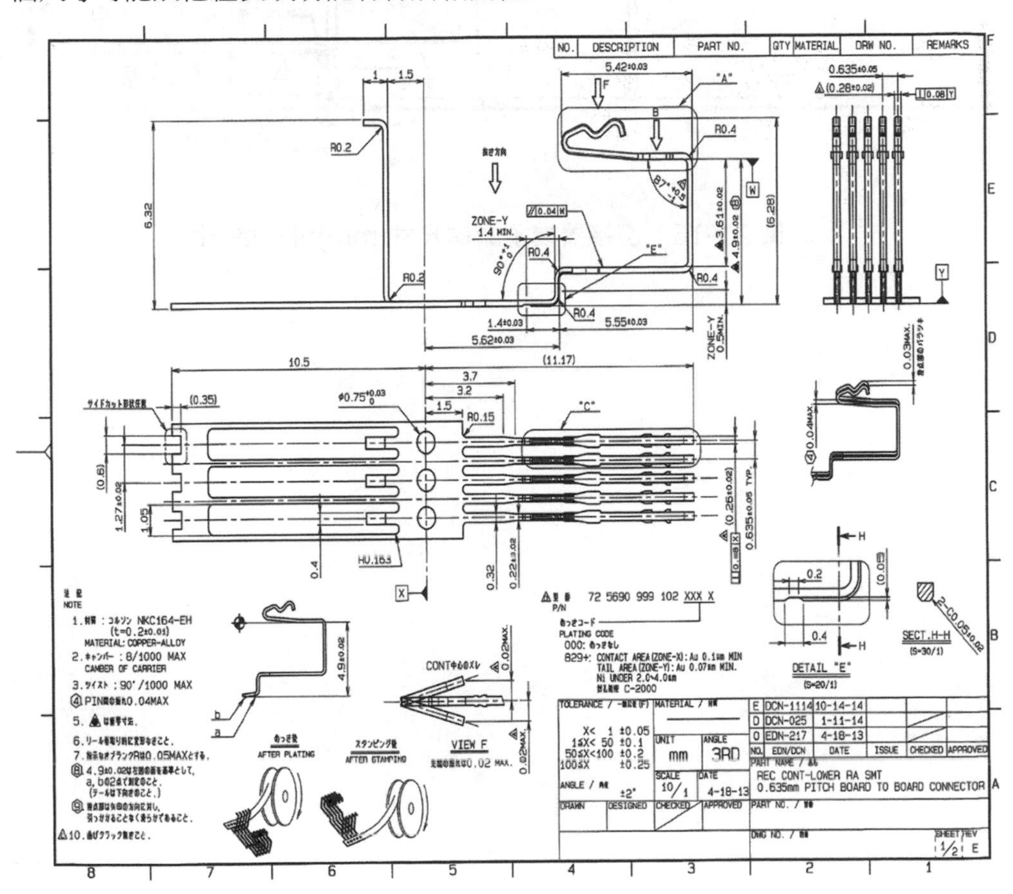

圖 11-15：連接器端子關鍵尺寸(mm)設計圖(a)

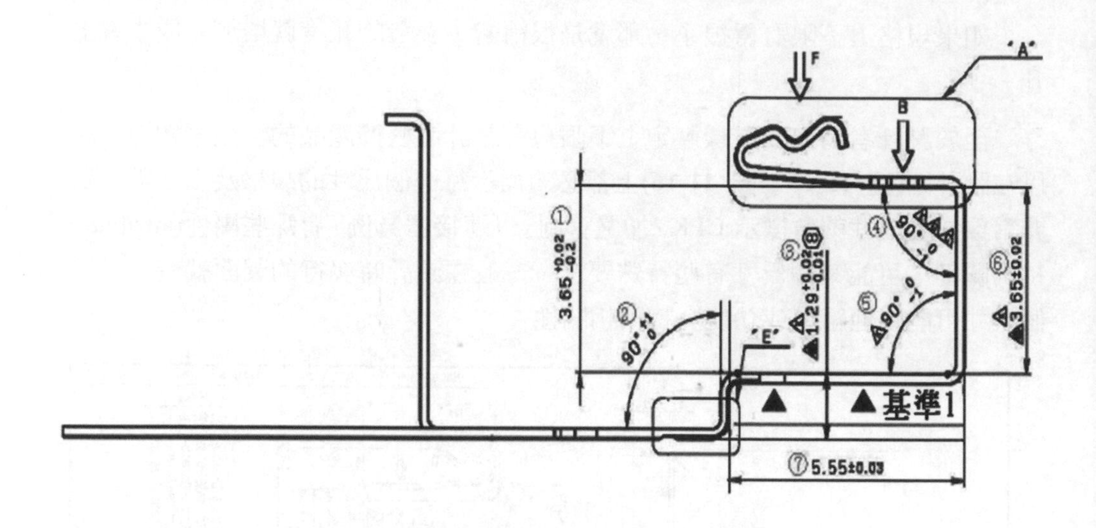

圖 11-16：連接器端子關鍵尺寸(mm)設計圖 (b)

參考文獻

1. Leavenworth, R. S., & Grant, E. L. (2000). Statistical quality control. Tata McGraw-Hill Education.
2. Hitt, M. A., Ireland, R. D., & Hoskisson, R. E. (2012). Strategic management cases： competitiveness and globalization. Cengage Learning.
3. 張保隆、陳文賢、蔣明晃、姜齊、盧昆宏、王瑞琛等。(民 95)。生產管理。台北市：華泰書局。
4. Finch, B. J. (2008). Operations now： Supply chain profitability and performance. McGraw-Hill International Edition.
5. Juran, J. M., & Godfrey, A. B. (1999). Juran's Quality Handbook. 5. RE Hoogstoel, & EG Schilling, Dü) New York： McGraw-Hill.
6. Krajewski, L. J. (2013). Operations management： Processes and supply chains with MyOMLab. Pearson Education Limited.或見白滌清(2015)。作業管理。台中市：滄海書局。
7. Schonberger, R., & Knod, E. M. (1994). Operations management ： Continuous improvement. Irwin Professional Publishing

MEMO

附錄 A

R 語言重點簡介

附錄 A R 語言重點簡介

以下將對於 R 語言的環境、語法、函式作一概括的介紹，同時對於本書的應用範例及其程式相關的部分，除了範例中的就地註解外，於本附錄另做通例式的詳盡介紹，以裨讀者享受在 R 之應用領域與閱讀樂趣，讀者或感餘韻未盡，欲進一步了解亦可參閱 R 之官網文件或參考本冊以外相關系列書籍：https：//cran.r-project.org/manuals.html。

首先，R 程式一般包括變數(variable)以及函式(function)，變數除了記憶體位置外可存放各種型態的內容，包括各種型態的資料、存放可執行的函式，或以物件型態將以上兩者並存，開始使用 R 語言執行及設計前需先準備其環境。

R 的環境

安裝

1. 雖然 R 程式不需要編譯即可執行，但需要有 R 直譯器(interpreter)，那便是需要至 R 官網下載作業系統的版本：
   https：//cran.r-project.org/
   然後安裝在選定的目錄，這部份讀者可視本機的作業系統下載安裝檔或線上安裝，唯安裝時最好依版本(例如： 本書撰寫時安裝為 R-4.0.2)選擇目錄安裝，以利日後若有新的版本必要時方便做比較，而且安裝新版過程亦可令舊版上已安裝的外掛套件隨之進行更新，唯需注意外掛套件應跟隨各版本安裝，安裝套件之函式 install.packages()其 lib 引數可指向欲安裝 R 版本之 library 目錄。

2. R 直譯器安裝完成，雖可於 R console 介面撰寫指令直接執行，不過一旦遇到較為龐大的程式還是需要完整程式撰寫編輯器、管理、測試、檢視的開發整合環境(IDE)工具，以提升學習與程式開發效率，並且寫到哪裡測試到哪裡，以及將成果儲存到哪裡。
   本書要介紹的是 RStudio Desktop open source，也是本書使用的 IDE，讀者可至 RStudio 官網下載並安裝：

https：//rstudio.com/products/rstudio/download/#download

使用 RStudio 進行程式設計時，最好先於開始前即建立一個新的檔案來撰寫程序指令，尤其一連串的執行程序可以寫到哪裡，即可對完整的語句選取按下 run 按鈕予以測試，以及即時修改增減再重複執行同一指令甚至其部份語句，簡述舉例如下：

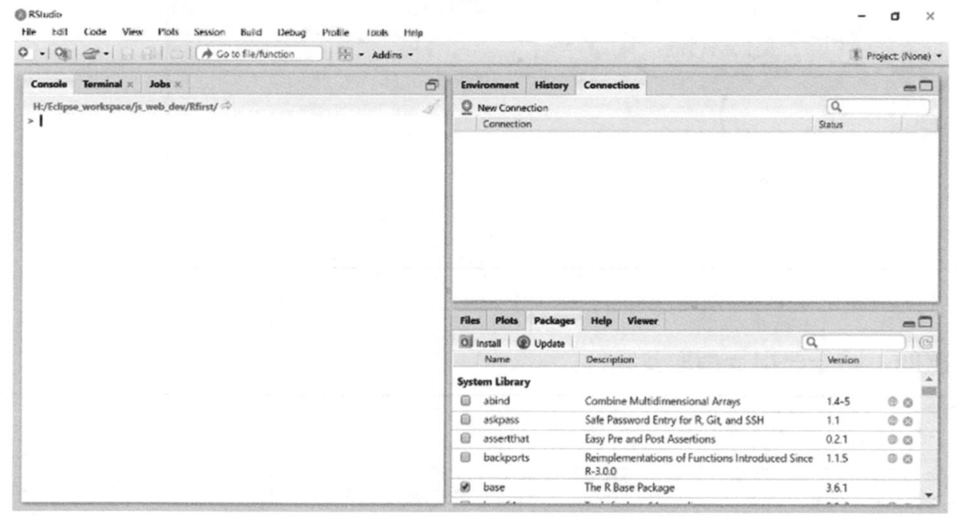

步驟一：開啟 RStudio

步驟二：File→New File→R Script

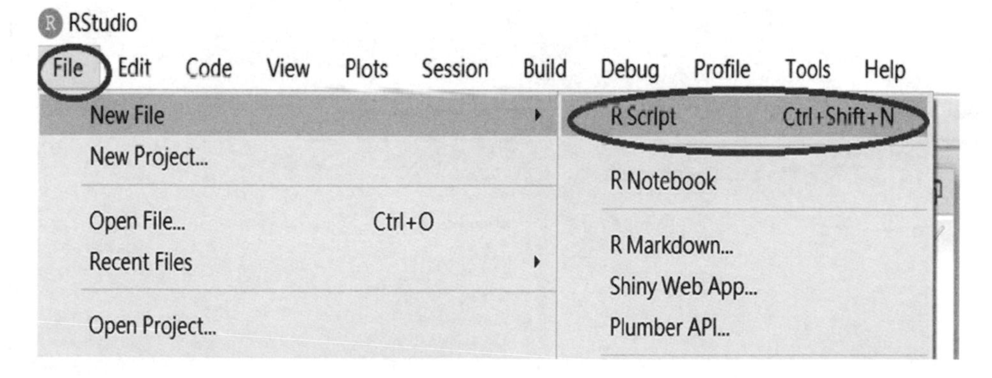

步驟三：任意輸入 R 指令

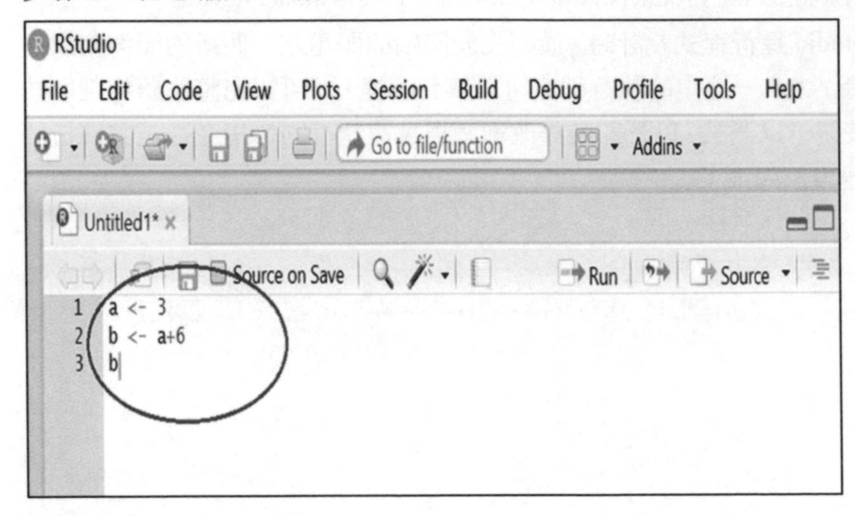

步驟四：將全部指令選取及執行

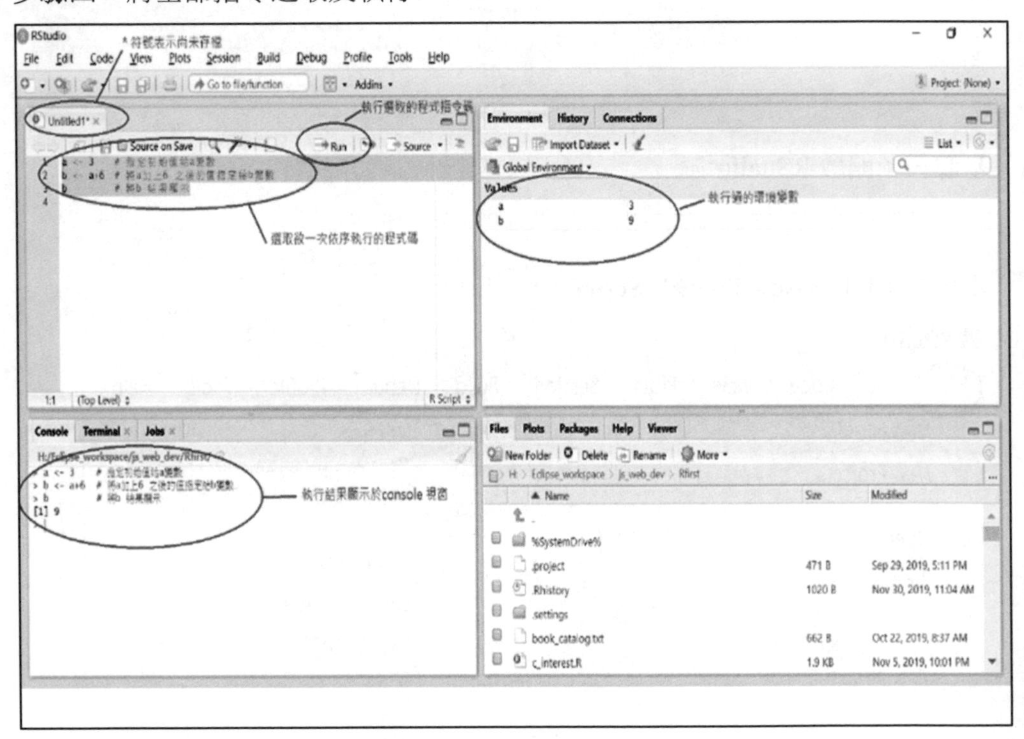

步驟五：修改部份指令選取及執行

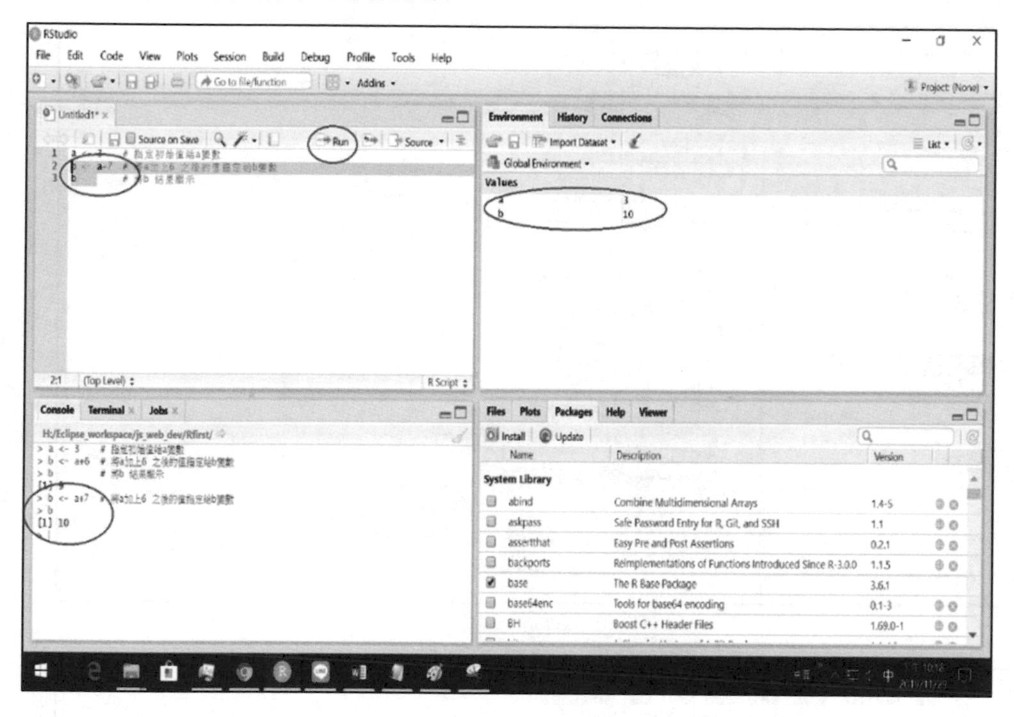

步驟六：Tools→Global Options 設定工作目錄(working directory)

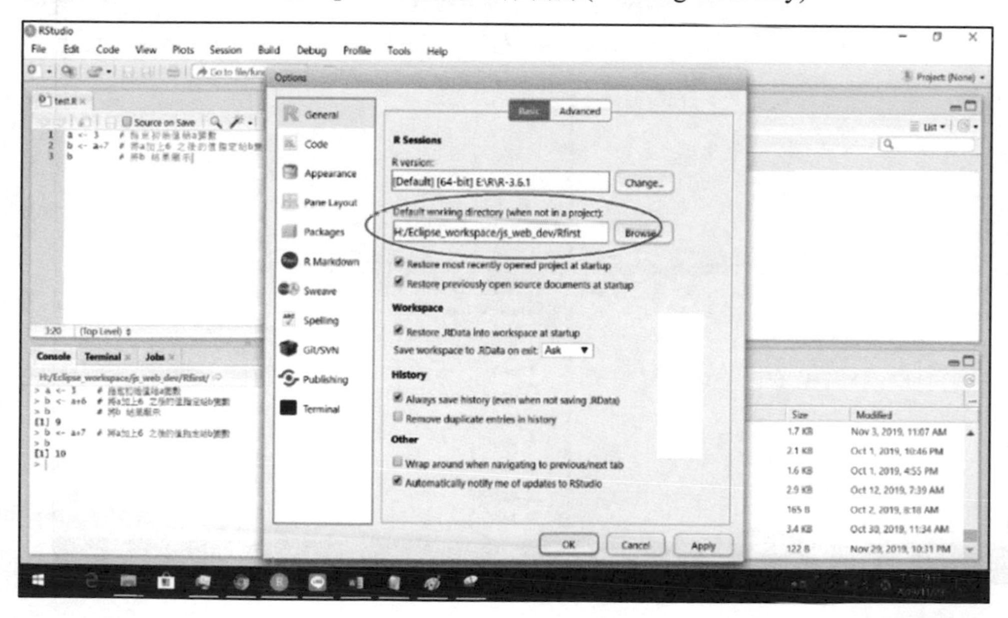

步驟七：File→Save 將執行的結果儲存檔案至工作目錄

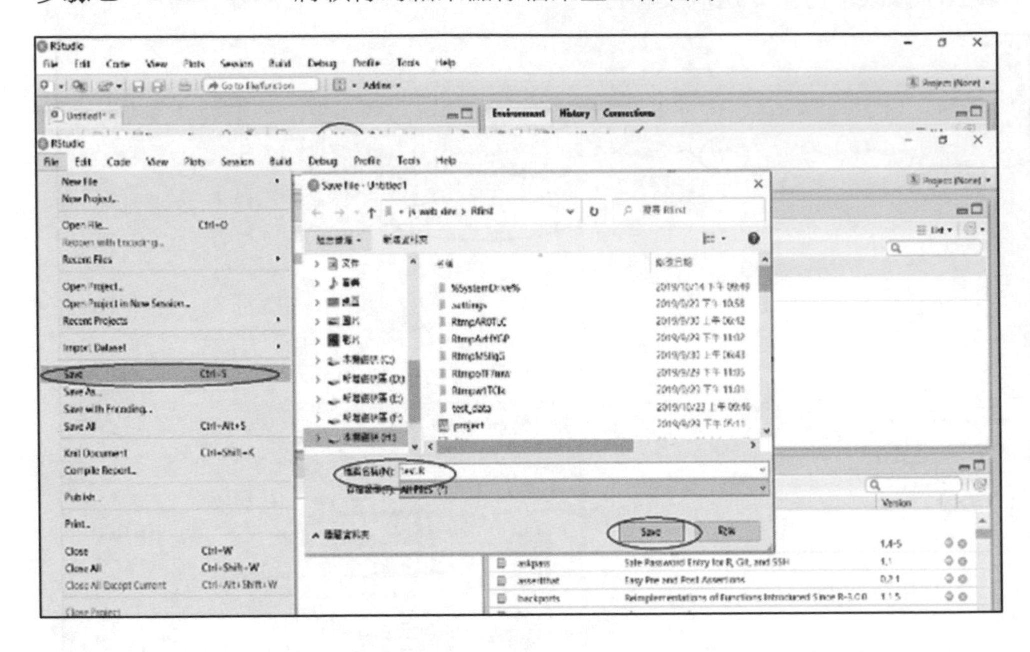

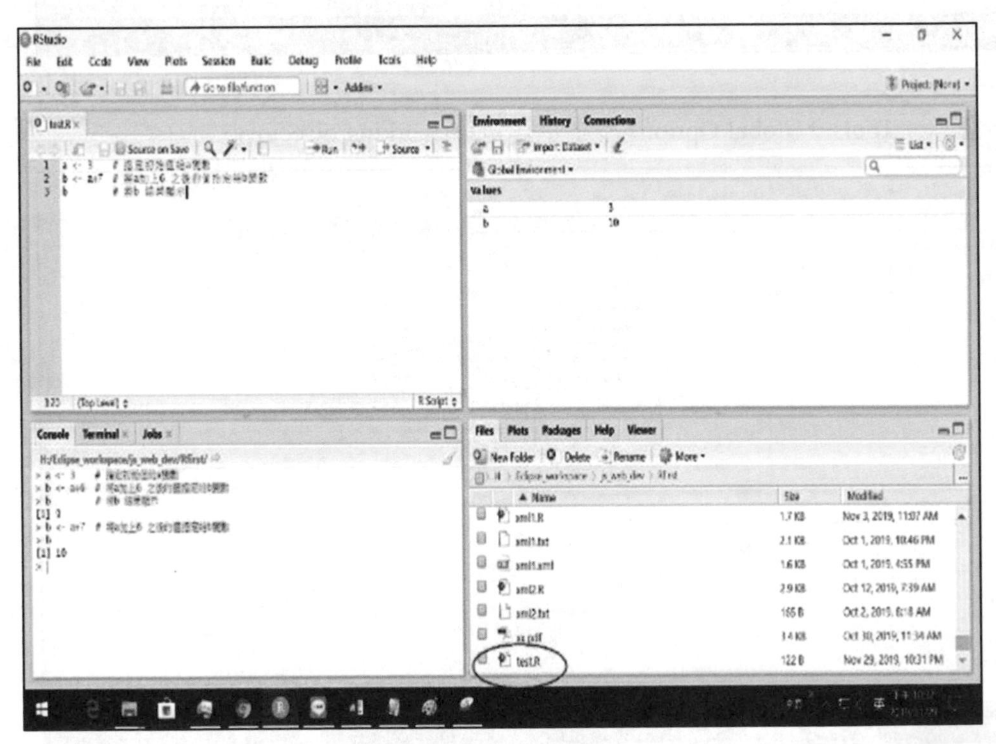

步驟八：關閉 RStudio

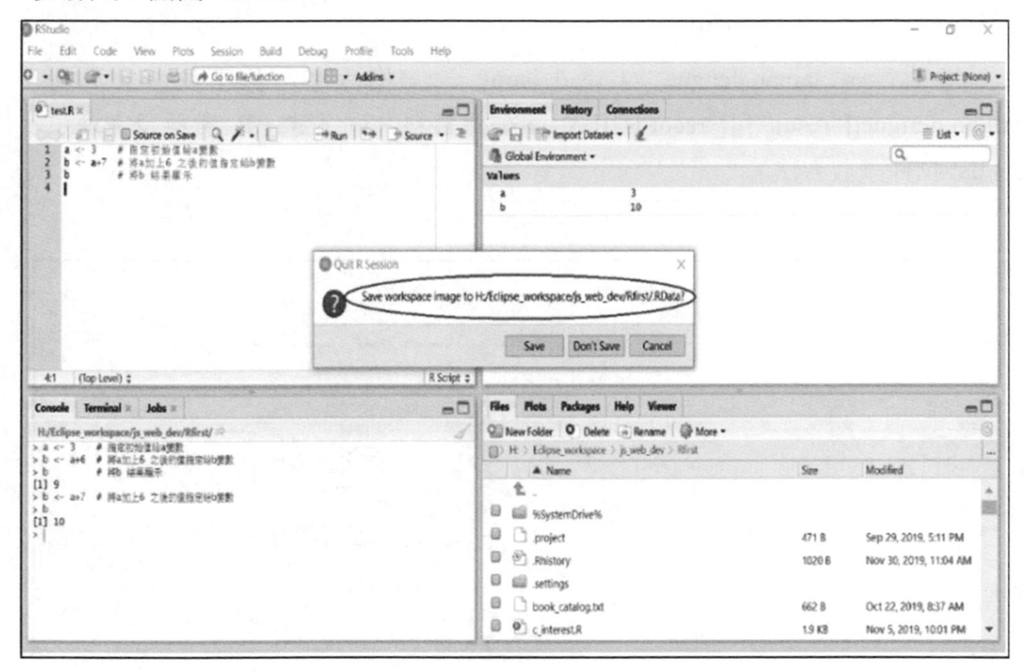

關閉前出現的要求確認是否將 R 的目前各工作區(Workspace)現況，包括環境變數、載入之函式庫等存檔，若不想使用這機制可於上述步驟六之 General 選項裡改變 Workspace 的設定。

RStudio 使用小技巧

限於篇幅，本節僅就 RStudio 協助本書完成程式，最具效率的部分做以下說明：

執行過的程式碼，將在 RStudio 的右上 History 頁籤(Tab)呈現上一次清除(按工具列的小掃帚)後執行過的程式碼，您可以在此處決定再次於 console 執行(To Console)，或納入您目前的 script file(前一節步驟二)收藏(To Source)。

執行過的程式其產生的變數，則在右上 Environment 頁籤(Tab)，簡單的列示其 R 物件類別及其結構，若欲詳知其結構可方便的點擊該變數，將於 RStudio 的左上方框內新增一頁籤展開其資料結構，其資料內容較之內建函式 str()(參閱下述內建函式說明)更為完整易用，且透過易用 GUI 介面，可進一步視需要逐階展開觀其資料內容，並且獲得物件資料之讀取語法，如下圖以本書第二篇　第 2 章　第 3 節　[實例三]釋例：

當執行至 tainan.dengue <- read_json(........)指令時，依下列步驟即得 tainan.dengue[["result"]][["records"]] 台南經緯資料，同下述〔R 資料及處理〕的 list 物件讀取方法。

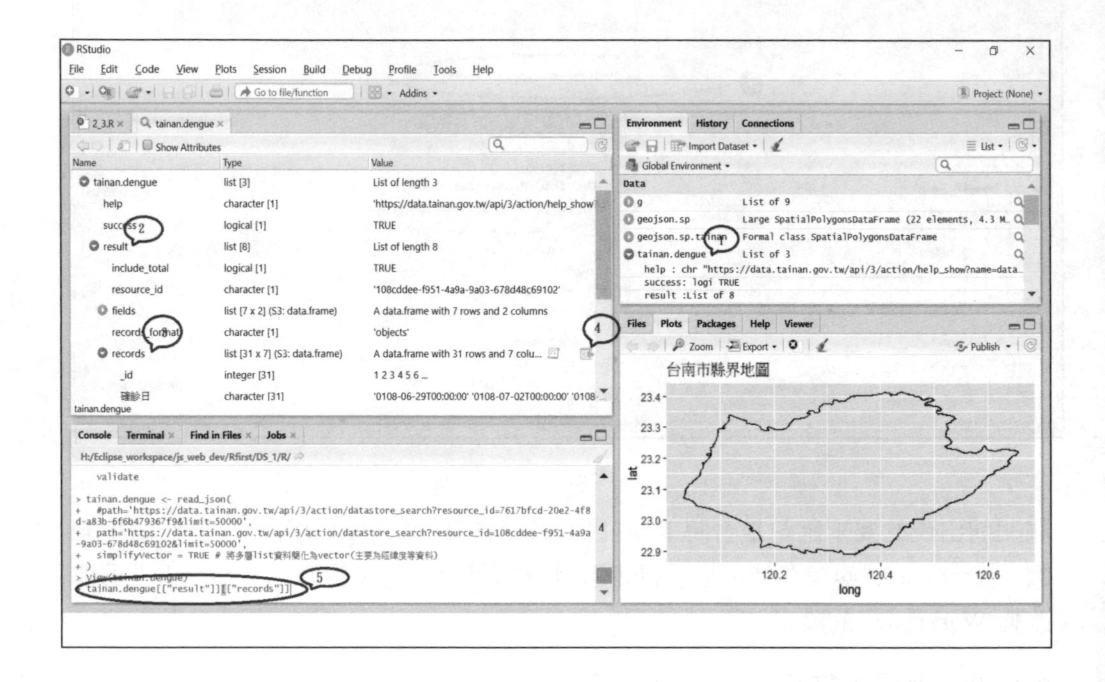

R 資料及處理

上一節僅介紹 R 環境的準備，尚待本節進一步詳細說明 R 語言的構成元素。

R 的向量(vectors)與原子向量(atomic vectors)

最基本的 R 物件(R-Objects)是向量物件(vectors)將於下一段(R 資料物件類別)說明，向量類別(vectors)包含 R 的最小資料元件，即六大原子向量型別(type)：Numeric、Integer、Character、Logical、Raw、Complex 分別如下：

1. Numeric(含小數的數字)

   例：　34,　23.87

   驗證：

   ```
   > print(class(34))
   [1] "numeric"
   ```

2. Integer(整數) 於數字後加上 L 來表示整數

   例：　0L,　1L,　-15L

   驗證：

   ```
   > print(class(-15L))
   [1] "numeric"
   ```

3. Character 或 String(文字串)

   例：　‘Hello’, ‘World’

   驗證：

   ```
   > print(class('Hello'))
   [1] "character"
   ```

4. Logical(邏輯)

例： TRUE, FALSE(F)

驗證：

```
> print(class(F))
[1] "logical"
> print(class(TRUE))
[1] "logical"
```

5. Raw(原始內碼)

例： 'Hello'的原始內碼(Hex) 48 65 6c 6c 6f

驗證：

```
> print(class(charToRaw('Hello')))
[1] "raw"
> raw()
raw(0)
> x <- raw()
> x[2] <- charToRaw(c('A'))
> x
[1] 00 41
> class(x)
[1] "raw"
```

6. Complex(複數)

例： a+bi

驗證：

```
> print(class(2+3i))
[1] "complex"
```

R 資料物件類別

六大類別(class)：Vectors、Lists、Matrices、Data Frames、Arrays、Factors

R 資料物件除只有資料，有別於物件導向語言的類別，摘要如下：

1. Vectors(向量)

為一維的原子向量資料的集合，欲做運算或處理的向量物件通常為同型別資料，其建構方式：

a. c(...)　... 表示一或多個列舉的元素，c 是連接函數(combine 或 concatenation)的簡稱

b. n1：n2　以 colon 為運算子自 n1 依次加一至 n2 的序列元素

c. seq(from, to, by) 產生序列元素同上述 b.，唯元素間隔用 by 指定

例：

```
> c(12,54,3.52)
[1] 12.00  54.00  3.52

> class(c(12,54,3.52))
[1] "numeric"

> x <- c(53.2,'dc')
> x
[1] "53.2" "dc"

> class(x)
[1] "character"

> c(1,2,c('a','b','c'))
[1] "1" "2" "a" "b" "c"
```

說明：

c(...)巢狀建構的結果 R 直譯器會將之依其內含元素逐一展開，如上最後一例，除了放入向量或原子向量元素外，亦可放入下述其它 R 物件，R 直譯器仍會將其內含元素逐一展開至原子向量，讀者可自行嘗試，換言之，原子向量是 R 資料的最小元素，類似於 java 的 primitive type 的資料型態。

2. Lists(清單)又稱 **generic vectors**

可以容納各種原子向量資料、R 資料物件、函式的容器，並可為其每一容器內的元素命名，與向量同為一維資料結構，其建構式：list(...)　... 表示各種可能的 R 資料物件、函式及原生型別資料，讀取資料的方法，除於下例可於名稱前加$讀取外，另可參閱下述「R 資料物件讀寫」

例：

```
> x <- c(53.2,'dc')
> x
[1] "53.2" "dc"

> p <-list(f=c(x)) # f 為元素名稱
> p
$f
[1] "53.2" "dc"

> p$f    # $ 符號之後表示元素名稱
[1] "53.2" "dc"

> q <- list(f=c(5,6),fun=function(s){ 2^s})
> q$fun(5)
[1] 32
```

說明：

若 lists 物件的元素未給予命名，則讀取 lists 物件時需依其建構時元素的順序碼加雙中括號表示，例如上述的 q[[1]]即表示 c(5,6)這向量元素，同樣的也可以 q[[2]](5)來呼叫執行該函式得出如上述一樣的結果。

3. Matrices(矩陣)

為二維的資料結構，其元素必須是同一種型態的原子向量資料，但通常為數字資料，為數學矩陣運算之重要物件，其建構式：

matrix(data, nrow, ncol, byrow, dimnames) 其引數

data　矩陣資料(向量物件)

nrow 指定列數，行數則由 data 的 vector 元素個數於函式自動計算

ncol　指定行數，列數則由 data 的 vector 元素個數於函式自動計算

byrow 依矩陣資料建構矩陣之次序是否逐列

dimnames 指定一 list 物件為行列命名，此為選項(optional)引數

例：

```
> m <- matrix(data=c(1：12),nrow=4,byrow=TRUE)
> print(m)
     [,1]  [,2]  [,3]
[1,]    1     2     3
[2,]    4     5     6
[3,]    7     8     9
[4,]   10    11    12
> m <- matrix(c(1：12),nrow=3,byrow=F)
> print(m)
     [,1]  [,2]  [,3]  [,4]
```

```
[1,]    1    4    7   10
[2,]    2    5    8   11
[3,]    3    6    9   12

> d <- matrix(c(1,3,8,9),nrow=2,dimnames=list(c('A','B'),
c('D','E')))
> d
  D E
A 1 8
B 3 9
```

說明：

須注意建構式中 data 給予的向量資料長度必須為 nrow(列數)及 ncol(行數)的因數或倍數，若建構時忽略其中一個，另一個將會計算其商自動給予，如若不能整除則 matrix 物件隨仍可建構，唯會出現警告訊息於主控台(console)畫面，另若欲為列與行命名可於建構物件時給予 dimnames 的值，該值為一 Lists 物件格式包含列名與行名的向量。

4. Factors(因子)

用來存放數字及文字之資料，並將之歸類以 levels 之名稱存放，建構式：factor(x = character(), levels, labels = levels, exclude = NA, ordered = is.ordered(x), nmax = NA)

例：

```
> gender <- c("male","male","female","female","male","fem
ale","male")
> factor(gender)
[1] male    male    female    female    male    female    male
Levels：  female male
```

```
> levels(factor(gender))
[1] "female" "male"
```

說明：

主要用於資料分類之用，尤以用在資料框(Data Frames)的特定欄位。

5. Data Frames(資料框)

是一個欄(column)與列(row)構成二維的資料容器，建構式：

data.frame(..., row.names = NULL, check.rows = FALSE, check.names = TRUE, fix.empty.names = TRUE, stringsAsFactors =TRUE)

有下列特性：

a. 欄名稱由系統自動產生或指定之，不為空白且必唯一
b. 列名稱由系統自動產生或指定之，亦不為空白且必唯一
c. 資料型別可為數字[4]、文字及因子(Factors)[5]
d. 每欄(column)元素(原子向量)長度相同
e. 每欄各為獨立且相同型別之原子向量

例：

```
> df <- data.frame(x=c(7,8,9),y=c(4,5,6)) # 賦予欄 x 及欄 y 向量資料
> print(df)
  x y
1 7 4
2 8 5
3 9 6
```

[4] 泛指 Numeric 及 Integer

[5] 建構 Data Frame 各欄位文字資料時若無指定 stringsAsFactors =FALSE 則文字資料將被轉換成 Factors

```
> dk <- data.frame(x=c('A','B','A'),y=c('A',5,6),stringsA
sFactors=TRUE)
> dk$x
[1] A B A
Levels: A B

> data.frame(x=c(1,2,3,4),y=c('a','b'))
  x y
1 1 a
2 2 b
3 3 a
4 4 b
```

說明：

當建構此類物件時，若欄元素(原子向量)有長度不足時，R 直譯器則以最長的欄為準，若長度不足欄未能使自動重複循環其元素補足其長度，物件將無法建構成功，例如上述最後一例為成功建構物件。

可配合 order 函式將物件的列(row)重新排序，注意列名稱(rownames)亦跟隨著排序，實例應用可參閱第 8 章實例一、四。

6. Arrays(陣列)

是一個多維度資料的物件型態，也是一個或以上的 Matrix 的組合，建構式：

array(data = NA, dim = length(data), dimnames = NULL)

例：

```
> array <- array(data=c(1,2,3,4,5,6,7,8),dim=c(2,3,2))
> print(array)
, , 1
```

```
     [,1] [,2] [,3]
[1,]    1    3    5
[2,]    2    4    6

, , 2
     [,1] [,2] [,3]
[1,]    7    1    3
[2,]    8    2    4

> class(array[,,2])
[1] "matrix"

> array(c(1,2,3,4,5,6),dim=c(2,3,2),
+          dimnames=list(c('r1','r2'),c('c1','c2','c3'),c
('m1','m2')))
, , m1

   c1 c2 c3
r1  1  3  5
r2  2  4  6

, , m2

   c1 c2 c3
r1  1  3  5
r2  2  4  6
```

說明：

若給予的 data 值不足以滿足 dim 所需的元素長度，則將自動依序循環不足部分完成物件建構。

R 的其他資料類別

1. Date & DateTime

例：

驗證　：

```
> y<-as.POSIXct("2018-12-31 23：59：59", tz = "UTC")
> class(y)
[1] "POSIXct" "POSIXt"

> print(y,tz='Asia/Taipei',usetz=TRUE)
[1] "2019-01-01 07：59：59 CST"

> z<-as.Date('2018-12-31')
> print(z)
[1] "2018-12-31"

> class(z)
[1] "Date"

# 日期的數字碼係從 1970 第一天為 0 開始算起
> as.numeric(as.Date('1970-01-01'))
[1] 0

> as.numeric(as.Date('1970-01-02'))
[1] 1
```

R 資料物件的讀寫

R 資料物件其元素(element)位置指標(index)有別於其他語言，皆以 1 起算，最後一個元素視物件類別而異。

一、向量(vector)物件

```
> v <- c('Jan','Feb','Mar','Apr')
> v[c(1,3)]  # 以加入法取其第指標 1、3 部分
[1] "Jan"  "Mar"

>  v[c(-1,-3)]  # 以排除法捨其第指標 1、3 部分
[1] "Feb"  "Apr"

> v[c(FALSE,TRUE)]  # 以邏輯值對照法取值(需注意給值長度不足會自動循環
補足)
[1] "Feb" "Apr"

> v[5]='May'  # 增加指標 5 之值，append()函式亦可達到新增、插入效果，讀
者可自行嘗試看看
> v
[1] "Jan" "Feb" "Mar" "Apr" "May"
```

二、清單(list)物件

```
> v <- c('Jan','Feb','Mar','Apr')
> m <- matrix(c(1,3,5,7), nrow = 2)
> l <- list(v,m)
> length(l)  # l 的元素個數
[1] 2

> l[c(1,2,3)]  # 取出 l 的各元素 第 3 個不存在顯示值 NULL
[[1]]
[1] "Jan" "Feb" "Mar" "Apr"


[[2]]
     [,1]  [,2]
[1,]    1     5
```

```
[2,]    3    7

[[3]]
NULL

> class(l[2])  #  顯示第 2 元素物件類別
[1] "list"

> l[[1]]  #  以雙中括號直接讀取 vector 物件，雙中括[[]]代表遞迴二階取值
[1] "Jan" "Feb" "Mar" "Apr"

> l[3]=list(c('yellow','blue',3))  #  增加 list 物件於 l 指標 3，append()函式亦可達到新增、插入效果。
```

三、矩陣(matrix)物件

```
> m <- matrix(data=c(1：12),nrow=4,byrow=TRUE)
> m
     [,1]  [,2]  [,3]
[1,]    1     2     3
[2,]    4     5     6
[3,]    7     8     9
[4,]   10    11    12
> m[1,]   # 讀取第一列的向量物件
[1] 1  2  3
> m[2,]   # 讀取第二列的向量物件
[1] 4  5  6
> m[,3]   # 讀取第三行的向量物件
[1]  3  6  9  12
> m[,3][2]=16  # 變更 matrix 第三行向量指標 2 之值
> m
     [,1]  [,2]  [,3]
```

```
[1,]    1    2    3
[2,]    4    5   16
[3,]    7    8    9
[4,]   10   11   12
```

四、資料框(data frame)物件

```
> df <- data.frame(date=as.Date(c('2020-01-06','2020-01-06','2
020-01-06')),pm25=c(22,13,18), stringsAsFactors=FALSE)
> df
        date  pm25
1 2020-01-06    22
2 2020-01-06    13
3 2020-01-06    18

> df$city=c('Taipei','Taichung','Kaohsiung')  # 增加一新的行 cit
y
> df
        date  pm25       city
1 2020-01-06    22     Taipei
2 2020-01-06    13   Taichung
3 2020-01-06    18  Kaohsiung

> df[c(1,3),]    # 讀取列(row)名稱於 c(1,3)中，並成為一新的 data frame
物件
        date  pm25       city
1 2020-01-06    22     Taipei
3 2020-01-06    18  Kaohsiung

> df[df$pm25>15,]    # 擷取其中 pm25>15 的列
        date  pm25       city
```

```
1 2020-01-06    22      Taipei
3 2020-01-06    18   Kaohsiung

> od<- order(df$pm25,decreasing=TRUE)  # 用 df$pm25 向量排序
> od   # 顯示排序後的列向量
[1] 1  3  2
> df[od,] # 依 od 向量讀取列向量
        date  pm25       city
1 2020-01-06    22      Taipei
3 2020-01-06    18   Kaohsiung
2 2020-01-06    13    Taichung
```

五、陣列(array)物件

```
> ary <- array(c(1,2,3,4,5,6,7,8,9,10,11,12),dim=c(2,3,2),
+           dimnames=list(c('r1','r2'),c('c1','c2','c3'),c('m1
','m2')))
> ary
, , m1

   c1  c2  c3
r1  1   3   5
r2  2   4   6

, , m2

   c1  c2  c3
r1  7   9  11
r2  8  10  12
```

```
> ary[,,2]  # 讀取陣列之第 2 個矩陣
   c1  c2  c3
r1  7   9  11
r2  8  10  12

> ary[1,,2]  # 讀取陣列之第 2 個矩陣之第 1 列
c1  c2  c3
 7   9  11

> ary['r1',,'m2']  # 以名稱讀取陣列之 m2 矩陣之 r1 列
c1  c2  c3
 7   9  11
```

資料的運算

一、賦值運算子

<- 或 = 或 <<- 向左賦值，變數置於左方。

-> 或 或 ->> 向右賦值，變數置於右方。

二、數學運算子

僅適用於全數字的物件之間的運算，運算元為各對應元素：

a.　+、-、*、/　(元素之加減乘除、四則運算)

例：

```
> c(2.5,3) + c(2,1.5)
[1] 4.5  4.5

> matrix(c(1,3,5,7),nrow=2) * matrix(c(2,4,6,8),nrow=
2)
      [,1]  [,2]
[1,]     2    30
```

```
[2,]    12    56
```

說明：

讀者可自行測試其它物件包括 data frame 等及其他四則運算。

b. %/% 、 %% (元素相除之商數、餘數)

例：

```
> c(2.5,3) %/% c(2,1.5)
[1]  1  2
> c(2.5,3) %% c(2,1.5)
[1]  0.5  0.0
```

c. ^ (元素之指數計算)

例：

```
> c(2.5,3) ^ c(2,1.5)
[1] 6.250000 5.196152
```

三、邏輯運算子

a. &、| (各物所有各件元素的 and、or 邏輯運算)

例：

```
> c(TRUE,3+4==7,2+3i==2+3i) & c(FALSE,2+5==7,TRUE)
[1] FALSE   TRUE   TRUE

> c(TRUE,3+4==7,2+3i==2+3i) | c(FALSE,2+5==7,TRUE)
[1] TRUE TRUE TRUE
```

b. &&、|| (第一個元素的 and、or 邏輯運算)

例：

```
> c(TRUE,3+4==7,2+3i==2+3i) && c(FALSE,2+5==7,TRUE)
[1] FALSE
```

```
> c(TRUE,3+4==7,2+3i==2+3i) || c(FALSE,2+5==7,TRUE)
[1] TRUE
```

c.　! (對物件所有各元素 not 邏輯運算)

例：

```
> !c(TRUE,3+4==7,2+3i==2+3i)
[1] FALSE FALSE FALSE
```

說明：

1. 若欲求邏輯運算整體的結果可運用 all()內建函式
2. 若欲求邏輯運算存在任一的結果可運用 any()內建函式

四、關聯運算子

a.　>、<

例：

```
> c(1,3,5,7) > c(1,-3,5,7)
[1] FALSE   TRUE   FALSE   FALSE
```

說明：

兩物件所有各元素的「大於、小於」比較運算

b.　==、!=

例：

```
> matrix(c(1,3,5,7),nrow=2) == matrix(c(1,-3,5,7),nro
w=2)
        [,1]     [,2]
[1,]   TRUE    TRUE
[2,]   FALSE   TRUE
```

說明：

兩物件所有各元素的「等於、不等於」比較運算

c. <=、>=

例：

```
> c(1,3,-5,7) >= c(1,-3,5,7)
[1]   TRUE   TRUE FALSE   TRUE
```

說明：

兩物件所有各元素的「小於等於、大於等於」比較運算

五、特殊運算子

a. %in%

例：

```
> (4 : 8) %in% (7 : 10)
[1] FALSE   FALSE   FALSE   TRUE   TRUE
```

說明：

左物件符合存在於右物件的元素為 TRUE，其餘為 FALSE

b. %*%

例：

```
> m<-matrix(c(1,3,5,7),nrow=2)
> p<-matrix(c(1,3),nrow=2)
> m %*% p
      [,1]
[1,]    16
[2,]    24

> m %*% t(m)
      [,1] [,2]
[1,]    26   38
[2,]    38   58
```

說明：

一個矩陣與另一個「矩陣相乘」，通常用於轉移矩陣(左邊運算元)與狀態矩陣(右邊運算元)的相乘，需注意與上述**數學運算子**的對應元素相乘(必須行、列均有對應元素)不同。

資料型別轉換

於 RStudio 的 console > 提示符輸入 as.將會出現無數多個資料型別轉換函式，本節僅就本書相關的部分做個解說：

a. as.character()

將非文字的物件對象轉成文字型態，尤以將數字的靠右轉成靠左的文字，最為常用。

b. as.data.frame()

將具有行與列結構之物件轉成 data frame 資料物件，其主要對象物件為 matrix。

c. as.integer()

將非數字的物件對象轉成整數數字型態，主要用於來源資料的數學運算需要，也可將具有小數的數字資料取其整數部位。

d. as.numeric()

將非數字的物件對象轉成數字型態，主要用於來源資料的數學運算需要。

e. 其他

尚有更多以 as.開頭的轉換函式，例如前述的「R的其他資料類別」，以及其他非 as.開頭的轉換函式，例如前述的「六大原子向量型別」中的 charToRaw()(需注意其與 as.raw()的不同)。

資料重塑(Data reshape)

當取得之原始資料並非恰好可直接進行需要的統計分析，則除了選擇正確的分析工具函式外，亦無法避免須將資料先期處理，其處理不外乎：格式變更、分割、合併、行列對調等擷取與重組等，在此僅列出本書應實例使用之內鍵函式，其他尚有外掛套件例如 reshape2 的 melt()、cast()等，讀者可自行於 Help 或官方文件取得相關函式說明。

cbind()

將多個(一個以上)具有同列數之二維資料(matrix、data frame 等)橫向依序合併於後。

例：

```
> a<-matrix(c(1,2,3,4,5,6),nrow=2)
> a
     [,1] [,2] [,3]
[1,]    1    3    5
[2,]    2    4    6
> cbind(a,matrix(c(7,8)))
     [,1] [,2] [,3] [,4]
[1,]    1    3    5    7
[2,]    2    4    6    8
> cbind(a,matrix(c(7,8)),matrix(c(9,10,11,12),ncol=2))
     [,1] [,2] [,3] [,4] [,5] [,6]
[1,]    1    3    5    7    9   11
[2,]    2    4    6    8   10   12
```

rbind()

將多個(一個以上) 具有同行數之二維資料(matrix、data frame 等)縱向依序合併於後。

例：

```
> a<-matrix(c(1,2,3,4,5,6),ncol=3)
> a
     [,1] [,2] [,3]
[1,]    1    3    5
[2,]    2    4    6
> b<-matrix(c(7,8,9),ncol=3)
> b
     [,1] [,2] [,3]
[1,]    7    8    9
> rbind(a,b)
     [,1] [,2] [,3]
[1,]    1    3    5
[2,]    2    4    6
[3,]    7    8    9
```

merge()

將兩個 data frame 物件透過其同樣鍵值的行，執行關連的合併，猶如資料庫資料表的 join 語法，引數 x、y 分別來自兩個 data frame 物件，by.x、by.y 則是 join 的欄位對應。

例：

```
> library(MASS)
> head(Pima.te)
  npreg glu bp skin  bmi   ped age type
1     6 148 72   35 33.6 0.627  50  Yes
2     1  85 66   29 26.6 0.351  31   No
3     1  89 66   23 28.1 0.167  21   No
```

```
4      3  78 50  32 31.0 0.248 26  Yes
5      2 197 70  45 30.5 0.158 53  Yes
6      5 166 72  19 25.8 0.587 51  Yes
> head(Pima.tr)
  npreg glu bp skin bmi  ped  age type
1     5  86 68  28 30.2 0.364 24  No
2     7 195 70  33 25.1 0.163 55  Yes
3     5  77 82  41 35.8 0.156 35  No
4     0 165 76  43 47.9 0.259 26  No
5     0 107 60  25 26.4 0.133 23  No
6     5  97 76  27 35.6 0.378 52  Yes
> merged.Pima <- merge(
+   x = Pima.te, y = Pima.tr,
+   by.x = c("bp", "bmi"),
+   by.y = c("bp", "bmi")
+ )
> head(merged.Pima[,colnames(merged.Pima)
+          %in% c('bp','bmi','age.x','age.y','skin.y','skin.x
')
+ ])
  bp  bmi skin.x age.x skin.y age.y
1 60 33.8     23    27     20    31
2 64 29.7     24    33     23    21
3 64 31.2     33    29     13    24
4 64 33.2     27    24     27    21
5 66 38.1     39    28     36    21
6 68 38.5     25    26     49    43
```

R 函式與應用

自訂函式

一、命名函式物件(environmental function)

將自訂函式物件指定予一變數(variable)，便於提供多處呼叫執行，其宣告方式類似其它程式語言，除了關鍵字 function 外，其傳入引數(arguments) 遵循 R 語言的特性不必限定資料型、類別，也可不限定引數個數以...表示未定，其傳入參數 (parameters) 則包裝在 list(...) 裡，如下例：

例：

```
> f <- function(...,x){r<-(50-x)/1.5；r+list(...)$y；}
> f(x=47,y=10)
[1] 12
```

說明：

a. 函式的 body 起於{ 結束於 }。

b. 其指令置於一列時需用分號(semicolon)隔開。

c. 函式指定於變數 f，呼叫(call) f 傳入之參數值計算處理後傳回執行結果，函數之最後一列指令預設為回傳值，x 為已定義之引數，y 則包裝在 list(...)物件中。

d. 函式內的變數為區域(local)變數，只存在於函式執行期間完成最後一列指令即拋棄。

二、匿名函式(anonymous function)

不須命名的函式宣告，通常用於其他函式的引數，例如 sapply(X,FUN) 函式中的 FUN。

例：

```
> x=c(1,2,3)
> sapply(X=x,FUN=function(x){x^2})
[1] 1 4 9
```

說明：

sapply() 此函式可用以計算一個向量之各值，分別經過一匿名函式的計算，回傳相同長度(length)對應的一結果向量。

引數 X 的值給予一向量 x，引數 FUN 的值則給予宣告的自定匿名函式如上 function……。

本書使用之套件及其函式

內建套件：

一. **Base**

colnames()

為二維 R 物件的行命名，或讀出所有行名稱。

cumsum()

將給予的物件依其元素順序累加並以一向量物件之結果回傳。

detach()

卸載外掛套件或內建套件，例如 detach(package：datasets)將使 AirPassengers 等資料集無法使用，引數 name 為指定的套件名稱，引數 unload 預設為 FALSE，若指定為 TRUE 需考慮其他套件是否與之相依。

diag()

依首引數 x 之參數值產生一對角矩陣或萃取其對角值之vector回傳，本書主要用來產生單位矩陣(對角為 1 的矩陣)，可參閱本書第四章實例五、六之應用。

dimnames()

為二維 R 物件的列、行同時命名，或同時讀出所有列、行名稱。

dimnames()

為二維 R 物件的列、行同時命名，或同時讀出所有列、行名稱。

format()

美化給予物件的外觀，例如：數字的小數點、千位符、對齊調整，或文字依所需長度補足指定字元等等。

gsub()

處理目標物件(為一文字向量物件)，將凡符合正規表示法的各元素內容均以指定的文數字取代。

is.vector()

判斷括號()內給予之物件是否為 vector。

is.atomic()

判斷括號()內給予之物件是否為 atomic。

is.list()

判斷括號()內給予之物件是否為 list。

isS4()

判斷括號()內給予之物件是否為 S4 類別。

lapply()

以其第一個引數 X 的目標物件，迴圈似的依據該物件的 length()逐一做為 FUN 引數對應的函式的傳入參數值，經處理或計算的結果回傳 list 物件，此 list 物件的 length()與 X 引數的目標物件同，可參閱本書 11 章實例一之應用。

length()

計算物件元素個數，對象物件為向量(vector)、清單(list)、因子(factor)等，若對資料框(data frame)、矩陣(matrix)等二維物件計算，結果則與 ncol()相同。

library()

將外掛套件載入使用，內建之套件不需載入即可使用，若該外掛套件不存在將拋出錯誤訊息，類同其他語言的 import 指令。

此函式與 require()同樣是載入套件，但不存在該套件時亦不拋出錯誤訊息。

min()

回傳給予之物件其所有元素之最小值。

match()

在一個向量物件的元素裡找尋符合另一個向量物件的各元素的位置，回傳值為一數字向量，引數 table 為被尋找之向量母體，引數 x 為至母體中尋找位置之子體，可參閱本書第 4 章實例三之應用。

max()

回傳給予之物件其所有元素之最大值。

mean()

回傳給予之物件其所有元素之算術平均數。

names()

為 R 物件元素命名，或讀出元素名。

ncol()

計算二維物件的行(column)數。

nrow()

計算二維物件的列(row)數。

order()

對目標物件之元素進行昇冪、降冪之排序，並傳回排序結果之各元素原來位置(positions 或 indices)，引數第一個為目標 R 物件(vector、data frame 等等)，引數 decreasing 指定是否為降冪排序，否則為昇冪。

paste0()

將文字串接，各文字可用逗號(comma)隔開，或以 character 的向量表示，串接時可給予 collapse 引數指定串接間隔字元並且成為一個單一元素的向量，sep 引數則不同，只附加隔開資料，但保留元素個數。

pretty()

其引數 x 為一對起訖值的向量物件，本函式據以等距分隔為 n+1 等分(含起訖值)，n 值自 1 起並自動調整為 2 or 5 的倍數。

range()

回傳給予之物件其所有元素之最小值、最大值構成之 vector。

rep()

將目標物件其元素自動複製數次之函式，複製後回傳物件為 vector，函式之引數 x 為目標物件，引數 each 則為次數，目標物件通常為 vector。

rowMeans()

將 matrix、data frame 等二維物件，依列所屬各數字元素予以計算平均數回傳，回傳物件則為 vector 物件，回傳元素各數即等於該二維物件之列數，函式之引數 x 指定予目標資料且其個元素需均為數字。

round()

依浮點運算捨入標準(IEEE 754)，將給予的數字 vector 物件各元素予以轉換保留小數位數，引數 x 指定與處理之 vector 物件，引數 digits 為保留之小數位數。

rownames()

為二維 R 物件的列命名，或讀出所有列名稱。

sample()

從提供之數字物件中隨機取樣，引數 x 為取樣數字母體，引數 size 為取樣大小。

sapply()

是上述 lapply()的友善版本，將 X 引數的目標物件，逐一做為 FUN 引數對應的函式的傳入參數值，經處理或計算的結果預設為回傳 vector、 matrix 物件，亦可於引數 simplify 指定為 FALSE，則回傳物件同 lapply()。

seq()

產生規律性的升冪、降冪以及固定間隔的序列數字(整數、實數)向量物件，例如：

```
> seq(-10.5,10.5,2)
 [1] -10.5  -8.5  -6.5  -4.5  -2.5  -0.5   1.5   3.5   5.5   7.5   9.5
```

solve()

此函式主要為 a、b 兩個矩陣引數，為等式 a %*% x = b 求解 x，若省略 b 引數，得出的回傳值 x 即為 a 的反矩陣。

sqrt()

數字物件之平方根，引數 x 為數字向量。

strsplit()

將 vector 物件依分離引數 sep 將文字串(string)分離回傳 list 物件。

sum()

回傳給予之物件其所有元素之加總。

以上三函式不限向量物件，讀者可自行嚐試。

summary()

此函式為一適用於各種物件類別(class)的通用函式，其回傳的結果物件類別亦視其引數 object 的物件類別而異，例如：

本書第 3 章實例四則針對線性模型 lm 類別的 summary()結果為一 summary.lm 類別，對於 data frame 的 summary()結果為一 table 類別。

unlist()

將包含原子向量的 list 物件分解成一包含這些原子向量的向量物件回傳，例如與 strsplit()並用達到運用隔離子 sepru 將文字串分解成向量物件，請參閱本書第 4 章實例三的應用。

二. graphics

abline()

疊加直線圖繪製於剛產生的 plot 物件，本書使用其 coef 引數所需之斜率及截距繪出直線。

barplot()

依據給予引數 height 之一組數值資料繪製直立長條圖、橫向長條圖，其他的引數包括與該組數值資料對應的文字標示資料 names.arg、橫向或直立的 horiz、坐標軸文字標示方向的 las、文字標示字體大小的 cex.names 等等。

curve()

依據給予引數 expr 的數學計算式繪出曲線，其他的引數包括 x 軸的數值資料區間與軸標籤等。

hist()

依據給予引數 x 之一組數值資料繪製直方圖，重要引數另有組距依據的 breaks，可提供演算法名稱例如 Sturges，亦可直接以數值向量給予，其他的引數包括各標籤文字的 main、xlab、ylab 等及 y 軸尺規範圍的 ylim 等。

pie()

依據給予引數 x 之一組數值資料繪製圓餅圖，其他的引數包括與該組數值資料對應的文字標示資料 labels、直徑大小 radius、順時鐘方向排列的 clockwise 等等。

plot()

為內建通用的 x、y 軸繪圖函式之一，預設為散布圖，主要引數亦為 x、y 引數分別為 x 及 y 軸向量資料物件，除了引數 x、y 分別給予據以繪圖之資料外，其他的引數尚有 type 為繪圖種類，預設為點狀圖(散佈圖) “p”，其他尚有線圖 “l”及點、線的”o”等，help((於 Console 輸入?plot) 可查閱詳細對照，以及各標籤(label)相關引數，或查閱官方文件說明。

三. **grid**

grid.newpage()

此函式提供如跳頁動作在 RStudio Plots 上產生新頁再列印方格(grid) 報表，請參閱本書第 9 章實例三列表前的跳頁。

四. **grDevices**

nclass.Sturges()

此函式依據史塔基規則(演算法)計算其在直方圖的建議組數，一組數字的向量物件為其唯一的引數，可參閱本書第 8 章實例二之應用。

五. **stats**

aggregate()

將資料分組並對各組指定之欄位做彙總計算，引數 data 為彙總之資料物件(data frame 或 list)，引數 formula 代表一 formula 類別的物件，以 ~ 表示時左側為欲彙總欄位，右側為分組依據(類似 SQL 的 group by)，引數 FUN 為指定彙總函式(例如 sum 表示加總、cumsum 表示累加、mean 表示平均等)，可參閱本書第 2 章實例二應用。

approxfun()

給予已知的 x、y 軸的值，並利用線性插值法(linear interpolation)產生一函式回傳，用於計算以已知的 x 值求算 y 值，反之亦然。

cor()

為兩組數字(vector、matrix)之間關連性分析及回傳其關聯係數，引數 x、y 分別給予這兩組數字，引數 method 則預設為”pearson”法，其它尚有"kendall"、"spearman"。

dbinom()

對一組隨機變數服從二項分配下的機率密度函數，例如：

dbinom (x=1：5,size=10,p=0.8)

即是實驗次數 10 次其成功機率在 0.8 時，其 1 到 5 次成功的機率各為多少。

density()

對單變數觀測值分布之核心密度估計函式，引數 x 指定予目標資料(vector)，引數 kernel 及 bandwidth 分別指定其採用之核心與頻寬方法，請參閱本書第 8 章實例五之應用。

dpois()

對一組數字在卜瓦松分配下的機率密度函數，引數 x 指定予目標資料，引數 lambda 則為卜瓦松分配下之λ值。

dnorm()

對一組數字在常態分配下的機率密度函數，例如：
dnorm(seq(from=-4,to=4,by=1), sd=1)
即是對一組數字-4 -3 -2 -1 0 1 2 3 4 其平均數為 0(引數 mean 預設值)，1 個標準差在 1 的機率密度(即各數字發生之機率)。

lm()

其功能為產生線性模型，其主要引數為 formula 代表一 formula 類別的物件，本書僅用其 ~ 符號連接公式之左右兩側左側是因變數，右側則是自變數，可參閱本書第 3 章實例四，formula 物件除了 ~ 符號以外尚有 +、-、：、*、^ 等，創建 formula 物件可參閱其官方文件詳細解說。

median()

對於一組數字資料計算其中位數，引數 x 指定予目標資料，通常為 vector 或 matrix，若為 data frame 則先將其轉為 matrix(例如：as.matrix)matrix 再予計算。

pnorm()

對一組數字在常態分配下的累計分佈函數，例如：

pnorm(q=2,mean=0 sd=1)

即是平均數為 0，1 個標準差為 1 在常態分佈下，對於 2 之累計機率(從左至右累積機率，亦即常態分配圖截止該引數 q 值之曲線下面積)。

ppois()

對一組數字在卜瓦松分配下的累計分佈函數，引數 q 指定予目標資料，引數 lambda 則為卜瓦松分配下之λ值。

quantile()

依據給予的一組數字資料計算其四分位(quantile)，引數 x 指定予目標資料，引數 props 可指定於其資料組中發生機率的數字，例如 probs=0.5 及表示 50%機率發生之數字，也是其中位數。

rnorm()

自動產生常態分布(Normal Distribution)之分布數值，引數 n 為觀察值筆數，引數 mean 為此觀察值之平均值，引數 sd 為觀察值標準差。

sd()

對於一組數字資料計算其標準差(standard deviation)，引數 x 指定予目標資料，通常為 vector 或 matrix，若為 data frame 則先將其轉為 matrix(例如：as.matrix)matrix 再予計算。

ts()

產生時間系列(time-series)物件，引數 data 為隨時間軸的觀察值，筆數需與時間軸的相關周期與密度配合，時間軸以引數 start、end 代表年度起迄，引數 frequency 則是每年的密度(unit time)，12、4、1 代表每月、每季、每年對應 data 一資料元素。

var()

計算統計學上的變異數，本書主要用來計算一組數字 vector 物件。

六. Methods

new()

其首引數為欲建構的物件類別名稱，其後之參數值則依該物件類別的 initialize 建構式所需，並依該類別原型(prototype)建構產生一物件回傳，請參閱本書第 7 章實例五、六之應用。

七. **utils**

data()

不加引數可列出已載入的內建及外掛(以 library()載入)的套件所有提供之資料集(data sets)，需要載入少數資料集可於括號內直接給予資料集名稱例如：data(AirPassengers)或利用 list 指引數 data(list=c('AirPassengers',' CO2'))

head()

列出前面幾筆物件元素的內容，引數 x 為對象物件，包括 vector、matrix、 table、 data frame 等。

str()

將物件的結構詳細列出，在括號引數 object 給予物件本身，藉以了解物件結構，是一了解物件的重要函式。

tail()

同上，唯列出最後面幾筆物件元素的內容。

外掛套件除附錄 B 外尚有：

八. **expm**

%^%

實為一矩陣之運算子，用以計算矩陣自乘次數如同一般數字之次方，可參閱本書第 7 章實例三之方法三之應用，或於 Console 上如同一般運算子求助方式，輸入 ?"%^%" 即可以參閱官方文件更詳細說明。

九. **jsonlite**

read_json()

讀取 path 引數所提供的遠端網址或本機檔案，讀取其 JSON 格式資料，另有 simplifyVector 引數指定回傳的結果物件 list 裡，是否為以第一階為 list 各元素名稱，並使其下巢狀讀取構成 vector 及 data frame 物件。

十. gridExtra

grid.table()

產生格狀(grid)表格物件之函式藉以呈現報表，引數 d 為報表內容之 data frame 或 matrix，rows 引數指定是否需列印列名，theme 則指定列印主題，以 ttheme_default 函式指定，其引數包括欄位標題的 colhead，及基本字體大小的 base_size 等，詳細說明可參閱官網短文：https：//cran.r-project.org/web/packages/gridExtra/vignettes/tableGrob.html 或本書第 6 章實例六的應用。

grid.draw()

列印 gTree、grob 類別的物件(包括繼承之物件)，主要引數 x 需指定予欲列印物件，例如上述 tableGrob()產生的 gtable 即為 gTree 之物件。

tableGrob()

同上 grid.table()之說明，唯此函式產生 gtable 類別之物件回傳，需藉 grid.draw()函式將之繪出表格，而 grid.table()則直接繪出表格且無回傳值(回傳值為 NULL)。

ttheme_default()

參閱 grid.table()。

十一. qcc

cause.and.effect()

為要因圖的繪圖函式，本函式只繪圖無回傳值，可參考本書第 8 章實例三。

pareto.chart()

柏拉圖分析圖函式，其引數 data 需提供一組經過降冪排序的數值 vector，引數 names 為各條狀圖的標示文字，其排序需與 data 相符，引數 las 為 x、y 軸文字標籤方向以在{0,1,2,3}的整數表示，可?par 於 Help 參閱更詳細說明，本函數回傳一 table 類別物件，可參閱本書第 8 章實例一。

process.capability()

藉由 qcc 物件分析製程能力分析及管制圖之函式，其首引數 object 需給予使用上述 qcc()的回傳物件，引數 spec.limits 則是設定規格上限(USL)、規格下限(LSL)管制線，引數 print 則選擇是否列印製程能力分析，產生相關指標包括 Cp(製程能力精度指標)、C_pl(單邊下限能力指數)、C_pu(單邊上限能力指數)等製程能力指標，可參閱本書第 11 章實例五。

qcc()

統計品管(Statistical Quality Control)的繪圖函式，本函式回傳結果為一 qcc 類別物件，引數 data 提供 data frame、matrix 或 vector，二維資料每一列(row)或 vector 每一元素均被視為一觀察群資料。

引數 type 則為指定管制圖種類，例如： R 為全距(range)圖等，詳細請參閱官網文件或 RStudio Help。

引數 nsigmas 做為管制圖的指定幾個標準差。

其他尚有管制圖平均值(mean)的引數 center 以及有關主題等設定引數，視需要可參酌文件或本書相關實例使用。

qcc.groups()

可將 vector 物件分組回傳 matrix 物件，引數 data 為目標 vector 物件，引數 sample 為據以分組之 vector 物件，可參閱第 11 章實例一之方法三。

十二. ggQC

Cp()

製程能力精度指標函式，用以衡量製程能力的精度部分，首要引數為 LSL(規格下限值)，依次為 USL(規格上限值)、QC.Sigma(分布標準差)。

Cpk()

製程能力指標函式，用以衡量製程能力的精準綜合指標，首要引數為 LSL(規格下限值)，依次為 USL(規格上限值)、QC.Center(中心值), QC.Sigma(分布標準差)。

十三. forecast

forecast()

為一通用之預測函式，其 object 引數對象為時間系列(time-series)物件或時間系列模型(time-series model)物件，引數 h 對應之整數值為 object 的時間範圍往後預測的期數，引數 level 則以一向量物件表示在何種信心水準下各別的預測可能範圍，可參閱本書第 3 章實例四的應用。

tslm()

與上述 stats 套件的 lm()類同，皆為產生線性模型，其主要引數為 formula 代表一 formula 類別的物件，為本函式在 ~ 的左側為 ts()函式產生的時間系列(time-series)物件，右側則為隨時間而異的調整因子，例如 trend 表簡易時間趨勢、season 表示季節變異，此二變數是否需要端視提供的 ts 物件數值性質而異，可參閱本書第 3 章實例四的簡單應用。

十四. lpSolve(第 6 章)

lp()

為線性規劃求解之函式，其引數主要包括 direction 表示求極大(max)或極小(min)值，objective.in 為目標函數之各係數以一組數字之

vector 給予，const.mat、const.dir 及 const.rhs 等限制條件之各引數，可參閱本書第 5 章相關實例之應用。

十五. **lpSolveAPI**

get.objective()

經過 solve()函式解 lprec 反矩陣的過程，以此函式將 lprec 之目標函式計算之最佳化的結果取出。

get.variables()

以此函式將目標函式最佳化的結果下，其變數組合向量取出。

get.constraints()

以此函式將目標函式最佳化的結果下，其限制條件的結果向量取出。

lp.control()

將上述 make.lp()回傳的線性規劃模式，設定其相關控制參數，其相關控制參數皆有其預設值，以單一引數 lprec 執行 lp.control()可列出其可控制的參數，例如其中的$sense 參數可以設定其值 max、min，以表示求解極大或極小值，可參閱官網文件 https：//www.rdocumentation.org/packages/lpSolveAPI/versions/5.5.2.0-17.6/topics/lp.control.options

make.lp()

此函式為建立一線性規劃模式(Linear Programming Model)的第個函式，依據其引數 nrow 表示限制條件式的個數，引數 ncol 則為目標函式求解變數個數，本書 5 章實例一之方法二，求解目標函式 x、y 2 變數及 4 個限制條件式。

set.column()

設定線性規劃模式各條件式各行之係數，引數 lprec 為 make.lp()回傳之模式物件，column 為第幾行(對應目標函式變數)，x 為該 column 之各條件式之係數。

set.constr.value()

設定線性規劃模式各條件式之右側值((Right Hand Side)，引數 lprec 為 make.lp()回傳之模式物件，引數 rhs 為以一組數字向量物件表示各值，引數 constraints 為限制式範圍，其順序需與 rhs 對應。

set.constr.type()

設定線性規劃模式各條件式之關聯運算子類型(<=、>=、>、< 等)，引數 lprec 為 make.lp()回傳之模式物件，引數 types 為一組上述運算子的向量物件，引數 constraints 為限制式範圍，其順序需與 types 對應。

上述每一函式執行後均可以 print(lprec)檢查線性規劃模式設定內容，這裡的 lprec 是指 make.lp()回傳的變數。

set.objfn()

設定目標函式之各係數，引數 lprec 為 make.lp()回傳之模式物件，引數 obj 為以一組數字向量物件表示之。

十六. **geojsonio**

geojson_read()

與前述的 read_json()相似，其讀取對象預設為地圖資訊的 JSON 格式資料來源，其回傳一 S4 格式的物件，提供@符號讀取已命名的資料，可參閱本書第二章實例一的應用，不過，針對其地圖資訊轉成常用的 data frame 物件可利用下述 tidy()函式完成。

十七. **broom**

tidy()

為一功能強大的格式轉換函式，本書利用其將圖資類別(SpatialPolygonsDataFrame)物件轉換成 data frame 物件以提供 ggplot()繪出多邊形地圖使用，引數 x 為上述圖資物件，引數 region 則為 group 欄位的資料依據，group 也是 geom_polygon()繪圖的重要欄位，可參閱本書第 2 章實例一的應用。

十八. **rgdal**

readOGR()

讀取 OGR(OpenGIS Simple Features Reference Implementation)的地圖資料源之函式，引數 dsn 指定來源檔案放置之目錄，引數 use_iconv 及 encoding 的則視來源資料若含 multi-byte 予以使用，可參閱本書第 2 章實例一解方之應用。

十九. **DBI**

dbConnect() & dbDisconnect()

dbConnect()此函式與 DBMS 連線並回傳連線物件，引數 drv 為 DBI 套件所提供之各式資料庫之驅動程式名稱，包括 RSQLite、MySQL、PostgreSQL 等，連線授權的引數則有 user、password、host、port、dbname 等，本書第 11 章實例五則以 SQLite 本機資料庫為例，其 dbname 可如本例指定資料暫存於記憶體，於後關閉連線即釋放記憶體，或給予檔案名稱及路徑，預設於當前工作目錄下產生該指定之檔名之資料庫檔案。

dbDisconnect()此函式為關閉其連線，引數 conn 為 dbConnect()回傳之連線物件。

dbFetch()

此函式將萃取上述 dbSendQuery()回傳結果集物件的 n 筆紀錄(records)構成 data frame 回傳，此函式引數 res 為 dbSendQuery()回傳物件，引數 n 可省略表示所有結果集紀錄。

dbSendQuery()

此函式將 CURD 之 SQL 指令傳送予 DBMS 執行，並回傳執行結果集為 DBIResult 子類別的物件，引數 conn 為 dbConnect()回傳之連線物件，引數 statement 為 SQL 指令之字串。

dbWriteTable()

此函式可將 data frame 物件資料直接寫入資料庫之資料表(table)，且欄位名稱同資料物件各行名稱，此函式之引數 conn 為 dbConnect()

回傳之連線物件，引數 name 為資料表名稱，引數 value 為 data frame 物件。

二十. **markovchain**

steadyStates ()

此函式唯一引數 object，給予馬可夫(markov)物件，求算穩定狀態分布，並以矩陣物件回傳結果，馬可夫(markov)物件的建構，請參閱內建套件 methods 及其 new 函式，或本書第七章實例五、六之應用。

網站資源

stackoverflow.com

cran.r-project.org

rdocumentation.org/packages/[package_name]

MEMO

附錄 B

ggplot2 套件

ggplot 函式

附錄 B ggplot2 套件、ggplot 函式

為一個提供資料圖形化的套件，透過簡單的函式陳述繪圖條件，例如需求的圖形種類、資料的給予、要求美化各圖形之構成元素等，其繪圖函式自動完成其繪圖細節(The Grammar of Graphics)，因此廣泛受到多數人注意的目光以及採用，幾可完全替代內建的資料統計繪圖。

aes()

本函式用在建構繪圖物件的 ggplot()函式的 mapping 引數上，主掌美學(Aesthetic)部分的設定，其主要引數為 x、y 各表示 x 軸與 y 軸與 data 引數對映的資料欄位，本函式也用在其它具有 mapping 引數的函式上，例如 stat_function()以及上述的 geom_開頭的函式上，唯需注意各函式說明在 Aesthetics 這節內容所提供的引數。

element_text()

與下述 theme()配合使用，目的在於文字部分的客制化，例如：

theme (axis.title.x = element_text(color = "#56ABCD", size = 12, face = "bold")) 使 x 軸的標題(標籤)依據 element_text()給予的顏色、大小、粗細斜等的設定。

theme(axis.text.x = element_text(size = 10,angle=60, hjust=1)) 則使 x 軸尺標刻度上的文字大小為 10pixels、逆時鐘旋轉 60°、水平位移比率(保持 angle 方向)。

ggplot()

為此套件最主要的函式，本函式將先建立一統計繪圖的 list 物件，此物件可透過 str()函式一窺其物件全貌及 list 物件相關取值得其個別資料內容，並且隨著後續疊加 (以此套件提供的 + 號表示)繪圖選項以及圖層(layer)，使簡單的圖式雖之更為豐富(複雜)，本書繪圖多為使用此函式，讀者可輕易找到繪圖應用實例。

若欲直接使用繪圖物件(plot object)內容，亦可經由 ggplot_build()函

式來產生，以窺其繪圖元素全貌。

開始使用前先載入 ggplot2 套件

```
> library(ggplot2)
> p <- ggplot(data=mpg,aes(x=displ,y=cty))
> p
```

只看到座標的面板物件(panel)，尚無圖層(layer)

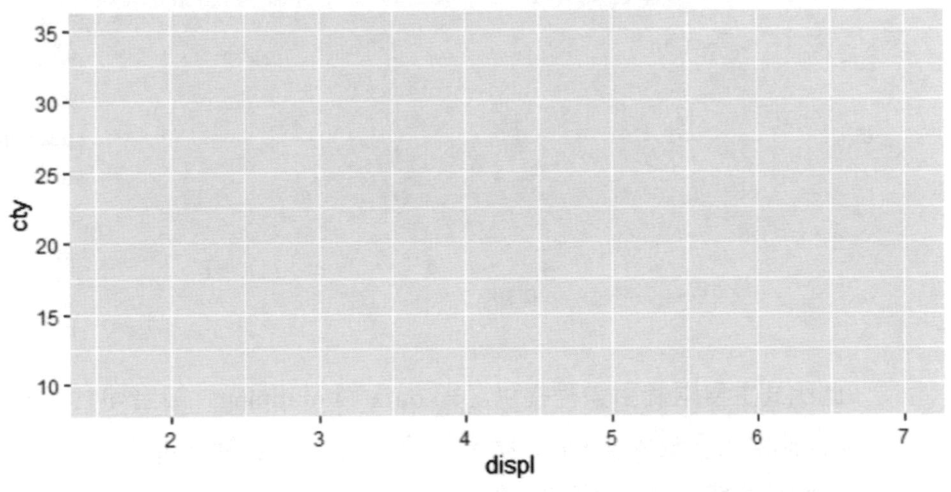


```
> p<-p+geom_point()
> p
```

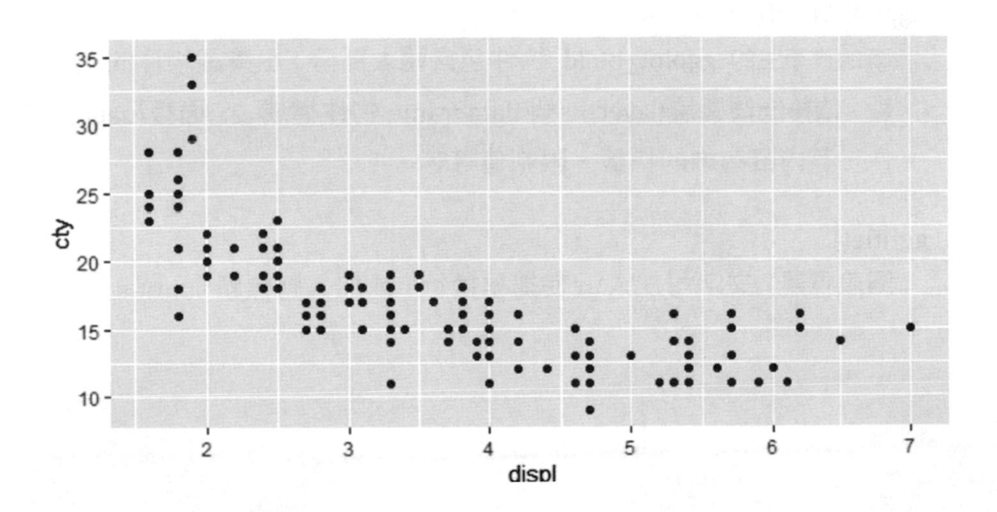

```
> p<-p+geom_point(mapping=aes(color=class))
> p
```

在原來 p 的畫布上疊加了一個以 geom_point 函式構成的圖層

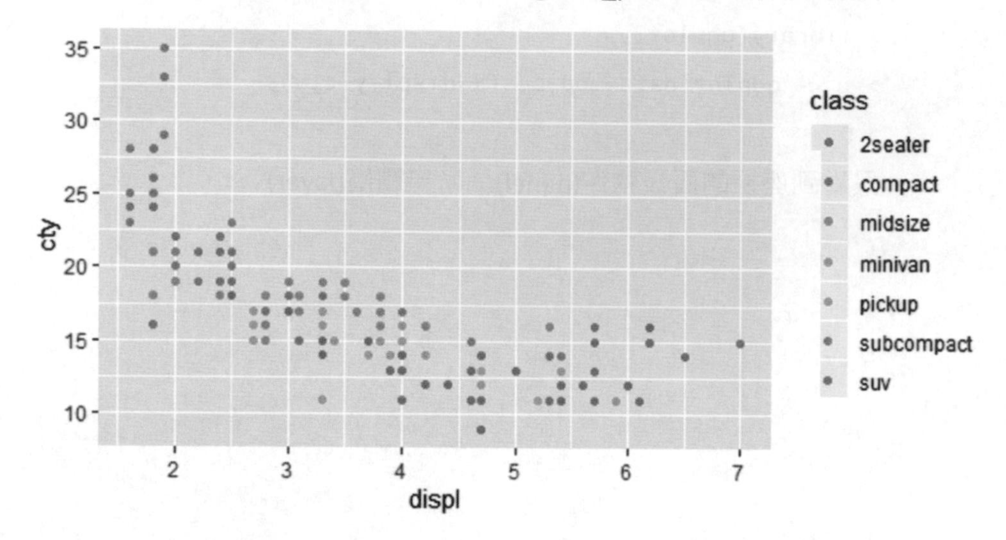

此函式主要兩個引數需提供，即 data 與 mapping，讀者可於 RStudio Console 在已載入 ggplot2 狀況下輸入?ggplot 參閱 help 的相關說明，或利用附錄 A 所提網站找到最新套件版本文件：rdocumentation.org/packages/ggplot2。

ggplot_build()

本函式產生的 ggplot_build 物件包含兩大部分，1.繪圖物件的產生步驟，依每一個圖層(layer)一個 data frame 物件構成 2. 面板(panel) 物件，其內容為軸的標籤、限制值等等。

ggtitle()

圖表標題，文字可加入\n 使提早換行，或加入副標題 subtitle 的引數

geom_point()

繪製散佈圖圖層，參閱上述 ggplot()範例，等同於執行圖層函式 layer()：

```
p+ layer(
    mapping = NULL,
    data = NULL,
    geom = "point",
    stat = "identity",
    position = "identity"
)
```

geom_path()

繪製依 data 引數給予的觀察值的順序連線，與 geom_line()最大的不同在於 geom_line()則是依據 x 軸的順序及其對應值連線，兩者皆有一預設值為 TRUE 的 inherit.aes 引數以示省略 data、mapping 引數值。

geom_polygon()

與 geom_path()類似，唯 geom_polygon()將起訖值連線使成多邊封閉區塊，並依據 data 的 group 欄位各自繪成獨立區塊，必要時可用 fill 引數填入各區塊顏色。

geom_histogram()

專屬計數統計之函式，除了與前述各圖層函式所需的 data、mapping、inherit.aes 引數外，特有的 breaks 引數可使靈活運用做為直方圖各群組邊界的依據，也替代了 binwidth、bins、center 以及 boundary 引數的給予。

geom_text()

將文字直接標示於圖上，除了與前述各圖層函式所需的 data、mapping、inherit.aes 引數外，其 mapping 的 aes()函式值有其文字的標示方式，包括 label 引數的文字內容、hjust 及 vjust 的位置調整，讀者可透過?geom_text 參閱 Aesthetics 這節內容。

ggsave()

本函式可將繪圖存成各種格式的圖檔，常用的有 png、jpeg、svg，尤以 svg 最為適合網頁需求，例如：

```
ggsave(file="test.svg",plot=p,dpi=300,width=4,height=3)
```

將 ggplot()產生的繪圖物件 p 繪出至工作目錄(getwd())下檔名為 test.svg 副檔名為格式指定，圖檔影像尺寸為 1200x900 dpi。

labs()

可將上述三者同在此函數一次給予

lims()

除了用於限制 x 及 y 軸範圍外，也可限制 aes(aesthetic)引數的對應，例如： lims(x=c(10,20))、lims(y=c(3,4),colour=c(4,6)) 在這裡 colour 需與 ggplot()的 mapping 引數的 aes() colour 值對應。

+.gg

實則為一運算子 +，用來將 ggplot2 套件各函式產生的圖層疊加使成較豐富的圖形；可於 Console 上如同一般運算子求助方式，輸入 ?"%^%" 即可以參閱官方文件更詳細說明。

scale_x_discrete()

允許在非連續值的 x 軸資料下，對 x 軸的給予指定間隔標示，其中引數 limits 扮演重要的功能。

scale_y_discrete()

與 scale_x_discrete()相同，允對 y 軸的標示文字分段不連續標示，讀者可參閱本書學習曲線相關實例。

scale_x_continuous()

在連續值的 x 軸資料下，對 x 軸的給予指定間隔標示，其中引數 breaks 扮演重要的功能。

scale_y_continuous()

與 scale_x_continuous ()相同，在連續值的 y 軸資料下，對 y 軸的給予指定間隔標示，其中引數 breaks 扮演重要的功能。

scale_colour_manual()

圖形顏色指派，可透過 vector 的順序對應或以其元素名稱的指派，讀者可從本書第 6 章實例五：

colors= c('#FF2345','#34FF45','#AD34AE')，#各利率線圖顏色順序對應

scale_colour_manual(lgnd.title, values =colors)，#圖例標題及顏色

與本書第 9 章實例三的用法比較：

colors= c(實際='#FF2345',模式預測='#34FF45')，#各學習率線圖顏色命名對應

geom_path(data=data.frame(p.df$actual)，#疊加畫出實際各點連線

aes(y=p.df$actual,colour = '實際'))

scale_colour_manual(lgnd.title,values =colors)，#圖例標題及顏色

scale_fill_manual()

適用於像 geom_polygon()這類有使用 fill 引數時顏色對應與圖例，其餘同 scale_colour_manual()。

stat_function()

本函式使依據 x 軸各值分別執行所指定的函式(包括自訂)並傳回據以繪製軌跡的對應 y 軸值，其主要引數 fun 必須指定一函式，args 引數則為該指定函式自第二個引數起的指定值，n 引數為插入點數影響線之平滑，可參閱本書第 6 章實例五。

theme()

用於客制化繪圖物件資料以外的元素，包括：圖表標題、軸標籤、字型、背景、格線以及圖例等，可參閱本書實例相關 ggplot()函式的簡單運用。

xlabs()

x 座標軸標籤，文字可加入\n 使提早換行。

xlim()

用於限制 x 軸的尺標刻度(scale)範圍，參數為長度 2 的數字向量，例如：xlim (c(10,20))、xlim (10,20)、xlim (NA,20)，NA 則表示從資料範圍自動計算。

ylabs()

y 座標軸標籤，文字可加入\n 使提早換行。

ylim()

用於限制 y 軸的尺標刻度(scale)範圍，其餘同上述。

MEMO

MEMO

MEMO

MEMO

讀者回函

讀者回函

GIVE US A PIECE OF YOUR MIND

感謝您購買本公司出版的書，您的意見對我們非常重要！由於您寶貴的建議，我們才得以不斷地推陳出新，繼續出版更實用、精緻的圖書。因此，請填妥下列資料(也可直接貼上名片)，寄回本公司(免貼郵票)，您將不定期收到最新的圖書資料！

購買書號： **書名：**

姓　　名：＿＿＿＿＿＿＿＿＿＿＿＿＿＿＿＿

職　　業：□上班族　□教師　□學生　□工程師　□其它

學　　歷：□研究所　□大學　□專科　□高中職　□其它

年　　齡：□10~20　□20~30　□30~40　□40~50　□50~

單　　位：＿＿＿＿＿＿＿＿＿＿ 部門科系：＿＿＿＿＿＿＿＿

職　　稱：＿＿＿＿＿＿＿＿＿＿ 聯絡電話：＿＿＿＿＿＿＿＿

電子郵件：＿＿＿＿＿＿＿＿＿＿＿＿＿＿＿＿

通訊住址：□□□ ＿＿＿＿＿＿＿＿＿＿＿＿＿＿

＿＿＿＿＿＿＿＿＿＿＿＿＿＿＿＿＿＿＿＿＿＿

您從何處購買此書：

□書局＿＿＿＿　□電腦店＿＿＿＿　□展覽＿＿＿＿　□其他＿＿＿＿

您覺得本書的品質：

內容方面：　□很好　□好　□尚可　□差

排版方面：　□很好　□好　□尚可　□差

印刷方面：　□很好　□好　□尚可　□差

紙張方面：　□很好　□好　□尚可　□差

您最喜歡本書的地方：＿＿＿＿＿＿＿＿＿＿＿＿＿＿

您最不喜歡本書的地方：＿＿＿＿＿＿＿＿＿＿＿＿＿

假如請您對本書評分，您會給(0~100分)：＿＿＿＿＿ 分

您最希望我們出版那些電腦書籍：

請將您對本書的意見告訴我們：

您有寫作的點子嗎？□無　□有　專長領域：＿＿＿＿＿＿＿＿

歡迎您加入博碩文化的行列哦！

✂請沿虛線剪下寄回本公司

Give Us a Piece Of Your Mind

博碩文化網站　http://www.drmaster.com.tw

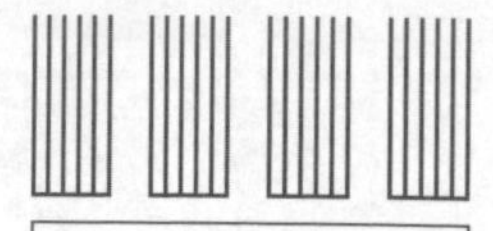

廣　告　回　函
台灣北區郵政管理局登記證
北台字第 4 6 4 7 號
印刷品・免貼郵票

221

博碩文化股份有限公司　產品部

新北市汐止區新台五路一段112號10樓A棟

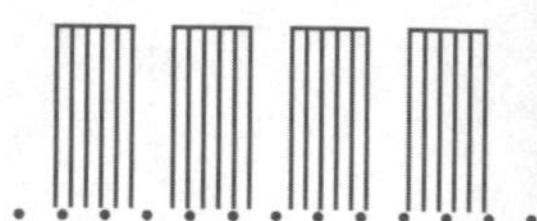

如何購買博碩書籍

全省書局

請至全省各大書局、連鎖書店、電腦書專賣店直接選購。

（書店地圖可至博碩文化網站查詢，若遇書店架上缺書，可向書店申請代訂）

信用卡及劃撥訂單（優惠折扣85折，未滿1,000元請加運費80元）

請於劃撥單備註欄註明欲購之書名、數量、金額、運費，劃撥至

帳號：17484299　戶名：博碩文化股份有限公司，並將收據及

訂購人連絡方式傳真至(02) 26962867。

線上訂購

請連線至「博碩文化網站 http://www.drmaster.com.tw」，於網站上查詢

優惠折扣訊息並訂購即可。

博碩文化

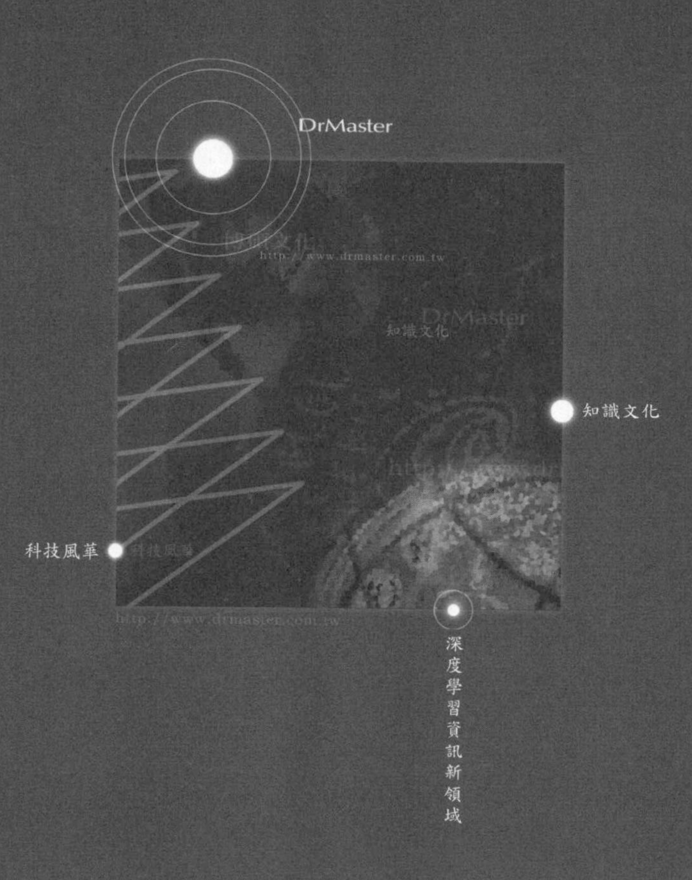
DrMaster
知識文化
科技風華
深度學習資訊新領域